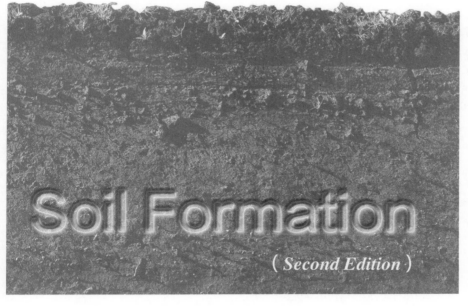

Soil Formation

(*Second Edition*)

土壤形成

［荷］Nico van Breemen（布里曼）

［荷］Peter Buurman（布尔曼） 著

刘洪鹄　刘纪根　钱峰　邹翔　译

U0238024

中国水利水电出版社
www.waterpub.com.cn
·北京·

内 容 提 要

本书主要帮助读者了解土壤形成的相关内容。全书主要包括土壤形成的物理、化学和生物过程；土壤剖面研究，有机表层，水成土，质地分化，钙质、石膏质和盐渍土壤，变性土的形成，灰化作用，火山灰土的形成，铁铝化，致密胶结层，复杂的土壤成因等内容。此外，在本书附录中列出了粮农组织土层代码、公式和原子量、土壤发生研究中的典型分析，并列出了词汇表。

本书适合作为高等院校相关专业的教学参考用书，也适合从事相关专业的技术人员阅读参考。

First published in English under the title
Soil Formation
by Nico van Breemen and Peter Buurman, edition：2
Copyright © Springer Science＋Business Media Dordrecht，2002
This edition has been translated and published under licence from
Springer Nature B. V..
Springer Nature B. V. takes no responsibility and shall not be made liable for the
accuracy of the translation.
北京市版权局著作权合同登记号为：图字 01－2020－6219

图书在版编目（CIP）数据

土壤形成 ／（荷）布里曼，（荷）布尔曼著；刘洪鹄
等译. -- 北京 ：中国水利水电出版社，2020.12
书名原文：Soil Formation （Second Edition）
ISBN 978-7-5170-9043-4

Ⅰ．①土… Ⅱ．①布… ②布… ③刘… Ⅲ．①土壤学
Ⅳ．①S15

中国版本图书馆CIP数据核字（2020）第223429号

书　　　名	**土壤形成** TURANG XINGCHENG
原 书 名	Soil Formation （Second Edition）
原 著 作 者	［荷］Nico van Breemen（布里曼） ［荷］Peter Buurman（布尔曼）　著
译　　　者	刘洪鹄　刘纪根　钱峰　邹翔　译
出 版 发 行	中国水利水电出版社 （北京市海淀区玉渊潭南路 1 号 D 座　100038） 网址：www. waterpub. com. cn E - mail：sales@waterpub. com. cn 电话：(010) 68367658（营销中心）
经　　　售	北京科水图书销售中心（零售） 电话：(010) 88383994、63202643、68545874 全国各地新华书店和相关出版物销售网点
排　　　版	中国水利水电出版社微机排版中心
印　　　刷	天津嘉恒印务有限公司
规　　　格	184mm×260mm　16 开本　21.25 印张　517 千字
版　　　次	2020 年 12 月第 1 版　2020 年 12 月第 1 次印刷
印　　　数	0001—1000 册
定　　　价	**98.00 元**

致　　谢

　　本书来源于 20 世纪 80 年代由尼科·范·布里曼和 R. 布尔曼编写的教学手册。A. G. 琼格曼斯选择并准备了大部分的微地貌插图。我们感谢他们的贡献，且负责任何遗留的错误和含糊之处。

　　在这个修订版中，我们试图消除第一版的印刷错误。尤其是第 11 章做了大量的修改，以采纳新的想法。

　　本书添加了大量野外和微地貌形态的图片。感谢 A. G. 琼格曼斯博士提供高质量的微地貌形态照片。

译 者 序

从最广泛的意义来说，土壤是构成我们人类栖息地的一部分，我们的一切几乎都离不开土地的赐予。近年来，剧烈的气候变化和不合理的土地利用导致严重的水土流失、荒漠化和土地污染等，这些正在破坏我国大量的土壤资源。因为土壤资源是一种不可再生资源，所以它一旦被破坏，将不可持续利用。那么，土壤是如何形成的，形成速度有多快？这是很多土壤科学家及政策制定者关心的问题。

为了将国外优秀的土壤形成著作介绍给国内读者，我们特地翻译了《土壤形成》（第二版）(*Soil Formation，2nd Edition*) 一书。这是一本向读者系统介绍土壤形成知识的科技书，共分为三部分：①土壤为什么形成；②基本过程；③土壤剖面发育。在章节后有附录和词汇表。这本书是由尼科·范·布里曼和彼得·布尔曼撰写的，克鲁瓦学术出版社出版的。本书的翻译出版得到长江科学院中央级公益性科研院所基本科研业务费用（CKSF2019292、CKSF2019380），以及陕西省百人计划创新项目（〔2017〕35)、陕西省重点研发项目（2020NY-174）支持。本书由刘洪鹄、刘纪根、钱峰和邹翔翻译完成，田琬、祁秉宇、刘竞、李竹和姚春艳参与校稿。

本书涉及大量专业词汇，为便于读者对照学习和理解，在翻译过程中，作者有意在正文中保留了这些词汇的英文。在翻译过程中，虽然译者力求更好地将原书的内容呈现给读者，但因能力和水平有限，难免存在一些瑕疵，还望读者不吝批评指正。

译者

2020 年 10 月

FOREWORD

前　言

　　土壤是包括人类在内的所有陆地生物的一种独特和不可替代的基本资源。土壤是地壳非常薄的外皮，固定植物根系，为其提供水和养分。土壤是在植物、微生物和土壤动物、水和空气的影响下形成的复杂自然体，这些物质来自其母质，即固体岩石或松散沉积物。它们与母质在物理、化学和矿物方面，有很大不同，通常它们更适合作为植物的生根培养基。土壤除了作为植物生长（包括作物和牧草）的基质外，还在水、碳、氮和其他元素的生物地球化学循环中发挥主导作用，影响大气圈和水圈中物质的化学组成和周转率。

　　土壤形成过程需要几十年到几千年，通常看不到其内部，所以倾向认为它们的存在是理所当然的。但是，不当和滥用的农业管理，粗心的土地清理和开垦，人为侵蚀、盐碱化和酸化、荒漠化、空气和水污染以及住房、工业和运输业占用土地，现在破坏土壤的速度比它们形成的速度更快。

　　为了理解土壤的价值及其易受破坏的程度，应了解土壤是由什么组成的，它是如何进行的，以及速度如何。这本书涉及土壤形成中极其复杂的物理、化学和生物过程。土壤的物理性质是由无数颗粒和孔隙空间排列决定的。这些形成一个连续的结构，储存和运输气体、水和溶质，跨越九个等级，从纳米到米。

　　从化学上来说，土壤是由许多结晶和无定形矿物以及有机物组成的。土壤有机质的范围从最近形成的、基本完好无损的植物凋落物及其日益转化的分解产物，到无定形的、变化的有机物质称作腐殖质。土壤的物理化学性质是由许多固相和土壤溶液之间一个大的、可变电荷界面决定的。该界面通过流动的水和土壤生物供应或提取的离子持续交换。土壤生物学是由植物根系和众多分解者组成的复杂的网格结构。植物根系和相关菌根真菌是水和营养物质的活化汇，也是太阳能驱动的富含能量的有机物质的来源。分解者食物网清理所有植物和动物的排泄物，由多种微生物和无数的土壤动物组成，形成了地球上生物多样性最强但知之甚少的亚生态系统之一。

我们称之为土壤的这些复杂实体是从一个基本上惰性的地质基质中慢慢演化出来的。最初，在几个世纪到几千年的原始植被演替过程中，植物系统复杂性有效养分库趋于增加。土壤慢慢失去所有原生风化矿物质和大多数植物可利用的养分。

关于土壤过程大多数的研究忽略了土壤发生的缓慢影响，而关注于土壤物理、化学或生物的反复发生过程：水和溶质的运动、离子交换和植物养分在自养—异养循环中传递的规律。通过在土壤发育的特定阶段考虑整个土壤的子系统，可以对这种过程进行足够详细的研究，以便建模进行定量模拟。土壤发生的研究基于对这些子系统的良好理解，子系统的定量模型有助于深入了解复杂的土壤形成过程。典型的例子是描述土壤水文、离子交换色谱和土壤有机质动力学的许多模型。然而，这种模型在验证土壤形成的化学、物理和生物过程组合的假设方面的效用非常有限。

我们选择通过对主要发生土壤层形成过程的半定量描述来处理土壤发生的问题，这些过程得到世界粮农组织—教科文组织和美国农业部（土壤系统分类）的全球土壤分类系统的认可。这样，我们就可以处理土壤形成过程的所有主要组合。在本书的第9章中描述这些过程的"组合集"。第三篇最初章节论述了如何量化土壤剖面的化学和物理变化的方法学，最后一章列举了受不同气候影响的多种土壤的复杂例子。第二篇讨论了以各种组合方式参与土壤形成的最重要的个别物理、化学和生物过程。导论部分设置了三个阶段，讨论什么是土壤发生，为什么发生和如何发生以及土壤发生的研究。

这本书是为土壤科学或相关领域的学生编写的一门高级课程，他们已经学习了土壤入门课程，熟悉土壤学、土壤化学和土壤物理学的基础知识。因为这是一门高级课程，因此本书还提出了一些关于土壤形成过程的新观点，有时还会引起争议。本课程适合自学，每章都包含问题和难题。问题旨在帮助学生更好地理解主题。每章末尾的问题主要通过从文献中获取的真实土壤数据来说明和整合材料。所有问题的答案都可以在每章的末尾找到。除了作为教科书之外，我们希望这本书能为对土壤感兴趣的其他学科的同事和读者提供该学科的综述和有价值的参考。

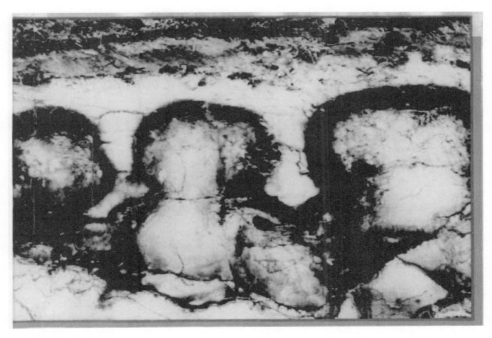

这是发育在薄层石英砂上隐域灰壤的一个典型例子。母质来自荷兰南部的中新世（上第三纪）海沙。当前植被是稀疏的橡树桦林。沙子含铁量很少，这有利于形成一个深的 E 层。B 层顶部含 2.5% 的碳和不到 0.2% 的游离态铝＋铁。它的 pH_{KCL} 是 2.9。倍半氧化物最大值（0.35%）出现在较低 B 层处。E 层的舌状特征可能是由于（晚冰期）冰龟裂和根的结合形成的。下层土壤中较薄的腐殖质层加剧了由构造引起的孔隙不连续性。卷尺有 1m 长。还要注意 E 层上的腐殖质层［带有水溶性碳（DOC）化学特征］。

P. 布尔曼拍摄。

目录

CONTENTS

第三篇 土壤剖面发育

第一篇

引言

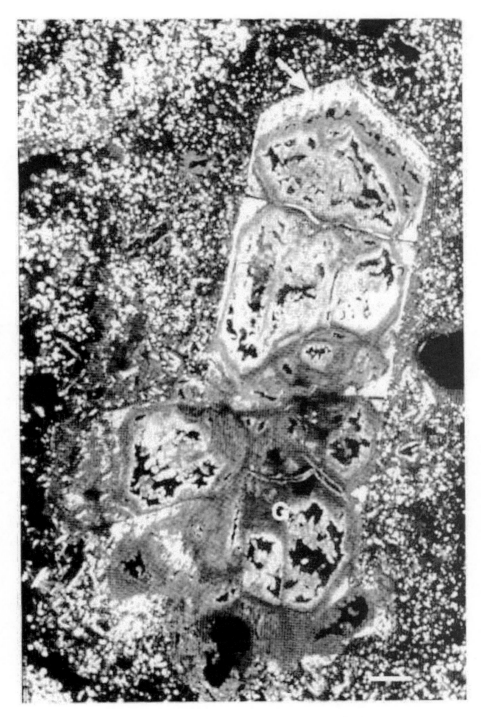

照片 A 瓜德罗普火山物质中的风化辉石（假晶）

边缘（箭头）由热液蚀变导致的 2∶1 型黏土矿物组成。内部由成土针铁矿（G）组成。

基质中的白点是三水铝石。交叉偏振光片。比例尺是 $225\mu m$。A. G. 琼格曼斯拍摄。

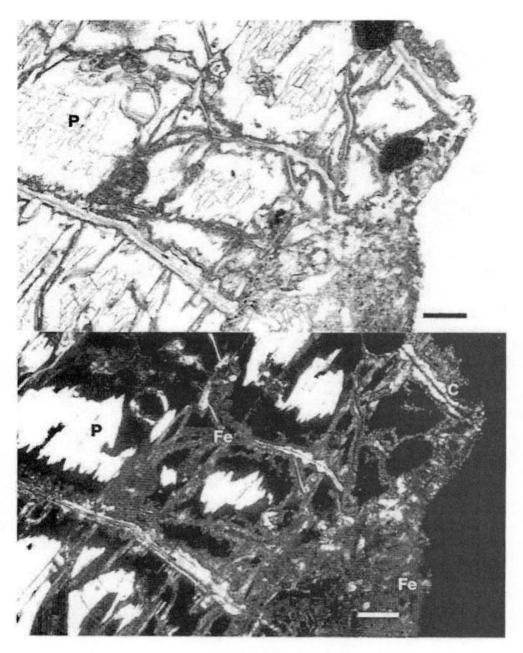

照片 B 含 2∶1 型黏土矿物和铁的风化辉石

顶部：正常光线；底部：交叉偏光片。是辉石空白区域内包围的残余物。现高度双折射
的 2∶1 型黏土矿物（碳；正常光线下为白色；交叉偏振光片下的白色）和铁
（铁；两张照片都是暗的）充满了以前裂缝。规模是 $84\mu m$。
产地：瓜德罗普。A.G. 琼格曼斯拍摄。

第 1 章   土 壤 为 什 么 发 生？

1.1   什么是土壤发生？

土壤形成或土壤发生是指土壤性质随时间在一个方向上的变化：某土层的某一组分或矿物含量减少或增加、泥沙层消失等。大多数情况下，这种变化是缓慢的，只有几十年到几千年后才能看到。因此，在土壤形成中改变的大多数土壤性质是相对稳定的。然而，有时土壤形成的影响可以在几周或几个月内看到。例如，当硫化物暴露在空气中氧化成硫酸时，pH 迅速下降，当土壤变得非常潮湿时，就会形成灰色斑点。然而，大多数快速过程是循环的，不被认为是土壤形成的一部分。

土壤可能潮湿或干燥、温暖或寒冷，这取决于天气和季节。天气的季节性变化也驱动着生物过程，这反过来又改变土壤性质。这种生物过程的例子是植物生长，对水和养分的吸收，新鲜植物凋落物的供应，以及微生物和土壤动物对植物凋落物的分解。这些因素导致土壤 pH、土壤有机质的某些组分（如微生物生物量）的含量以及可溶性和吸附养分的时间变化。大多数这样的土壤性质以循环的方式变化：它们在一年或季节的基础上可逆，并且不构成土壤性质的单向变化。因此，它们不被认为是土壤发生的一部分。

> ● **思考**
>
> **问题 1.1**   下列哪种土壤性质在一年内可能会发生剧烈变化，哪种土壤特性只会在持续很长时间（几十年到几千年）内发生剧烈变化？土壤温度，单位为℃；阳离子交换容量（CEC）；溶解盐；黏土矿物；土壤保水特性；土壤有机质（SOM）含量。

快速循环过程是导致土壤形成典型单向变化的复杂过程的一部分。例如，季节性融雪会导致水的强烈渗透。几个世纪到几千年来，由于淋溶导致了易风化矿物的显著减少。第二篇讨论了在土壤发展中许多重要的短期物理、化学和生物过程。

土 壤 形 成 过 程

从理论上来讲，任何土壤的性质都是由五种形成因素决定的（V. V. Dokuchaev, 1898；被 H. Jenny 引用，1980）：

母质、地形、气候、生物和时间

这些因素的任何特定组合都会产生某种特殊的土壤形成过程，一组能产生一种特殊的土壤物理、化学和生物过程。水文和人类影响的因素稍后添加。

如果我们在一个模拟模型中能充分描述和量化每一个因素并描述所有相关因素，那么我们可以准确地预测最终的土壤剖面。正如你将在本课程中马上认识到的，实际上这太复杂了！

很明显，土壤不是可以一劳永逸地描述的静态物体，而是具有时间维度的自然实体。土壤由生物和非生物组成。它可以被认为是生态系统的一部分。因此，通常不应该孤立地研究土壤；应该考虑土壤与其所属生态系统其他部分的相互作用。许多关于土壤形成的出版物只涉及一个或几个方面，例如土壤化学或土壤矿物学。这些是指土壤的一个子系统，它本身就是生态系统的一个子系统。

1.2 为什么研究土壤发生？

土壤发生的研究为世界上观察到的绝大多数土壤带来了秩序，并将土壤学领域与其他学科科学联系起来。对土壤主要的形成因素和土壤形成过程的基本理解有助于整理土壤信息。这在土壤调查或建立土壤分类系统时非常有用。此外，当你研究植物—土壤相互作用或调查大规模人类扰动（气候变化、酸雨、由于灌溉和排水不当引起的盐碱化或碱化）的后果时，对土壤成因的全面了解是必不可少的。最后，但同样重要的是，对土壤形成的研究是满足你对世界各地土壤剖面中可以观察到的许多不同和奇妙现象的好奇心的方法。

● **思考**

问题 1.2 土壤形成因素（状态因素）方法通常用于研究一个因素的影响，通过寻找一个因素变化而其他因素保持不变的土壤序列。

a. 给出时间序列（土壤年龄变化）、气候序列（气候变化）和地形序列（海拔变化）的例子。

b. 状态因素法假设（i）这些因素是独立的，并且（ii）状态因素影响土壤；但反之亦然，批判这些假设。

1.3 如何研究土壤发生？

发生了什么？

当你试图解释某个土壤剖面的形态和潜在的物理、化学和矿物特性时，必须区分两种问题。

首先，一个土壤剖面的什么物理的、化学的/矿物的和生物的特性取决于土壤形成？或者，土壤与其母质在哪些方面有所不同？

它是怎么发生的？

其次，土壤是如何形成的？或者，土壤是由哪些物理、化学和生物过程形成的？

对于"什么"的问题，我们首先必须区分由母质变化引起的性质（地质成因）和土壤形成因素对特定母质的影响（土壤发生）。一个相关的问题是，我们很少能确定土壤剖面母质的性质，以及母质随深度的变化。砂质底土上的黏性表土是更多砂质母质风化的结果，还是更细物质沉积的结果？此外，地质成因和土壤成因可能交替出现，这有时模糊了"母质"和"土壤"之间的区别。检验母质假设的将在第 5 章中讨论方法。

● 思考

问题 1.3　列出地质成因和土壤发生之间难以区分的母质或景观的例子，以及相对容易区分。

通常，"怎么"的问题也很难回答，因为大多数过程不能直接观察到。它们发生在土壤表面下，而且大多数过程非常缓慢，以至于它们的影响在通常可供研究的几年内都不明显。本书很大一部分内容致力于解决这些问题的技巧。但是就像所有处理过去的科学一样，根本不可能确定一个真正答案，因为我们没有去那里观察发生了什么。

在野外，经常可以通过观察母质层和上覆土壤层之间的形态差异推断出发生了什么。来自不同土壤层的样品可以在实验室进一步研究，例如在显微镜下，或通过化学、物理和矿物学方法。确定土壤形成某些特征的具体将在后面的章节中介绍分析。通过关于参考情况的知识（母质不变），人们就可以识别并量化土壤中发生的变化。

土壤形成是如何发生的，可以从野外或实验室短时间内观察到的过程推断出来：矿物风化、离子交换、氧化还原反应、胶体胶溶和凝固、溶质或悬浮固体的运输、植物吸收养分、有机物分解、土壤生物的挖洞活动等。土壤形成也可以在实验室的人造土壤柱中模拟，或者通过对作用在假设土壤上的一个或多个过程的计算机型模拟。为了验证这些的模型，可以使用两种数据。首先，关于相对稳定性质的数据，如质地和矿物学。其次，反复测量（监测）季节性变量、动态特性的数据，如土壤含水量、土壤溶液的组成或土壤气相等。研究土壤过程的不同方法之间的关系如图 1.1 所示。

● 思考

问题 1.4　干旱地区的粉质土壤剖面在土壤表面 1m 以内有一个潜水位，在土壤表面有一个白色外壳。假设白色层是易溶盐的外壳（你的答复是什么？），是由于毛细作用上升到土壤表面中的微咸水蒸发而形成的（你的答复是如何？）。讨论你将如何检验你的假设。使用图 1.1，并参考 A1 和 B2 - 4。

第三篇部分列出识别发生了什么的工具，以及它是如何发生的解释。第 15 章给出了在复杂情况下重建方式和内容的例子，其中我们使用了图 1.1 所示的循环。

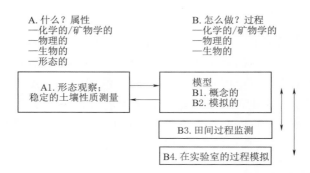

图 1.1 土壤形成过程及其对土壤性质的影响，以及土壤形成过程的研究方法（方框）。
箭头表示研究活动是如何联系在一起的。初始假设（概念模型 B1）基于土壤剖面上的
地貌特性和其他数据。可以通过结合 B3、B4 和模拟模型（B2）以及对土壤剖面
本身的进一步研究（A1）来检验这个假设。

1.4 答案

问题 1.1

土壤温度经历日和年的循环。黏土矿物变化非常缓慢。土壤有机质含量在季节尺度上变化很小（占总有机质的几个百分点）。土壤间有机质含量的差异是由土壤形成造成的。阳离子交换量和保水性也是如此，这主要取决于有机质、黏粒含量和黏土矿物。在大多数土壤中，可溶性盐的含量随季节变化。然而，盐性土壤中的高含盐量是土壤形成的结果。

问题 1.2

a. 时间序列：不同年代的海滩脊或河流阶地。气候序列：黄土景观中的大陆尺度断面。地形序列：母质保持不变的任一高程梯度。

b. （i）状态因素充其量只是相当独立的：气候随海拔而变化；生物区系随气候的变化而发生很大的变化，（ii）受生物群影响的土壤特性可能强烈反馈给植被。这种反馈甚至被一些植物（如泥煤苔、泥炭藓）利用来战胜其他植物（Van Breemen，1995）。

问题 1.3

在第四系黄土上的土壤中，以及在源自下伏火成岩或变质岩的残余土壤中，是很容易区分地质形成和土壤形成的。

困难的情况：在层状火山灰中的土壤、活跃的冲积平原，以及经历了反复侵蚀和沉积循环的非常古老、延伸的陆地表面。

问题 1.4

A1. 分析白色地壳和地下水（地壳物质溶于水吗？地壳的水提取物的成分与地下水相似吗？）。

B2. 计算土壤质地允许的毛细上升，并与地表以下地下水的深度进行比较。

B3. 地壳的厚度或表层水可萃取盐的浓度会随着时间的推移而增加吗？

B4. 在实验室里，利用田地里的土壤填充一根管子（如 1m 长），在管子底部建立一个潜水位，并搅拌少量盐水来弥补蒸发损失。盐壳会形成吗？

1.5　参考文献

Jenny，H.，1980. The Soil Resource. Springer Verlag，377 pp.

Van Breemen，N.，1995. How *Sphagnum* bogs down other plants. Trends in Ecology and Evolution，10：270 – 275.

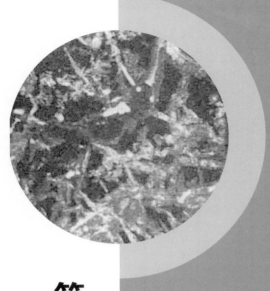

第二篇　基本过程

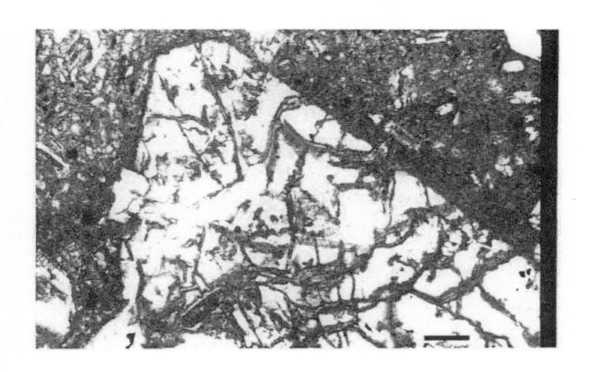

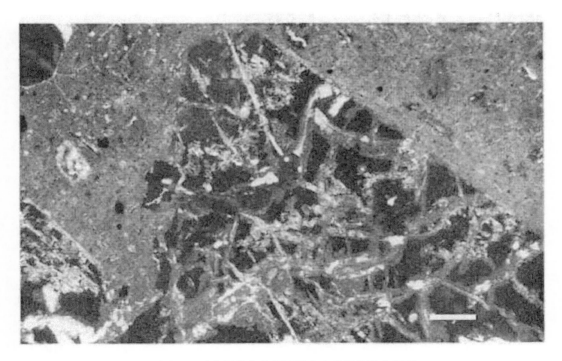

照片 C　瓜德罗普安山岩腐泥土中的板状风化辉石

顶部：正常光照，底部：交叉偏振光片。原始矿物已经消失，在以前的裂缝中留下
一个网状物的氧化铁堆积。比例尺是 $135\mu m$。A. G. 琼格曼斯拍摄。

第2章 土壤物理过程

影响土壤形成的主要土壤物理过程是水和溶解物质（溶质）及悬浮颗粒的运动、温度梯度和波动以及收缩和膨胀。本章将简短概述这些过程。有关水在土壤中运动原理的更多细节，请参考 2.1 节中介绍的土壤物理知识。

2.1 水分运动

理解水在多孔介质（如土壤）中的行为，两个特征至关重要：①压力势和体积含水量之间的关系；②压力势和导水率之间的关系。图 2.1 和图 2.2 展示了不同质地土壤的这些特性。

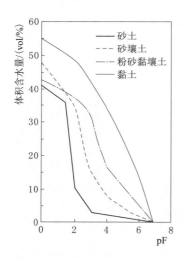

图 2.1 不同土壤的 pF 曲线。
摘自 Bouma，1977。

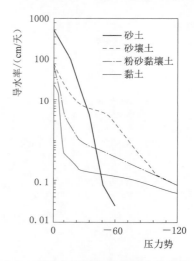

图 2.2 不同土壤导水率与压力势的关系。
摘自 Bouma，1977。

压力势 h 是水保留在土壤中的力，其最方便地表示为相对于地下水位的水柱高度（cm）。在地下水位以上的非饱和土壤中，压力势 h 为负值，这是由于水和土壤颗粒之间的黏附和水分子之间的凝聚所引起的毛细作用造成的。在非饱和带中，压力势通常用其正值的对数来表示，即 pF 值（$pF = -\lg h$；h 单位为 cm）。所以以 -100cm 的压力势相当于 $pF = 2$。

在给定的水力梯度下，单位时间内单个管状孔可传导的水量随着孔半径的 4 次方而增加。因此，具有粗糙孔隙的土壤，如砂土，比具有较窄孔隙的（无结构）质地较细的土壤具有更高的饱和（$h = 0$）导水率。如图 2.2 所示，K 值随着含水量或压力势（h）的降低而降低。在粗糙土壤中，K 值含量随 h 值的降低而急剧下降。因此，在粗糙质地的土壤中，在非饱和条件下土壤水分的运动特别慢。

● 思考

　　问题 2.1　将图 2.2 中 X 轴上的值更改为 pF 值。砂土和黏土在哪一个含水量时，其水力传导率小于 1cm/天？（比较图 2.1 和图 2.2）。

达 西 定 律

土壤中通常缓慢的垂向层流可以用达西定律来描述，即

$$q = -K \cdot \mathrm{grad}\ H = -K \cdot \delta(h+z)/\delta z$$

式中　q——通量密度，即单位时间内通过土壤横截面积传导的水的体积，$\mathrm{m^3 \cdot m^{-2} \cdot s^{-1}}$ 或 $\mathrm{m \cdot s^{-1}}$；

　　　K——导水率，$\mathrm{m \cdot s^{-1}}$；

　　　H——水头 H 在水流方向上的梯度，m/m；

　　　z——高于参考水位的高度。

水头是由重力势（数值等于 z）和压力势 h 组成。K 值取决于孔隙的数量和大小。

● 思考

　　问题 2.2　导水率为什么会随土壤含水量的增加而降低？

　　问题 2.3　为什么粗糙土壤中的非饱和土壤水分运动特别慢？考虑孔隙的大小和几何形状。

---

1. 传导方向

如果水头随土壤深度增加而减小（例如，如果表土比下层土更湿润），那么梯度 H 为正值，土壤水分将向下流动（$q<0$）。如果梯度 H 为负值，土壤水分则向上流动或毛细上升（$q>0$），例如，蒸发降低了土壤表面附近的梯度 H。在年降雨量超过蒸发蒸腾量的气候特征中，水将通过土壤剖面净向下移动。在这种情况下，土壤形成的部分特征是溶质和悬浮颗粒的向下运动。

当水缓慢供应到非饱和土壤时，水可能会均匀地分布在土壤的湿润部分，湿润锋可能是水平的或尖锐的。然而，通常向下的水流运动要复杂得多。不规则流动的主要原因是复杂的孔隙系统和湿润锋不稳定（Hillel，1980）。

2. 土壤孔隙的影响

复杂的孔隙系统是大多数中等质地和细质地土壤的典型特征，这些土壤通常具有明显的土壤结构。这种所谓的铁铝土包含发育良好的结构元素，在团聚体之间有粗糙的平面空隙（团聚体间孔隙）和更细的团聚体内孔隙。此外，许多质地优良的土壤含有由植物根系或穴居土壤动物形成的大的（毫米至厘米宽）、垂直的或倾斜的圆柱形孔隙。

问题 2.4 "复杂孔隙系统"的特性是指什么：大范围的孔隙大小，可变的孔隙结构，不均匀的孔隙分布？

在降雨强度较低的情况下，水将通过较小的孔隙渗入相对干燥的土壤，并相对缓慢地移动。在高降雨强度下，或者如果土壤已经湿润，水流将绕过较小的孔隙，并通过任何大的、垂直的、先前充满空气的孔隙（旁路流）快速向下移动。土壤中早期存在的水因渗透水而产生的不均匀位移称为水动力弥散。

● 思考

问题 2.5 哪种水流类型会导致最强的水动力弥散：缓慢渗透还是旁通流？

3. 湿润锋不稳定性

当渗透水从细颗粒地层移动到粗颗粒地层时，最明显的是发生湿润锋失稳。水不能像平滑的锋面一样前进，而是必须在通过接触点之前积聚压力。它集中在某些位置，并局部突破进入粗颗粒地层。此后，通过粗颗粒地层的下渗水体通过"狭缝"或"管道"产生（Hillel，1980）。集中流水在干燥土壤包围的"管道"中流动，也可能是由于疏水、防水表层土壤的存在引起的。这在图 2.3 和图 2.4 中有所展示。

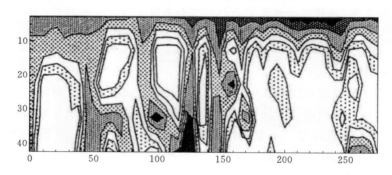

图 2.3　特西林沙丘大雨后的含水量。深色阴影：9%～10%水；白色<1%；步长为1%。
水平和垂直尺寸为厘米（cm）。摘自 Ritsema 和 Dekker，1994，
经阿姆斯特丹爱思唯尔科学出版社许可使用。

● 思考

问题 2.6 当一个较粗的土层覆盖在一个较细的土层上时，你认为湿润锋失稳会发生吗？为什么？

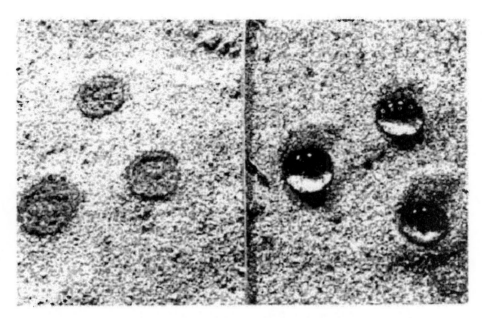

图 2.4 防水影响。水滴很难穿透防水土壤（右）。摘自 Dekker 和 Jungerius，1990。

4. 斥水性

许多泥炭质和砂质土壤，但有时也包括黏性土壤，它们一旦干燥，可能会变得非常疏水（图 2.4）。斥水性是由一系列疏水性有机材料（如"长链脂肪分子"）引起的，并随有机质含量的增加呈现增加趋势。虽然斥水性在表层土壤中最常见，但一些有机质含量低的下层土壤也能表现出强烈的斥水性。在干燥时，灰化土 E 层几乎都是斥水的。持续润湿后，斥水性会降低。由于斥水性的空间变异非常小，因此优先流的区域与土壤干块交替出现，并导致高度不规则的土壤层。水滴渗透试验（WDPT）可以测量斥水性等级。当水滴在 5s 内渗透时，材料被归类为不排斥；渗透时间为 5~60s 时为微排斥；当渗透时间在 50~3600s 时，具有强烈至特别强烈的排斥性，而超过该值时，具有极强的斥水性（Dekker 和 Jungerius，1990）。

2.2 溶质的运动

当一年内的蒸发蒸腾量超过其降雨量时，可溶性盐就会在土壤中积累。水的渗透不是简单地由年降水量和潜在蒸发蒸腾量决定的。根区以下的渗透水量取决于：①单次降雨事件的大小，②实际蒸发蒸腾量，和③根区的持水能力。问题 2.2 说明了这一点。

入渗的雨水中溶质含量低，对于许多矿物质而言都不饱和。因此，矿物质溶解（风化），溶质向下渗透。

一些溶质与土壤的固相不发生反应，并与渗透水一起不受阻碍地通过土壤。然而，许多溶质与固体土壤物质相互作用，因此移动速度比水慢。溶质在土壤中的选择性滞留以及由此导致的土壤水化学随深度发生变化的这种现象被称为"色谱效应"。

固相和溶质之间的部分相互作用是通过离子交换实现的。这导致渗透水的组成随深度变化而变化（同时，交换复合体的组成也随之变化）。土柱"离子交换色谱"的原理已经很好地建立。当将外来或"外籍"溶质与渗水一起添加到土壤中时（例如大量施肥时或在污染的情况下），描述此类过程的模型尤为重要。特别是在降雨量略高于（实际）蒸发蒸腾量的气候条件下，通过蒸腾植物根部去除水分会导致溶质浓度随深度增加而增加。结果，某些矿物可能在某一深度达到过饱和，因此溶质可能沉淀形成这些矿物。

● 思考

问题 2.7　土壤柱的"离子交换色谱"是什么意思？

2.3　温度影响

因为土壤热容量大，导热率低，所以温度波动被强烈缓冲，这意味着日温差和季节温差的幅度随着土壤深度的增加而显著减小。温度对土壤形成过程有四个主要影响：①关于生物群落的活性和多样性；②关于化学反应的速度；③关于岩石的物理风化；④关于细颗粒和粗颗粒组成的分布。

极端气候条件下暴露在土壤表面的岩石的日温差变化最大。在一些干旱的气候条件下，昼夜温差可能超过 50℃。温差对岩石的物理风化有很大影响。热量导致矿物颗粒膨胀。大多数岩石由一种以上的矿物组成，每种矿物都有自己的膨胀系数。这将导致以不同速度膨胀的颗粒在接触处断裂。单个矿物颗粒从岩石中松散出来。此外，岩石表面和内部的温度不相等，使表面比内部的膨胀更强。这导致表层剥落（脱落）。无论是对于固体岩石还是沉积物，这两个过程都会导致母质的物理减少。

霜冻有类似的效果。0℃时冰的体积比相同温度下的水大，所以冻结始于岩石、结构元素或矿物颗粒的表面的水会导致裂缝扩大，材料分解成更小的单位，主要是砂粒和粉粒的大小。

霜的作用也导致细粒和粗粒材料的重新分布。霜冻使石头逐渐移动到表面，因为底部的冰透镜将石头抬起（照片 D）。极地沙漠的粗糙路面就是这样形成的。霜冻结合冻多边地形导致粗糙材料在霜（收缩）裂缝中积累并形成石头多边地形（照片 E）。这种多边地形更细化的中心部分受到植物的青睐，这导致了进一步的分化。

2.4　土壤团聚体和黏土的收缩和膨胀

从土壤中去除水分或向土壤中添加水分可能会导致土壤体积的剧烈变化：收缩和膨胀。我们将收缩过程分为三个阶段。第一阶段仅限于不可逆地从已经沉积在水下的沉积物中去除水分。这种收缩和与之相关的化学过程通常被称为"土壤熟化"。第二阶段和第三阶段与循环干燥和再润湿相关，在所有土壤中以不同的强度发生。

1. 土壤熟化

沉积在水下的黏土沉积物很软，含水量很高。当排水或蒸发去除水分时，这种沉积物的稠度增加，并经历各种化学变化。这些过程合在一起被称为土壤熟化。这个术语与奶酪的传统术语"成熟"类似。在这个过程中，一种坚硬的干酪物质是通过从最初潮湿的、非常柔软的乳固体物质中挤压水分，然后通过蒸发进一步去除水分而形成的。这种几乎是液态的原料被称为"未成熟的"；更坚固的最终产品叫作"成熟的"。

黏土质水下沉积物的孔隙体积很大，完全充满水，约占 80%。这相当于每克干沉积物约有 $1.5g$ 水分。沉积物通常具有非常低的导水率，在 $10kPa/m$（$1m$ 水头/m）的潜在梯度下每天不到 $1mm$。因此，仅通过排水材料就非常缓慢地变干。

> **● 思考**
>
> **问题 2.8**　检查充水孔隙体积达到 80% 对应于大约每克干沉淀物 $1.5g$ 水的论述。假设有机质（颗粒密度为 $1g/cm^3$）占所有固体物质体积的 10%，矿物部分的颗粒密度为 $2.7g/cm^3$。记住孔隙体积＋有机质体积＋矿物质体积＝100%。
>
> 对于这样的样品，计算干容重（田间每单位体积土壤的干土质量），并将结果与成熟沉积物的容重（$1.2\sim1.4g/cm^3$）进行比较。简要描述差异的原因。
>
> **问题 2.9**　尽管黏性水下沉积物的总孔隙度高，但为什么它的导水率很低？

2. 水生动物和植物的影响

根系需要氧气才能生长和发挥作用。未熟的饱和泥沙缺乏氧气，大多数植物不能在这样的泥沙上生长。某些植物，如温带气候下的芦苇（*Phragmites*）和桤木（*Alnus*），热带地区的湿地稻（*Oryza*），或红树林（*Rhizophora* 和其他），可以通过空气组织（通气组织）向根部供氧。它们可以在未成熟的饱和泥沙上生长，并从中提取水分。这种植物有时被用来开垦新排干的土地。温带气候中的盐水或微咸水潮汐泥沙缺乏树木，但草和草本植物也通过根系吸收和蒸腾作用对水分流失有很大贡献。土壤动物挖洞可能会大大增加未成熟泥沙的垂直渗透性。热带潮滩通常包含许多由螃蟹形成的水道。这种沉积物具有非常高的渗透性，甚至退潮排水也能显著促进熟化过程。

当泥沙仍在浅水之下或处于高潮和低潮之间时，可能会形成第一个生物孔。例如，泥龙虾（*Thalassina anomalis*）可以在热带潮汐区建造大型的、大部分是垂直的隧道。

沼泽植物的根在分解后可能会留下不同直径的生物矿石。这种湿地孔隙系统可能因氧化铁沿孔隙壁沉淀而变成化石，形成坚硬的红棕色管道。排水或开发后，陆地动植物接管穿孔活动。与未穿孔泥沙相比，黏土材料中的生物矿石可将饱和导水率提高到 10^4。这种生物孔隙有助于去除地表水。延伸到土壤表面的生物孔隙的存在也加速了蒸发。排水时，较宽的孔隙会迅速排空，即使周围的物质可能仍处于饱和状态。接下来，氧气通过充满空气的小孔渗透到土壤中，沉积物开始氧化。

收缩可以通过画出土壤的孔隙比（孔隙体积/固体体积）与水分比（水分体积/固体体积）来表示。孔隙包括充气孔隙和充水孔隙。

3. 正常收缩

只要黏土矿物仍具有塑性，就会发生正常的收缩，土壤收缩而不会发生开裂和进入空气：团聚体减少的体积等于流失水的体积。含水率和孔隙率降低并保持相等。在土壤熟化过程中，这种收缩阶段通常很短，只有一小部分水分消失后才可能形成裂缝。一旦裂缝形成，土壤就进入残余收缩阶段：空气可能进入团聚体的孔隙，但团聚体体积仍在减少。

垂直裂缝形成，首先是非常粗糙的多边形图案，产生的棱柱块可能长达几分米。棱柱块的尺寸随着黏土含量的增加而减小。随后，也形成了水平裂缝，并将棱柱块分割成逐渐变小的具有锋利边缘的块体。当干燥速度快且导水率低时，块石可能变得非常小，小到约 1cm 大小。

正常收缩的一部分过程是不可逆的：在再润湿时，材料再次膨胀，但远小于未成熟泥沙的原始体积。为了理解这一点，我们也研究了团聚体中黏土块的组织。黏质团聚体的微观结构显示出蜂窝状结构。蜂窝的壁由黏土薄片堆组成。如本段后面所讨论的，干燥增加堆叠中块状的数量。因为这种增加是部分不可逆的，蜂窝结构的柔韧性降低，再润湿时的膨胀程度小于最初的收缩。

表 2.1 显示了干燥强烈增加黏土颗粒层数和减少再水合的程度。干燥进一步导致残余收缩，并伴有裂隙形成。即使在非常潮湿的条件下，部分形成的裂缝也是永久性的，并成为永久性非均质孔隙系统的一部分。如果所形成的孔隙由于黏土的强烈膨胀或易于分散而具有低稳定性，则渗透性保持较低，熟化过程非常缓慢。孔隙的稳定性部分取决于间质水的化学性质。

表 2.1　怀俄明州钙蒙皂石在 10^{-3} M 氯化钙条件下的脱水与再水化。摘自 Ben Rahiem 等，1987。

pF	黏粒层	d—间距[①]/nm	土壤水分/(g/g 黏粒)
脱水（第一次干燥）			
1.5	55	1.86	4.90
3	55	1.86	1.28
4	225	1.86	0.60
6	400	1.86	0.23
在补液时			
41.5	65	1.86	1/60
43	65	1.86	0.92
61.5	90	1.86	1.10
63	170	1.86	0.60

① d—间距是黏土板的重复距离。

4. 熟化的识别和量化

首先，土壤层的熟化程度可以在野外人工估算。在没有挤压的情况下能从手指间流出的土壤成分是完全没有成熟的。

手指间挤不出的坚硬黏土已经完全成熟。表 2.2 中，基于成熟因子 n，在这两个极端之间定义了 5 个成熟等级。

表 2.2　　　　　熟化等级的田间特征。接自 Pons 和 Zonneveld，1965。

田 间 特 性	熟化等级	限制的 n 值
非常柔软①，在不挤压的情况下可以从手指间流出	完全未熟化的	2.0
柔软，容易从手指间挤出	实际未熟化的	1.4
适度柔软，当用力挤时，从手指间挤出来	半熟化的	1.0
适度坚硬，当用力挤时，能从手指间推出来	几乎全熟化的	0.7
坚硬，不能从手指间挤出来	全熟化的	

①　软而坚硬，指软泥和坚硬潮湿的黏土；与土壤测量手册（土壤测量人员，1951 年或更高版本）中对干燥或潮湿材料的定义不同。

　　熟化因子是指单位质量黏土颗粒吸附的水量。这个数值无法直接测量。如果黏土和有机物的含量是已知的，并且假设给出其他土壤成分结合的水量，则可以从土壤样品的含水量来估算熟化因子。在相同的条件下，土壤中的有机物每单位质量结合的水量大约是黏土的 3 倍。在潮湿的环境中，每克黏性土壤（砂＋粉土）大约能吸附 0.2g 水。根据这些经验关系，推导出 n 值的公式为

$$n=(A-0.2R)/(L+3H) \tag{2.1}$$

式中　n——每单位质量黏土＋有机物吸附水的质量；

　　　A——土壤的含水量，以质量为基础（％，相对于干燥土壤）；

　　　R——（粉土＋砂土）的质量分数（固相的百分比）；

　　　L——黏土的质量分数（固相的百分比）；

　　　H——有机物的质量分数（固相的百分比）。

　　n 值可以更准确地量化熟化程度。n 值越高，土壤越不成熟。在土壤分类学中，n 值被用于区分未成熟土壤（水成土壤）和其他矿物土壤。在深度 $20\sim100cm$ 的所有土层中水成物的 n 值应大于 1。干燥后，n 值迅速下降，因此一旦脱水，水成物分类可能会迅速发生改变。

　　5. 残余收缩和零收缩

　　熟化的细颗粒土壤在干燥和湿润环境下会表现出明显的收缩和膨胀，如图 2.5 所示。

　　在这类土壤中，我们认识到收缩的两个阶段：一个阶段在脱水时团聚体体积的进一步减少（残余收缩），另一个阶段是进一步脱水不影响团聚体体积（零收缩）。最近的研究表明，在荷兰的黏土（15％～60％的颗粒＜2μm）中，正常收缩和残余收缩是可以察觉的（Bronswijk，1991）。一些黏土表现出非常强的正常收缩现象，即在没有任何空气进入的情况下团聚体体积显著收缩。这意

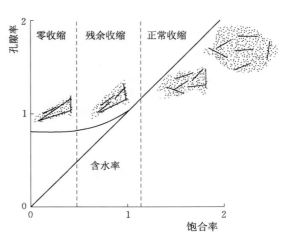

图 2.5　孔隙率和饱合率变化来表示土壤团聚体的三个收缩阶段。摘自 Bronswijk，1991。

味着，当团聚体保持水饱和时，团聚体内可能会形成大的孔隙（裂缝），其中水处于团聚体内非常细的孔隙中。在这种情况下，通过收缩裂缝会产生快速的旁路流。此外，孔隙率的变化意味着孔隙系统的结构不是恒定的，而是可能随含水量的变化而变化。

土壤的膨胀特性取决于固相的性质以及铁离子交换复合体和土壤溶液的离子组成。2∶1低电荷不足的黏土矿物具有很高的膨胀潜力。随着吸附络合物上钠离子的相对数量和间隙水中电解质水平的降低，膨胀程度会增加。

Tessier（1984）和 Wilding 和 Tessier（1988）的研究表明（图 2.6 和图 2.7），蒙脱石的单个（TOT）板片面对面堆叠在一起形成黏土颗粒，或"准晶体"，其是由 5～10 个（钠饱和）到 50 多个（钙饱和）板组成。在低电解质水平的潮湿条件下（$h=-10cm$），钠饱和蒙脱石具有膨胀的扩散双层（包含可交换阳离子的单个板片之间的空间），厚达 10nm。在相同条件下，钙蒙脱石板的间距为 1.86nm（表 2.1）。黏土颗粒排列成蜂窝状结构（图 2.6、图 2.7），充满水的孔隙最大宽度为 $1\mu m$。这种结构像手风琴一样灵活。随着湿黏土变干，水从蜂窝结构中流失，协同性关闭。再吸水后，水又进入蜂窝结构。蜂窝结构打开和关闭的难易程度取决于黏土矿物和物理化学条件。在钙蒙脱石中，打开和关闭蜂窝结构，影响大部分的收缩和膨胀过程。在钠蒙脱石中，层间水的吸收和去除也同样重要。

钠蒙脱石中黏土颗粒的柔韧性最高，在钙蒙脱石中较低，在伊利石的脆性刚性黏土颗粒（畴）和高岭土的粗颗粒（微晶）中更低。这解释了收缩和膨胀潜力按此顺序递减的原因。

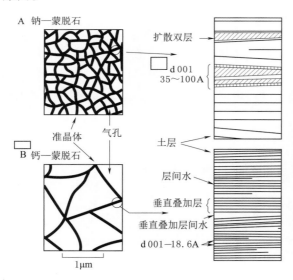

图 2.6　$10^{-3}M$（A）氯化钠或（B）氯化钙饱和溶液中蒙脱石微结构的概化描述。摘自 Wilding 和 Tessier，1988。

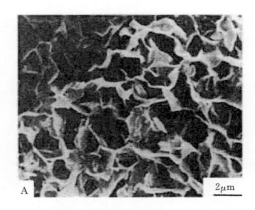

图 2.7　蒙脱石在 1M 氯化钠溶液中的微观结构；水饱和。摘自 Wilding 和 Tessier，1988。

图 2.6 中的数据是指纯黏土—水混合物。在实际土壤中，由于存在物理惰性较粗的矿物，与各种有机物质和无机物质结合而增加的矿物颗粒的黏聚力以及至少在一定深度上的覆盖层压力，因此土壤膨胀要小得多。

2.5　难题

难题 2.1

许多成土过程涉及水和悬浮或溶解物质的运动。因此，针对大孔隙、初始土壤水分条件和水分施用速率的影响进行定性认识将有助于理解土壤的形成。图 2.8 描绘了具有非常均匀孔隙系统的假想情形（A）和具有亚棱角块状结构的实际情形（B 至 E）的列。灰色阴影指潮湿土壤中的水。每行从左到右描绘了渗透的雨水或灌溉水（黑色）如何取代原始土壤水。流入和流出箭头的颜色表示水的成分。复杂的管线表示一个被描绘成充满空气（白色）或充满渗透水（黑色）的大孔隙系统。

情形 B 至情形 E 以随机顺序表示下列情况之一：

（1）潮湿的土壤，每天都会遭受短历时的高强度暴雨（1cm/天）。

（2）灌溉水在潮湿的土壤上形成积水，导致饱和水流。

（3）潮湿的土壤，不断受到 1cm/天 的低强度降雨（毛毛雨）。

（4）因灌溉水在水饱和的土壤上形成积水，导致饱和水流。

a. 情形 B 至情形 E 中的哪一行属于情况（1）～（4）中的情形？饱和流和非饱和流的区别在于开放的充满水的大孔的存在。在强暴雨期间，由于超过了土壤基质的渗透能力，大量渗透水将被大孔排出。

b. 简要解释你的答案。

c. 通过向渗透水中添加惰性示踪剂（氯离子，在原始土壤水中不存在），确定了渗透水（土柱底部排水中氯离子的原始痕迹）和完全置换（输入水和排水中相等的 Cl^- 浓度）的首次突破时刻。获得了以下结果（同样以随机顺序）：

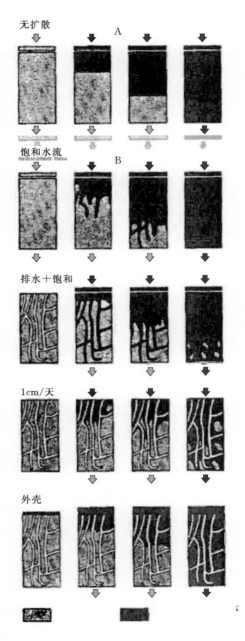

图 2.8　在一种结构化土壤中水分入渗导致的土壤溶液的替换。解释见 tex Bouma，1977。

	第一条轨迹	完全位移
i	1天	5天
ii	1h	2天
iii	9天	21天
iv	3天	24天

情形 B 至情形 E 中哪一行属于 i~iv 种情况中的哪一种？氯离子快速突破的情况明显与水饱和流有关。如果您无法找出最初氯离子（1h 后）出现较早且排水稍慢（1 天后氯离子）的情况，请查看指示底层水成分的箭头。

d. 简要解释你的答案。

难题 2.2

表 2.3 给出了通过土壤地表以下 0、10cm、20cm 和 30cm 深度水的计算量（以 mm/年为单位）。

表 2.3　　　　　在地表以下 0、10cm、20cm 和 30cm 深度穿过土壤的水量
用于①三种不同的土壤材料（由可用土壤湿度的差异表示，体积百分比），
②三种水平的年降水量（德比尔特、拉巴特和金塔波），③两种降雨强度。

位置	降雨强度	可利用的土壤水分/%	在不同深度通过的水量/(mm/年)				实际蒸发蒸腾/mm
			0	10cm	20cm	30cm	
德比尔特	低的	25.0	765	452	296	243	522
		10.0	765	452	309	261	504
		1.5	765	452	318	270	495
	高的	25.0	765	698	658	630	135
		10.0	765	702	665	640	125
		1.5	765	702	665	640	125
拉巴特	低的	25.0	497	290	200	147	350
		10.0	497	302	218	176	320
		1.5	497	310	225	189	307
	高的	25.0	497	410	389	370	127
		10.0	497	440	413	398	99
		1.5	497	448	424	409	87
金塔波	低的	25.0	1517	856	566	392	1125
		10.0	1517	868	581	407	1110
		1.5	1517	877	589	416	1101
	高的	25.0	1517	1296	1183	1111	406
		10.0	1517	1317	1213	1147	370
		1.5	1517	1326	1218	1151	366

（1）三种具有不同土壤体积含水量（％）的土壤材料。

（2）三种年降水量水平。

（3）两种降雨强度状态。

在计算中，选取了具有典型月分布和月潜在蒸发蒸腾量的年降水量值的德比尔特（荷兰）、拉巴特（摩洛哥）和金塔波（乌干达）等地区（Feijtel 和 Meyer，1990）。德比尔特年潜在蒸散发量为 626mm，拉巴特为 818mm，金塔波为 1521mm。

在低降雨强度条件下，月降雨量分布均匀；在高降雨强度状态下，每个月只有三天下雨，每月第 2 天的降雨量占月降雨的 20％，第 14 天为 30％，第 26 天为 50％。假设根系吸水均匀分布在土层 30cm 处：

a. 这三个地点的年总降水量是多少？

b. 绘制任意三种不同气候—土壤组合的图表（y 轴深度，x 轴渗水），以说明气候和土壤持水量对不同深度渗水量的影响。

c. 简要解释降雨强度和土壤持水量对不同深度渗透水量影响的原因。

d. 假设渗透水总是完全取代先前存在的土壤溶液，哪种降雨方式最有利于溶质的淋溶，然后是在一定深度化学沉淀转移的溶质？哪个更有利于整个土壤剖面的淋溶？

e. 对于强烈踩踏的土壤，如何修改 d 的答案？

难题 2.3

评价以下说法：在干燥的气候条件下，潜在的蒸发蒸腾量超过年降水量，溶质不会淋溶到根区以下。

难题 2.4

图 2.9、图 2.10（Bronswijk，1991）显示了来自荷兰的两种重黏土路基的收缩特性。垂直轴给出孔隙率。在干燥过程中，在哪些土壤中团聚体会强烈收缩，导致团聚体之间形成裂缝，并产生旁通流？

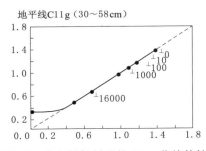

图 2.9　布鲁赫姆剖面的 C11g 收缩特性。

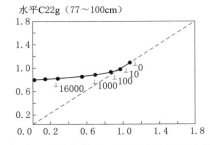

图 2.10　舍勒姆峰剖面的 C22g 层位收缩特性。

难题 2.5

图 2.11 和图 2.12 指的是在乌塞尔梅尔波尔德（荷兰）开垦的土壤。图 2.10 指出了土壤表面和参照板的高度，作为时间的函数，在开垦后在 40cm、80cm、120cm 和 200cm 深的土壤中立即安装这些参照板。图 2.12 显示了同一土壤中土壤裂缝体积随时间的变化，单位为 mm（＝liter/m²）。

在这两幅图中，通过熟化过程的计算机模拟计算线条，而 x 表示测量值。在回答问

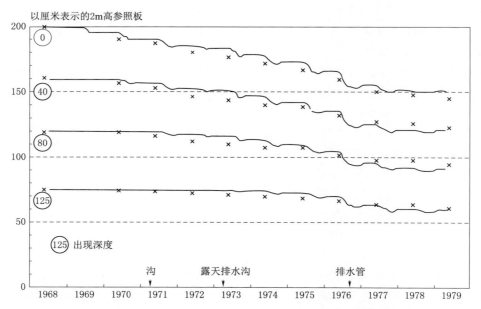

图 2.11　荷兰伊瑟尔湖正在成熟的圩田土壤的表面高程和参考
板深度随时间的变化。摘自 Reinierce，1983。

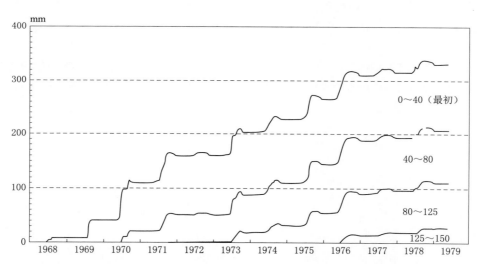

图 2.12　土壤裂隙量的变化。四个土层的裂缝量是累积的，因此顶线给出了土壤的总裂缝量，
以 mm 重新计算沉降量。摘自 Reinierce，1983。

题时，仅使用图中所示计算出来的数值。假设在原始深度 150cm 以下没有发生变化。

　　a. 估计原始深度 0～40cm、40～80cm、80～125cm 和 125～200cm 的地层在 1968—1979 年发生的沉降（cm）。

　　b. 在 1968—1979 年，从 0 到 150cm 深的土壤中移除了多少水（mm）？考虑裂缝体积。假设在 50cm 虚线所示深度以下（原始土壤表面以下 150cm）没有发生水分流失。

c. 解释①线条的阶梯特征，②图 2.12 中阶梯上"门槛"和小峰的存在。

难题 2.6

图 2.13 显示了怀俄明州钙蒙脱石和希腊钠蒙脱石反复脱水和水合时含水量的变化。根据第 2.4 节的内容讨论这些数据。

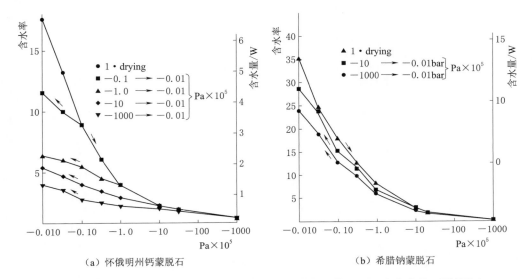

（a）怀俄明州钙蒙脱石　　　　　　　　　　（b）希腊钠蒙脱石

图 2.13　怀俄明州钙蒙脱石和希腊钠蒙脱石的水比（体积比）和水含量（质量比）
是在 10^{-3} M 氯化钙溶液中在 $0.01\sim1000$ 条形吸力（$h=-10^4\sim-10$ cm）
的脱水和随后再水合的函数。摘自 Wilding 和 Tessier，1988。

难题 2.7

以下问题的数据来自伊瑟尔湖不同深度土壤（德龙滕）的样本。表层土壤已经明显熟化，下层土壤仍然很柔软（图 2.14）。固体土壤材料的数据见表 2.4。

表 2.4　　　　　　　　　德龙滕剖面固体土壤材料的特性。摘自 Bronswijk，1991。

深度 /cm	黏土	有机质	颗粒密度 /(g/cm³)
	质量分数/%		
0～22	37	9.9	2.66
22～42	46	8.1	2.66
42～78	35	6.6	2.63
78～120	16	5.8	2.59

a. 估算每个样品在水饱和状态下的 n 值。

b. 假设 $0\sim22$ cm 表层土壤（A11）与 $22\sim42$ cm 底土（ACg）有相同的收缩曲线。通过类似于图 2.14 的示意图，显示在从 $h=-16000\sim0$ cm 的重复润湿和从 $h=0\sim-16000$ cm 的干燥过程中，连续的膨胀和收缩曲线是怎么变化的。假设在第三次干燥过程中，将达到 $0\sim22$ cm 表层土壤的曲线。

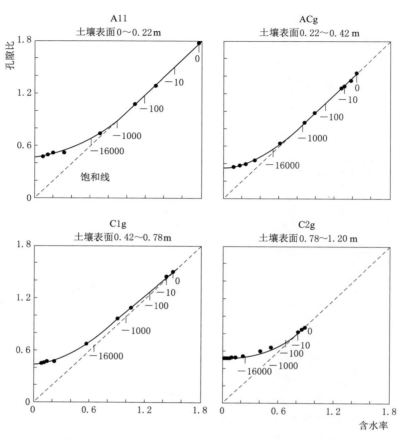

图 2.14 近代的伊瑟尔湖四个深度的土壤收缩特征。图表中打印的值是指压力势（不同含水率值由短垂线表示），以 cm（水柱的等效高度）表示。摘自 Bronswijk，1991。

2.6 答案

问题 2.1

−10cm 的压力势等于 1pF；电位为 −100cm，pF 为 2。对于沙子，在压力势为 −50(pF＝1.7) 的情况下，渗透系数小于 1cm/天，对于黏土，该值为 −10(pF＝1.0)。在图 1.1 中，在这些压力势下，砂土的含水量约为 35%，黏土的含水量约为 50%。

问题 2.2

随着孔隙的减小，导水率减小。在较低的含水量下，较大的孔隙充满空气。

问题 2.3

粗糙质地的土壤几乎没有细孔，这些细孔仅限于沙粒之间的接触，因此不连续。

问题 2.4

"复杂孔隙系统"指的是所有三个特征。

问题 2.5

旁路流导致最强的分散，因为小孔中的水几乎没有任何相互作用。

问题 2.6

当粗糙层覆盖在精细的层上时，不会发生不稳定的润湿锋，因为下层中的精细孔隙导致向该层的快速传输。

问题 2.7

"离子交换色谱"是指溶液中不同的阳离子被吸附络合物保留到不同程度，导致速度不同的事实，它们在土壤中移动。同样的原理也用于色谱分析。

问题 2.8

如果 $100cm^3$ 体积中的 $20cm^3$ 由固体物质组成，那么这种固体物质有 $2cm^3$ 的有机质和 $18cm^3$ 的矿物质。总的来说，它的质量为 $18 \times 2.7 + 2 \times 1 = 50.6g$。$80cm^3$ 水的质量是 80g。也就是说，水/固体质量比为约 1.58。不同在于因子值 1.5 的假设。

这种土壤的干容重等于 0.506。这比成熟土壤低得多，因为颗粒之间有很多水，收缩会增加容重。对于（干）体积密度，干重除以湿重体积。

问题 2.9

黏土质水下沉积物具有非常低的导水率，因为所有孔隙都是非常小的颗粒间孔隙。

难题 2.1

a/b. 图 2.8 中，情形 B 和情形 C 描述了饱和流（也是充满水的大孔）。这些必须是指水在土壤上的情况。潮湿的土壤有开放的孔隙，水可以通过这些孔隙快速渗透，所以图 2.8 情形 C 与情况（2）相匹配。湿润土壤上的灌溉水导致大孔隙中已经存在的水的替换较慢，因此图 2.8 情形 B 与情况（4）相匹配。

短暂的暴雨会致沿土壤管道渗漏，而缓慢的毛毛雨不会。因此，图 2.8 情形 D 属于情况（1），图 2.8 情形 E 属于情况（3）。

c/d. 示踪剂的快速突破表明存在旁路流。最快速的流动出现在图 2.8 情形 C 中，这应该与情况 ii 相匹配；接下来是图 2.8 情形 B，它应该与情况 i 相匹配。对于图 2.8 情形 D 和情形 E，突破发生在图 2.8 情形 D 的早期（在第三行和第四行之间），而显然在第四行显示了图 2.8 情形 E 的猛涨。在图 2.8 情形 E，完全替换将更快。因此，图 2.9 属于情况 iv，图 2.8 情形 E 属于情况 iii。

难题 2.2

a. 年降水总量是通过土壤深度 0 的水量。

b/c. 下一页的图表是用德比尔特的数据绘制的。它们说明了水从土壤中抽出的速度以及降雨强度对湿润深度的影响。通过特定层的水量随着该层保湿能力的降低而增加。在强降雨中，通过蒸发蒸腾作用损失的水量比例较小。

d. 表层土的分离在一定深度的堆积意味着大部分的水应该通过表层土入渗，而少部分的水通过更深层入渗。在低降雨强度和高土壤有效湿度的情况下就是这种情况。在高降雨强度和低土壤有效水分的情况下，发生溶质流失程度最大。

e. 在强烈铁铝土中，在高强度降雨条件下大部分的水将通过主要的土壤管道移除，而不会从非根际土壤中移除溶质（旁通流）。在这种土壤中，中等的降雨强度和饱和的水流会去除更多溶质。

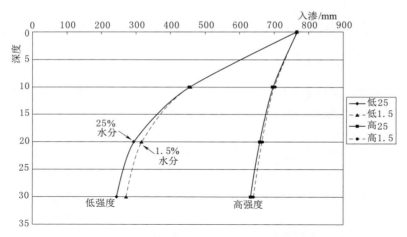

德比尔特 1.5% 和 25% 有效水分的入渗数据图表。

难题 2.3

溶质的去除不取决于降水总量的年蒸散总量，而是取决于季节效应。如果在雨季降水量高于蒸发蒸腾量，溶质可能会在根区以下移动。无论如何，潜在的蒸发蒸腾量不是一个好的标准，因为在旱季水可能无法满足于蒸发蒸腾条件。

难题 2.4

如果土壤样品在干燥后收缩而没有形成裂缝，则孔隙率降低，这是因为孔隙空间的减少而固体的数量保持恒定。如果形成裂缝，孔隙空间会急剧增加，并且不会受到进一步干燥的影响。这意味着图 2.8 情形 D 的土壤有裂缝形成。

难题 2.5

a. 每层沉降量是通过测量 1968 年和 1979 年该层的厚度来估算的。

土层/cm	1968 年顶部 /cm	1979 年顶部 /cm	两者差异（累积沉降） /cm	每层沉降 /cm	在 1979 年厘米裂隙体积 沉降/cm
0～40	200	155	45	5	12
40～80	160	120	40	15	10
80～125	120	95	25	10	8.5
125～200	75	60	15	15	2.5
			总计	45	33

b. 排水等于下沉＋裂缝体积，得 78cm。

c. 线条的阶梯式特征和侵入火山岩的存在可以用季节的变化来解释。冬天，土壤变湿，微微膨胀。第二年夏天，干燥会导致进一步的下沉，但是一些下沉会在第二年冬天被膨胀所补偿等。孔隙体积是这一过程的镜像。

难题 2.6

钠蒙脱石比钙蒙脱石的含水比例高。在钠蒙脱石中，即使土壤已经被强烈干燥，再润湿也会导致几乎完全的再吸水。而在钙蒙脱石中，这种逆转只是部分的。此外，逆转强烈程度取决于干燥程度。这意味着在钙蒙脱石中，已形成稳定的板片结构，不能通过润湿重新胀缩。

难题 2.7

a. 根据式（2.1）计算 n 值。

对于 0～22cm(A11) 土层：如果孔隙率为 1.8，则有 18cm 或 18g 水对应于 10cm 固体。固体重量为 $10 \times 2.66 = 26.6g$。也就是，水分含量（物质组成）$18/26.6 \times 100\% = 67.7\%$。固体含有 37% 黏粒，9.9% 有机质，和 53.1% 的砂粒和粉粒。如果这些值能用式（2.1）替换，那么结果为

$$n = (67.7 - 0.2 \times 53.1)/(37 + 3 \times 9.9) = 0.86$$

其他土层的值计算过程相似。

b. 连续的膨胀和收缩应该给出许多在 ACg 和 A11 曲线之间迭代的线，每次都更接近 A11 的曲线。

2.7 参考文献

Ben Rahiem, H., C. H. Pons and D. Tessier, 1987. Factors affecting the microstructure of smectites: role of cation and history of applied stresses, p 292 – 297 in L. G. Schultz, H. van Olphen and F. A. Mumpton (eds) Proc. Int. Clay Conf. Denver, The Clay Mineral Society, Bloomington, IN.

Bouma, J., 1977. Soil survey and the study of water in unsaturated soil. Soil Survey Papers No 13, Soil Survey Inst., Wageningen, The Netherlands, 107 pp.

Bronswijk, J. J. B., 1991. Magnitude, modeling and significance of swelling and shrinkage processes in clay soils. PhD Thesis, Wageningen Agricultural University, 145 pp.

Dekker, L. W., and P. D. Jungerius, 1990. Water repellency in the dunes with special reference to the Netherlands. Catena supplement 18, p173 – 183. Catena Verlag, Cremlingen, Germany.

Driessen, P. M. and R. Dudal (eds.), 1991. The major soils of the World. Agricultural University, Wageningen, and Katholieke Universiteit Leuven, 310 pp.

FAO, 1989. Soil Map of the World at scale 1 : 5000000. Legend. FAO, Rome.

Feijtel, T. C J. and E. L. Meyer, 1990. Simulation of soil forming processes 2nd ed., Dept of Soil Science and Geology, WAU, Wageningen, The Netherlands, 74 pp.

Hillel, D., 1980 Applications of soil physics. Academic Press, 385 pp.

Pons, L. J. and I. S. Zonneveld, 1965. Soil ripening and soil classification. ILRI publ. 13, Veenman, Wageningen, 128 pp.

Reinierce, K. 1983. Een model voor de simulatie van het fysische rijpingsproces van gronden in de IJsselmeerpolders. (in Dutch). Van Zee tot Land no. 52, 156 pp.

Ritsema, C. J., and L. W. Dekker, 1994. Soil moisture and dry bulk density patterns in bare dune sands. Journal of Hydrology 154: 107 – 131.

Smits, H., A. J. Zuur, D. A. van Schreven & W. A. Bosma. 1962. De fysische, chemische en microbiologische rijping der gronden in de IJsselmeerpolders. (in Dutch). Van Zee tot Land no. 32. Tjeenk Willink, Zwolle, 110 p.

Tessier, D., 1984. Etude experimentale de I'organisation des materiaux argileux. Dr Science Thesis. Univ. de Paris INRA, Versailles Publ, . 360 pp.

United States Soil Conservation Service. 1975. Soil Taxonomy; a basic system of soil classification for making and interpreting soil surveys. Agric. Handbook no. 436. USA Govt. Print Off. ，Washington.

Wilding，L. P. and D. Tessier，1988. Genesis of vertisols：shrink – swell phenomena，p. 55 – 81 in：L. P. Wilding and R. Puentes（eds）Vertisols：their distribution，properties，classification and management. Technical Monograph no 18，Texas A&M University Printing Center，College Station TX USA.

推荐阅读

Hillel，D. ，1980. Fundamentals of soil physics. Academic Press，New York，413 pp.

Hillel，D. ，1980. Applications of soil physics. Academic Press，New York，385 pp.

Koorevaar，P. ，G. Menelik and C. Dirksen，1983. Elements of soil physics. Elsevier，Amsterdam.

照片 D　冰岛因冻胀作用的岩石覆盖。P. 布尔曼拍摄。

照片 E　冰岛沿着裂缝对粗糙材料进行清晰分类的冻融多边形。
也要注意鹰嘴豆状的植物。P. 布尔曼拍摄。

第3章 土壤化学过程

本章讨论与土壤形成过程相关的一些化学概念。通过本章学习，将熟悉主要矿物风化的化学特性、重要结晶和非结晶风化产物的性质、与黏土胶体性质相关的阳离子交换过程、有机配体对金属的络合作用以及土壤中的氧化还原过程。

3.1 化学风化与次生矿物的形成

1. 原生矿物和次生矿物

化学风化是地表矿物向溶质（溶解物质）和固体残留物的转化。在较高温度和压力下形成的矿物，其在地表温度和压力较低的条件下可能在热力学上不稳定。大多数火成岩和变质岩主要由硅酸盐组成，并且由硅酸盐结构（例如 $Si_2O_5^{2-}$，$Si_2O_6^{4-}$ 和 SiO_4^{2-}）和金属离子结合组成，通常以游离二氧化硅（SiO_2）的形式存在，例如石英。这些形成矿物也被称为原生矿物。原生矿物风化成铁和铝的氧化物、黏土矿物和非结晶硅酸盐（次级矿物）。这些次生矿物与高抗原生矿物（如石英）一起构成了强风化土壤的典型矿物，也被称为土壤矿物。热力学稳定性图显示了哪种矿物在哪种条件下是稳定的。由图 3.1 可知，原生矿物方沸石、钠长石、钾长石和白云母在低 pH 和 K^+ 浓度的土壤溶液中不稳定，最终将转化为蒙脱石或高岭石。在极低浓度的可溶性二氧化硅（H_4SiO_4）环境下，黏土矿物蒙脱石和高岭石将转化为三水铝石、氢氧化铝。

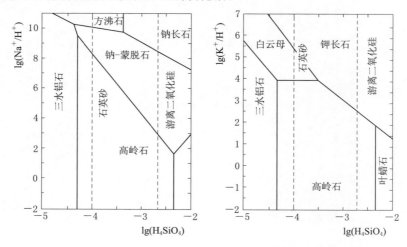

图 3.1　Na_2O 和 $K_2O - Al_2O_3 - SiO_2 - H_2O$ 系统在 25℃和 1 个大气压下的稳定性，以 Na^+、或 K^+ 到 H^+ 与 H_4SiO_4 为变量溶液中的摩尔浓度比（实际热力学活性），用对数作图。摘自 White，1995。

2. 谐溶

风化是在水、各种有机酸与无机酸和络合剂以及氧气等风化剂的影响下发生的。以橄榄石在酸性环境中的溶解过程为例。在这种情况下，橄榄石完全分解成 Mg^{2+} 和 H_4SiO_4（H_4SiO_4 是天然水中可溶性二氧化硅的主要形式）。没有残留物的风化被称为谐溶。

$$Mg_2SiO_4(s) + 4H^+(aq) \longrightarrow 2Mg^{2+}(aq) + H_4SiO_4(aq) \tag{3.1}$$

● **思考**

　　问题 3.1　表 3.1 显示了与花岗岩相关的不同土壤和风化环境下水中的溶质浓度。在图 3.1 中绘制了数据点。在花岗岩裂隙中，气候和水运动速度作为参数的函数，你会期望产生什么不同的次生矿物？$P-E=$ 降水量—总蒸散量。

表 3.1　　　　　　　与花岗岩相关的不同土壤和风化环境下水中的溶质浓度。

样点	降雨量—总蒸散量 /(mm/年)	水的类型	pH	Na^+ /(mol/L)	H_4SiO_4 /(mol/L)
1	50	基岩中静止水体	9.5	0.1	0.002
2	50	泉水	7.0	0.01	0.0015
3	500	泉水	5.5	0.001	0.0001
4	2500	泉水	4.5	0.0001	0.00001

不同的酸可以提供 H^+。通常土壤中含有丰富的二氧化碳，二氧化碳是风化过程中的主要质子供体，即

$$4CO_2(g,aq) + 4H_2O \longrightarrow 4HCO_3^-(aq) + 4H^+(aq) \tag{3.2}$$

● **思考**

　　问题 3.2　a. 结合式（3.1）和式（3.2），展示橄榄石的风化过程如何产生可溶性的碳酸氢盐（HCO_3^-）和 Mg^{2+}。
　　b. 写一个硫酸溶解橄榄石的反应方程式，例如酸雨。

3. 不谐溶

在相对干燥的气候条件下，可溶解的风化物的浓度会变得相对较高。在这种情况下，橄榄石溶解过程中释放的部分镁以碳酸镁的形式沉淀出来。剩下固体风化产物的风化称为不谐溶。不谐溶的另一个例子是钾长石在 CO_2+H_2O 的作用下风化成高岭石和可溶性的 H_4SiO_4、K^+ 和 HCO_3^-。

氧气是矿物质的一种重要风化剂，而矿物质往往含有较低的氧化态元素，如 Fe(Ⅱ) 或 S(-Ⅱ)。橄榄石的 Fe(Ⅱ) 形式，铁橄榄石（Fe_2SiO_4），风化后经常留下褐色水合氧化铁的残留物，例如针铁矿。与辉石风化有关的氧化铁在照片 A 和照片 C 中有说明。

● 思考

问题 3.3 写出 CO_2 作为风化剂，橄榄石不谐溶风化为菱镁矿（$MgCO_3$）的反应方程式。

问题 3.4 写出钾长石不谐溶风化为高岭石的反应方程式（矿物化学式，见附录 2）。

问题 3.5 a. 写出铁橄榄石风化为针铁矿的反应方程式。

b. 在缺氧环境中，铁橄榄石的风化如何进行？

因为大多数（硅酸盐）矿物含有铁和铝，所以不谐溶作用的风化是常见的。在土壤中，铁和铝形成溶解性很差的氢氧化物，同时铝可以与高度不溶性的黏土矿物如高岭石结合。这种所谓的次生矿物在土壤中形成稳定的矿物组合。当风化时，矿物质的"耐风化性"不同。矿物的耐风化性取决于其在水溶液中的平衡溶解度，它的溶解速率。大多数具有高溶解度的矿物质溶解速率较快（表 3.2）。而云母平衡溶液中的钾浓度高于方解石平衡溶液中的钙浓度，但是云母溶解远比方解石慢，因此其耐风化性低得多。

表 3.2 原生和次生矿物耐风化的（平衡溶解度 mmol/L 和溶解速率）两个方面，溶解度对 pH 的依赖性。摘自 Van Breemen 和 Brinkman，1978。

矿 物	溶解度在 $pCO_2=10^{-1}kPa$ 和 $(H_4SiO_4)=10^{-3}mol/L$	单位 pH 减少溶解度增加的影响因素；pH<7	溶解速率
原 生 矿 物			
镁橄榄石中的 Mg^{2+}	50	100	中等慢
云母中的 K^+ [①]	7	10	特别慢
石英中的 Si	0.1	1	非常慢
从湿润到中等干燥地区土壤中的次生矿物			
蒙脱石中的 Mg^{2+} [①]	0.05	10	非常慢
三水铝石中的 Al^{3+}	$2×10^{-3}$	1000	慢的
高岭石中的 Al^{3+}	10^{-4}	1000	非常慢
干旱地区土壤中次生矿物			
方解石中的 Ca^{2+}	1	100	中等快
石膏中的 Ca^{2+} 和 SO_4^{2-}	10	1	快
石盐中 Na^+ 或 Cl^-	$6.1×10^3$	1	快

① 等同于高岭石。

原生矿物的溶解速度如此之慢，以至于很少达到平衡浓度，而且大部分土壤溶液相对于原生矿物来说，通常远远无法达到饱和程度。这就是溶解动力在描述矿物风化时很重要的原因。

● 思考

　　问题 3.6　a. 对于表 3.1 中列出的原生矿物和次生矿物之间的耐候性差异，你能得出什么结论？

　　b. 检查石膏、镁橄榄石、方解石和三水铝石的溶解度对 pH 的依赖性（提示：如果可能，写出 H^+ 作为反应物的溶解反应）。

　　c. 如果三水铝石在 $pCO_2 = 10^{-1}$ kPa 时的悬浮液的 pH 为 5；三水铝石在 pH 为 3 时的溶解度是多少？

4. 风化动力

风化动力的速度取决于溶解过程本身，溶解物质的去除。

● 思考

　　问题 3.7　为什么溶解物质的去除对风化动力学很重要？

在不谐溶过程中，次生矿物可能直接生长在风化矿物的顶部（并形成能减缓进一步风化的保护覆盖层），或者它们可能在土壤或风化带的其他地方形成。

● 思考

　　问题 3.8　描述风化物的去除率（水渗透）或通气程度如何决定铁橄榄石的耐风化性，或是否因保护覆盖层的形成而降低。

最慢的步骤决定了化学风化的速度。这种所谓的限速步骤可以是风化矿物中某一种元素的溶解步骤，也可以是溶解产物的消除过程。我们将更详细地考虑溶解步骤。图 3.2 参考了系统中硅的能量水平，说明了决定硅酸盐矿物溶解速率的因素。

纵轴是指一摩尔硅具有的吉布斯自由能（ΔG）。自发反应总是朝着整个系统较低的吉布斯自由能方向进行。在原生矿物中，硅的能级（ΔG_M）比溶液态（ΔG_S）高。溶液的浓度越高，溶液的能级值（ΔG_S）越高。矿物表面的硅基团在溶解前必须被激活到更高的能量态。这种所谓的活化表面复合物是一种不完全结合的物质［例如 $Si(OH)_4$］，它通常与吸附的物质（例如 H^+ 或 OH^-）结合。在给定的一组条件下（pH、温度等），活化位点通常与矿物质处于平衡状态（建议用等速率箭头）。矿物表面活化复合物的密度取决于 pH、温度等。在浓度为 $S(1)$ 时，

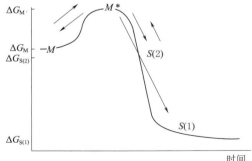

图 3.2　二氧化硅基团在从矿化结合态变为溶解态的过程中吉布斯自由能的变化。箭头长度与变化率成比例。

硅基团的自由能量等于 $\Delta G_{S(1)}$，溶液是高度不饱和的。

将活化的矿物表面复合物置于这种高度不饱和溶液中，其溶解速度比形成速度要快。在高度欠饱和状态下，$S(1)$ 的精确值几乎不受影响；矿物的溶解速率由活化表面络合物的形成速率决定，并且与周围溶液的浓度无关。在更高的浓度条件下，接近平衡 $S(2)$ 时，活化的表面基团可以从溶液中重建，并且随着溶解的风化物的浓度升高（ΔG_S 随之更高），且重建的频率也提高。因此，与微度欠饱和溶液接触的矿物的溶解速率取决于欠饱和程度，即

$$R = k(C_M - C_S)^n \tag{3.3}$$

式中　R——溶解速率（表示为 moles m^{-2} · s^{-1}，此处指反应矿物的表面积）；

　　　k——速率常数；

　　C_M——平衡浓度；

　　C_S——环境溶液中的浓度。

在式（3.3）中，n 决定了反应的顺序，通常在 $0 \sim 2$ 变化（Velbel，1986）。

> **● 思考**
>
> **问题 3.9**　通过桌子上的矩形实心木块画出图 3.2 的物理模拟图，
> a. 在场景 M、M* 和 S 中绘制块的位置。b. 如何通过改变块的形式来模拟 M→M*→S(1) 和 M→M*→S(2) 之间的转换差异？
>
> **问题 3.10**　评价这个说法："矿物风化速率总是与年降雨量成正比，降雨量增加会稀释土壤溶液，导致相对于可风化矿物土壤溶液的不饱和度增加。"

如果溶液中矿物的不饱和程度超过 $1 \sim 2$ 个数量级，则 M* 的形成可能会成为速率限制因素。室内实验显示长石在高度饱和溶液中，溶解速率取决于 pH（图 3.3）。这个现象可以通过在活化复合物形成过程中，H$^+$ 在低 pH 下吸附，OH$^-$ 在高 pH 下吸附来解释。如图 3.3 所示，在自然界中，pH 高于 8 不会增加风化速率，因为自然界中高 pH 环境下溶解的 Na 和 H$_4$SiO$_4$ 浓度都很高。

5. 蚀坑和微孔

许多风化物的表面因微米级蚀坑（图 3.4）或更小的微孔（直径 $10 \sim 20$nm）的形成而发生变化。如果矿物与高度欠饱和的溶液接触，就会形成蚀坑。相对于矿物土壤溶液微度欠饱和时，通常在位错（晶体缺陷）处会形成微孔。通过蚀坑溶解的矿物量可能占总体积的很大一部分。因此，蚀坑倾向增加每单位质量矿物的风化

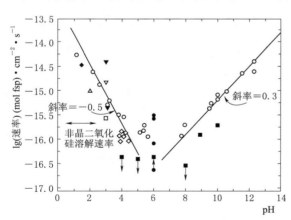

图 3.3　钠长石溶解速率随 pH 的变化。摘自 Blum 和 Stillings，1995。符号适用于不同的实内测试实验。

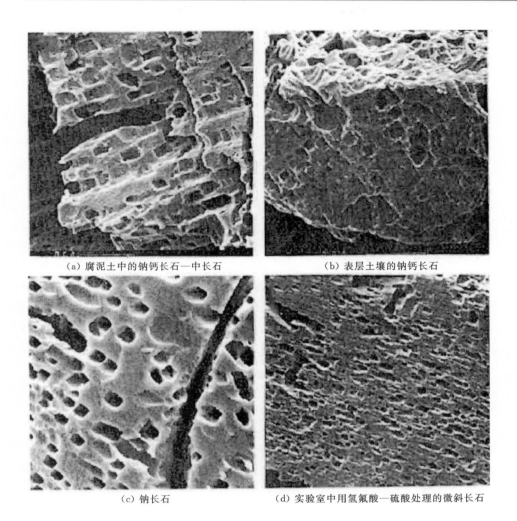

（a）腐泥土中的钠钙长石—中长石　　　　　　（b）表层土壤的钠钙长石

（c）钠长石　　　　　　（d）实验室中用氢氟酸—硫酸处理的微斜长石

图 3.4　长石中棱柱状蚀坑的扫描电子显微照片。图像宽度为 $10\mu m$（a、b、d）和 $1\mu m$（c）。摘自 Berner 和 Holdren，1979。经阿姆斯特丹爱思唯尔科学公司许可使用。

速率（$mol \cdot g^{-2} \cdot s^{-1}$），微孔的形成不涉及许多矿物体积的改变，但是矿物表面可能增加几个数量级。

　　因为大多数微孔表面不与大块土壤溶液直接接触，风化物从微孔中扩散可能会成为限制速率因素。因此，与蚀坑相反，微孔的形成不会增加风化速率。在大多数室内实验中（图 3.3）溶液是高度欠饱和的，不会形成微孔，溶解速率高。在田间，溶液通常不是欠饱和的，因此微孔形成，随着反应产物堆积在微孔内，风化速率（在总表面积上的平均值）可能会降低几个数量级［式（3.3）］。这解释了田间长石的风化速率为什么通常比室内观察到的数值低 2～4 个数量级（Anbeek，1994）。在室内实验中，长石的溶解速率（以释放的硅表示）为 10^{-14}～$10^{-11} mol \cdot m^{-2} \cdot s^{-1}$。

　　反应物的低去除率也可能是由于扩散通过次生矿物的保护覆盖层，或不流动的水层或在（水文上）不饱和土壤中颗粒表面上的薄层的缓慢流动造成的。

● 思考

问题 3.11　你会期待蚀坑或长石表面的微孔出现在花岗岩基岩狭窄裂缝，或热带雨林下的土壤中吗？

大多数硅酸盐矿物的风化速率也随着渗透率的增加而增加，但这是 R 随着稀释度的增加而增加的结果［式（3.3）］，也是暴露的矿物表面与欠饱和水接触比例增加的结果。

6. 方解石风化

硅酸盐风化通常十分缓慢，以至于在水渗透速度非常低的条件下，也不能得到被讨论的主要矿物的饱和土壤溶液。

$$CaCO_3(s)+CO_2(g)+H_2O(l)\longrightarrow Ca^{2+}+2HCO_3^-\qquad(3.4)$$

然而，方解石的溶解速度大约是 $10^{-10}\ mol \cdot m^{-2} \cdot s^{-1}$，足以使富含方解石的土壤溶液和地下水在一般的渗透速率下维持方解石的几乎饱和状态。换句话说，渗入土壤的"新鲜"雨水的供应速度通常比方解石的溶解速度慢。因此，土壤的脱钙速率可以由方解石的平衡浓度和年渗滤速率来计算。

在没有强酸（如有机酸）的情况下，碳酸钙的溶解度取决于土壤空气中的二氧化碳压力和温度（图 3.5）。在高二氧化碳压力和低温条件下的溶解度最高。土壤大气中的二氧化碳压力通常在 $0.1\sim1kPa$，即比空气中的高几个数量级（$3\times10^{-2}\ kPa$）。相对较高的二氧化碳压力是由于微生物和植物根的呼吸活动以及土壤中相对较低的二氧化碳扩散速率的综合作用。

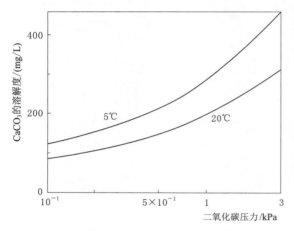

图 3.5　碳酸钙的溶解度取决于温度和二氧化碳分压。摘自：Van Breemen 和 Protz，1988。

● 思考

问题 3.12　a. 列出至少三个（大部分独立的）决定方解石从土壤中移除速度的因素。

b. 解释为什么土壤中 $CaCO_3$ 的含量不是这些因素之一。长石风化的情况有什么不同吗？

在碳酸钙存在的情况下，pH 会很高（7～8），硅酸盐矿物的溶解度很低，硅酸盐风化可以忽略不计。脱钙后，pH 会下降到较低的水平，原生硅酸盐会以较高的速度溶解。

思考

问题 3.13　通常脱钙黄土与其含钙较多的母质之间的边界是可见的，因为脱钙土壤比母质更有浓烈的棕色。什么导致了更浓的棕色？

硅酸盐在水和二氧化碳的风化作用下总是会产生溶解性硅酸（H_4SiO_4）和碳酸氢盐，它们会在渗透水中被去除。该过程也称为脱硅，因为除了各种阳离子（取决于所讨论的矿物，主要是 K^+、Na^+、Ca^{2+} 和 Mg^{2+}），在硅酸盐矿物风化过程中主要去除溶解的硅酸（H_4SiO_4）。铝在接近中性的 pH 下溶解度非常低。如果土壤溶液中的硅酸浓度保持非常低，在降雨量非常高的地区的土壤中，氢氧化铝（三水铝石）可以作为次生矿物形成。

7. 金属络合

某些水溶性有机酸能强烈络合金属离子，即

$$M^{n+}(aq) + H_nL(aq) \longleftrightarrow ML(aq) + nH^+(aq) \tag{3.5}$$

络合作用降低了游离 M^{n+} 的浓度，从而增加了含 M 矿物的溶解度，并导致平衡状态下溶液中 $M(=[M^{n+}]+[ML])$ 的总浓度升高。

通常在土壤中形成低分子量有机酸（例如柠檬酸、草酸、香草酸和对羟基苯甲酸）。它们的羧基和酚基可以形成一种螯（希腊文：chela），对铝或铁等三价金属离子有很强的亲和力。这种酸与铝或铁的溶解或固体化合物称为螯合物。在没有螯合剂的情况下，与含铝矿物平衡时的溶解铝的浓度随着 pH 的降低而显著增加（问题 3.6b）

$$Al(OH)_3 + 3H^+ \longleftrightarrow Al^{3+} + 3H_2O \tag{3.6}$$

$$K = [Al^{3+}]/[H^+] \tag{3.6a}$$

只有在极低的 pH（<4）下，铝的溶解度高得足以引起铝在土壤中的明显迁移。在较高的 pH（4~5）下，螯合剂可以将总溶解铝的浓度提高几个数量级，从而引起铝的明显迁移。因为小的有机配体最终会被微生物分解，铝和铁通常会作为次生矿物沉淀，当有机酸作为风化剂时也是如此。

3.2　土壤矿物质及其理化性质

如前一节所述，在地球深处形成的矿物在地球表面通常不稳定。粗略地说，风化是母岩对地表环境的适应：地壳中的原生矿物转化为土壤中典型的次生矿物。

思考

问题 3.14　地球表面和上地幔在化学和物理条件上有什么本质的区别？

风化包括矿物的溶解、某些矿物化合物的氧化、溶解产物的淋溶作用，以及风化产物重组为地球表面稳定的次生矿物。成千上万种不同的矿物组成了地壳的各种火成岩和变质岩。在土壤中，这一数字大大减少。与原生岩石一样，土壤中的矿物以组合形式存在：矿物属于特定的环境，其可能的组合形式受到热力学的限制。如果我们忽略那些长期不稳定的矿物，我们可以区分土壤中的下列土壤矿物组合：

（1）富含长石和镁铁质岩石上年轻火山土和年轻土壤的组合。这些主要含有无定形铝硅酸盐和无定形羟基氧化铁。

（2）温带地区年轻的、中度风化土壤的组合。它们包含黏土矿物的混合物，通常以伊利石和蛭石为主，以及结晶较差的羟基氧化铁（主要是针铁矿）。主要残留矿物是石英。

（3）古老的、强烈风化的（热带）土壤的组合。这些土壤仅包含在低 H_4SiO_4 浓度下稳定的黏土，如高岭石和三水铝石，以及氧化铁（主要是赤铁矿）。

（4）草原土壤组合。除了黏土矿物伊利石和蒙脱石家族成员外，这些土壤通常还含有游离碳酸钙（方解石）。

（5）干旱土壤和滨海盐渍土壤组合。方解石通常存在，黏土矿物通常是蒙脱石，有时在干旱的土壤中还含有坡缕石和海泡石。此外，还存在大量的"可溶性盐"：石膏以及钠、钾、镁和钙的各种氯化物、硫酸盐、碳酸氢盐和硝酸盐。

（6）水成土壤组合。这种组合的黏土矿物取决于水饱和度和气候。然而，常见的是各种硫铁化物、不同的铁和锰的（氢）氧化物。此外，在酸性硫酸盐土壤中，可以发现各种硫酸盐，例如黄钾铁矾、$KFe_3(SO_4)_2(OH)_6$。

> **● 思考**
>
> **问题 3.15** 方解石、石膏和可溶性盐不是原生岩石的常见成分。它们是如何通过风化形成的？

因为土壤含有多种原生矿物，而且每种原生矿物都有其自身的平衡条件和风化动力，所以土壤中的原生矿物和次生矿物很难完全平衡。相对于许多反应的完成，土壤形成的时间太短。在热带地区，土壤形成的时间可能非常长（在非洲、澳大利亚和南美洲的地盾上长达数百万年），气候变化可能会阻碍实现真正的平衡。目前高湿热带气候及其雨林植被在大多数地方还不到 1 万年的历史，过去气候干燥的矿物现在正在适应更潮湿的环境，反之亦然。冲积矿床中存在典型的非平衡情况，其中矿物组合，包括土壤矿物的组合，是通过混合整个流域的物质获得的。

在轻度风化的环境中，原生矿物与其风化产物之间存在一定的关联。表 3.3 给出了一些矿物的常见风化产物。

表 3.3 一些矿物的风化产物。

原生矿物	化学式	次生矿物
橄榄石	$(Mg,Fe)_2SiO_4$	Fe(hydr)oxides
辉石	$Ca(Mg,Fe)_3(Al,Fe)_4(SiO_3)_{10}$	Fe(hydr)oxides,smectite
角闪石	$Ca_3Na(Mg,Fe)_6(Al,Fe)_3(Si_4O_{11})_4(OH)_2$	Fe(hydr)oxides,smectite
长石	$(K,Na)Si_3O_8 - CaAl_2Si_2O_8$	Kaolinite,gibbsste,allophane
蛇纹石	$(Mg,Fe)_3Si_2O_5(OH)_4$	(smectite),Fe-compounds
白云母	$KAl_2(AlSi_3O_{10})(OH)_2$	illite

续表

原生矿物	化 学 式	次 生 矿 物
黑云母	$K(Fe,Mg)_2(AlSi_3O_{10})(OH)_2$	vermiculite
绿泥石	$(Mg,Fe,Al)_6(Si,Al)_4O_{10}(OH)_8$	vermiculite, smectite
石榴石	$(Fe^{++},Al,Mn,Ca)_3Al_2Si_3O_{12}$	Fe,Al,Mn(hydrous)oxides
磷灰石	$Ca_5(PO_4)_3(OH,F,Cl)$	Fe-phosphate, Al-phosphate
火山玻璃		allophane

表 3.3 说明黏土矿物和铁化合物是迄今为止最重要的次生矿物。因为铁化合物和黏土矿物都具有较大的表面积，并且在土壤中常见的 pH 下具有带电表面，所以这些矿物强烈地影响着土壤的许多特性。二氧化硅虽然是一种常见的风化物，但通常以可溶性 H_4SiO_4 形式从土壤中去除，或者重新结合成次生铝硅酸盐。固体二氧化硅（例如蛋白石、玉髓）的二次积累很少。

1. 黏土矿物的结构和电荷

大多数黏土矿物是页硅酸盐或片状硅酸盐。它们由四面体 Si_2O_5 层（T）和八面体 $Mg(OH)_2$ 或 $Al(OH)_3$ 层（O）组成，结合在 T–O（高岭石、埃洛石、蛇纹石）、T–O–T（白云母、黑云母、蒙脱石、伊利石、蛭石）或 T–O–T–O（绿泥石）序列中（图 3.6 和图 3.7）。

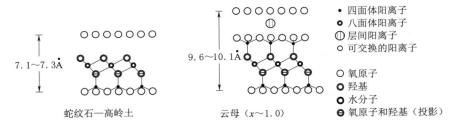

图 3.6　1:1 型矿物高岭石/蛇纹石和 2:1 型矿物云母（伊利石）的结构。
摘自 Brinkdley 和 Brown，1980。

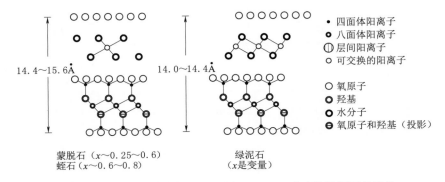

图 3.7　2:1 型矿物蒙脱石、蛭石和 2:1:1 型矿物绿泥石的结构。
摘自 Brinkdley 和 Brown，1980。

阳离子交换是黏土矿物带电性质的重要结果。这一问题在一般性的文本有所论述，例如 Bolt 和 Bruggenwert，1976。这里简要概述了与土壤形成过程相关的内容。由于四面体片（例如 Al^{3+} 替代 Si^{4+}）和八面体片（例如 Mg^{2+} 或 Fe^{2+} 代表 Al^{3+}）中高价离子被低价离子同构取代，使得黏土矿物的板表面带负电荷。这种负电荷被黏土板之间的阳离子所补偿。

这种阳离子可以是结构性的或者可以与土壤溶液中的其他阳离子交换。如果 2：1 型黏土矿物吸附的阳离子与板表面的六环二氧化硅相匹配，使得板靠得非常近，这种阳离子有效地将黏土板黏合在一起，并且不再可交换（例如伊利石中的钾变成结构性的）。黏土矿物的阳离子交换特性和胶体行为在很大程度上依赖于同构取代和补偿阳离子。

表 3.4 给出了一些常见页硅酸盐的结构式。可交换阳离子用"X"表示。图 3.8 说明了可交换阳离子的量首先随着层电荷的增加而增加，但是在具有高层电荷的黏土中，层间阳离子越来越具有结构性，使得可交换阳离子的量减少。

表 3.4 某些双八面体蒙脱石和三八面体页硅酸盐中同构取代和可交换阳离子。原生页硅酸盐是斜体的。微晶高岭石属于蒙脱石。

矿　物	电荷补偿性阳离子	八面体原子	四面体原子	结构性 O 和 H	可变水
1：1 型高岭石，二面体	无	Al_2	Si_2	$O_5(OH)_4$	无
1：1 型埃洛石，二面体	无	Al_2	Si_2	$O_5(OH)_4$	$2H_2O$ 或无
1：1 型蛇纹石，三面体	无	Mg_3	Si_2	$O_5(OH)_4$	无
2：1 型叶蜡石，二面体	无	Al_2	Si_4	$O_{10}(OH)_4$	无
2：1 型蒙脱石，二面体	$X_{0.33}$	$Al_{1.5}Mg_{0.65}$	$Si_{3.91}Al_{0.09}$	$O_{10}(OH)_2$	yH_2O
2：1 型白云母，二面体	$K_{1.0}$	Al_2	Si_3Al	$O_{10}(OH)_2$	无
2：1 型黑云母，三面体	K	Fe_3	Si_3Al	$O_{10}(OH)_2$	无
	$X_{1.17}$	$M^{3+}_{4.01}M^{4+}_{0.25}M^{2+}_{1.67}$	$Si_{6.6}Al_{1.4}$	$O_{10}(OH)_2$	无
2：1 型伊利石，二面体	$K_{0.58}X_{0.17}$	$Al_{1.55}Fe_{0.2}^{\text{III}}Mg_{0.25}$	$Si_{3.5}Al_{0.5}$	$O_{10}(OH)_2$	yH_2O
2：1 型滑石，二面体	无	Mg_3	Si_4	$O_{10}(OH)_2$	无
2：1 型蛭石，二面体	$X_{0.66}$	$Mg_{2.61}Al_{0.39}$	$Si_{2.95}Al_{1.05}$	$O_{10}(OH)_2$	yH_2O
2：1：1 型绿泥石，二面体	无	$Mg_{4.65}Fe_{0.4}^{\text{II}}Al_{0.9}$	$Si_{3.2}Al_{0.5}$	$O_{10}(OH)_3$	无

● **思考**

问题 3.16 土壤环境潮湿，土壤溶液中镁浓度通常较低。这对表 3.3 中哪些矿物质在土壤中出现的机会意味着什么？

问题 3.17 通过查阅表 3.4 来推断"三八面体"和"二八面体"的意思吗？

问题 3.18 检查表 3.4 中三种矿物质的电荷平衡。

问题 3.19 比较表 3.4 与图 3.6 和图 3.7，了解 1：1 型和 2：1 型层状硅酸盐之间的差异。表 3.4 中的哪种矿物不属于这两类？

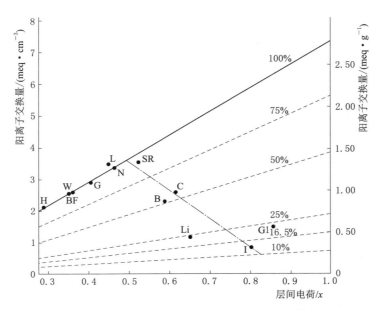

图 3.8 阳离子交换容量与 2∶1 型黏土层电荷之间的关系。Li，I＝伊利石；Gl＝海绿石；其他是蒙脱石。斜线表示层间阳离子可交换的比例。摘自 Wilding 和 Tessier，1988。

2. 黏土矿物的定义

在表3.4 中，我们根据同构替换和补偿阳离子来命名各种黏土矿物。在 X 光衍射中，黏土矿物的区别在于其在不同处理时的 (001) 间距行为，而不是其化学性质（001 间距是板的重复距离，在图 3.6 和图 3.7 中用竖条表示）。这导致了 2∶1 型黏土矿物的结构/化学上和"操作"定义（基于 001 行为）之间的差异。记住这一点在研究下一节的黏土风化序列时是很重要的。这个序列是基于操作的定义。这意味着风化过程中从"蛭石"到"蒙脱石"的转变并不一定表示四面体和八面体取代的变化，你可以从表 3.3 中得出此结论。

3. 黏土的形成

黏土矿物主要通过两种途径形成：①从溶液中沉淀；②保留了层状硅酸盐晶体结构的原生层状硅酸盐的碎裂和分解。

在许多土壤中，通过从土壤溶液中沉淀而形成黏土矿物是一种常见现象。它是氧化土中高岭石和三水铝石（不是层状硅酸盐）的主要来源。土壤中的大多数蒙脱石也是这样形成的。因为矿物质只能由超饱和溶液形成，黏土矿物质只能在溶液中相应溶质浓度较高的地方沉淀。

思考

问题 3.20 a. 在土壤中沉淀形成黏土矿物的溶液的来源是什么？
b. 你认为在渗透力强的砂质土壤中会形成黏土矿物吗？

原生层状硅酸盐白云母在火成岩和变质岩中很常见。随着层间钾的逐渐去除，它可以通过物理分解转化为伊利石。一种层状硅酸盐向另一种层状硅酸盐的转化通常是从板的边缘向内进行的，并且这种转化的过程在所有位置并不相等。具有一种以上典型页硅酸盐的特征的中间产品称为间层作用。通过去除层间钾，白云母从伊利石转变为蛭石的过程如图 3.9 所示。

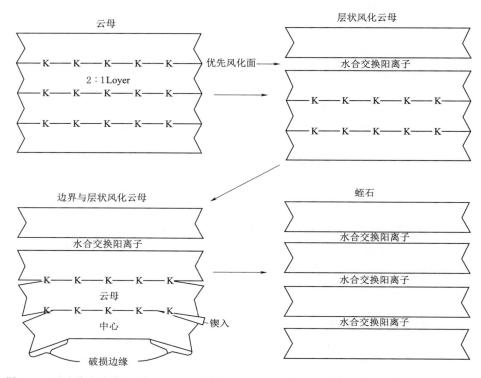

图 3.9　通过除去边缘和弱面上的钾将云母转化为蛭石。摘自 Fanning 和 Keranidas，1977。

黑云母（表 3.3、表 3.4）直接转化为蛭石。在低 pH 和络合有机酸的存在下，例如在灰化土 A 层和 C 层，伊利石和蛭石可以转化为铝蒙脱石（贝得石）。完整的风化顺序为

$$云母 \longrightarrow MI \longrightarrow 伊利石 \longrightarrow Ⅳ \longrightarrow 蛭石 \longrightarrow VS \longrightarrow 蒙脱石 \qquad (A)$$

其中字母组合表示层间作用（例如，Ⅳ＝伊利－蛭石层间作用）。

如果环境的酸性稍低，并且添加了可聚合的溶解铝，则可在黏土板之间添加氢氧化铝（三水铝石）层，将蒙脱石或蛭石转化为"绿泥石土壤"，即

$$蒙脱石/蛭石＋氢氧化铝 \longrightarrow 铝夹层"绿泥石土壤" \qquad (B)$$

● 思考

问题 3.21　矿物相的阳离子交换量在风化序列中（A）和绿泥石化作用（B）之后是如何变化的？在图 3.7 中指出铝夹层的位置。

由于土壤的化学和物理条件随土层深度变化，因此许多土壤中的黏土矿物组合也随深度变化。

4. *层间水和胶体行为*

从伊利石和蛭石中去除层间钾，从绿泥石中去除多余的八面体层，允许单独的团聚体组合分离，水（带水合阳离子）进入板块之间。天然云母和蛭石存在许多堆叠的团聚体块。只要除去部分层间钾，单个板块就不容易分离，黏土也变得相对坚硬。随着层间阳离子去除量的增加，形成了更小的团聚体组合，黏土变得不那么坚硬。进入的水量是由层间阳离子的去除量和电荷不足程度控制的（图3.8、图3.9）。电荷赤字最低的2∶1型黏土具有最强的水合能力，也就是最大收缩/膨胀潜力。层间电荷和水吸附之间的关系如图3.10所示（另见难题2.7）。

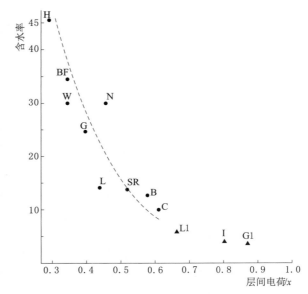

图 3.10　在 -0.32kPa 的水势下在 10^{-3}M 氯化钠中 2∶1 型矿物的层间电荷和含水量。含水率是水重相对于黏土的重量。图例如图 3.8 所示。摘自 Wilding 和 Tessier，1988。

> **思考**
>
> **问题 3.22**　为什么低电荷不足的黏土具有高水合能力？

传统意义上黏土的膨胀和收缩行为是由双层厚度（单个黏土片层之间的水相）的变化来解释的，这种变化与交换复合物的组成和双层外电解质的浓度有关（van Olphen，1963）。然而，Tessier（1984）的研究表明，双层本身对膨胀和收缩行为的重要性，可能不如具有柔性蜂窝状微结构中直径为 $0.1 \sim 2\mu\text{m}$ 的颗粒间孔隙的水合和脱水重要。

除黏土矿物的影响外，可交换阳离子的性质和土壤溶液的浓度还决定着黏土在土壤中的行为。下面概述了主要机理。

黏土颗粒被范德华力相互吸引，同时（但可能程度较小）被正（边缘侧）和负（板侧）双层产生的静电力吸引。一方面，负极板侧面相互排斥。范德华力是质量引力。它们随着物体之间的距离而强烈减小，并且与电解质的类型和浓度无关。另一方面，双电层的厚度受到阳离子类型和浓度的强烈影响。一价可交换阳离子和周围溶液的低电解质浓度倾向形成厚的双层。二价和三价可交换阳离子和高电解质浓度会形成薄的双层。当双层膨胀时，静电力超过质量引力，黏土薄片相互排斥并可能分散。如果双层收缩，质量吸引起主导作用，黏土颗粒相互吸引，并发生絮凝。

5. *可溶性和可交换阳离子*

可交换阳离子的浓度（阳离子交换量）从高岭石中每千克黏土几个 cmol（＋）到蒙脱

石和蛭石中每千克超过 100 个 cmol（＋）。通常最丰富的可交换阳离子是通过硅酸盐风化释放到土壤溶液和地下水中的阳离子：Ca^{2+}、Na^+、Mg^{2+}、K^+，在低 pH 下，Al^{3+} 和 H^+。

例如，Bolt 和 Bruggenwert（1976）中讨论的 Kerr 方程（对于等价离子）和 Gapon 方程（对于一价交换），它们相当好地描述了阳离子在弥散双层和周围电解质溶液中的分布。这些模型有如下预测：

（1）与低价阳离子相比，高价阳离子优先被吸附。因此，吸附络合物中二价阳离子与一价阳离子的比例总是高于土壤溶液中的比例。

（2）在电解质浓度较低的情况下尤其如此，因此如果土壤溶液被雨水稀释，则具有相对高价态的阳离子会迁移到络合物中，相应会消耗等价量的低价阳离子。通过蒸发除去水分来提高浓度会产生相反的效果，因为这通常会导致一价离子占优势。

在大多数土壤中，pH 与吸附复合体中的主导阳离子之间有很强的联系，包括：

（1）在 pH＜5 时，Al^{3+} 可明显溶解。由于铝的高价，即使它在土壤溶液中的浓度相对较低，例如 pH 在 4.5 和 5 之间时，它也可以取代吸附络合物中的其他阳离子。

（2）在 pH 介于 5 和 7 之间时，电解质浓度通常较低，Ca^{2+} 是主要的阳离子。

（3）在 pH 介于 7.5 和 8.5 之间时，土壤通常含有游离的 $CaCO_3$。这种矿物的存在导致 Ca^{2+} 在吸附复合体中占主导地位，但电解质浓度通常仍然很低（除非存在石膏）。

（4）pH 高于 8.5 通常是由于一价离子的可溶性碳酸氢盐（Na^+，K^+）的存在引起的，Ca^{2+} 的浓度因 HCO_3^- 的浓度而降低，这进一步增加了一价阳离子占据的吸附络合物的比例。这导致高电解质浓度与单价离子高饱和度的结合。

> ● 思考
>
> 　　问题 3.23　在以下哪种情况中，您认为黏土会发生分散或絮凝：①氯化钠引起的盐渍土壤；②饱和度高的中性土壤；③饱和度低的中性土壤；④石灰性土壤（碳酸钙的溶解度相当低，因此土壤溶液浓度仍然很低）；⑤钠离子主导的非盐渍土？

6. 铁矿物

除黏土矿物外，铁和铝的氧化物是最常见的次生矿物。因为铁矿物是非常强的着色剂，它们的存在通常是显而易见的。在铁含量为 0.2% 时，铁氧化物引起的红色可能已经变得明显。最常见的三水铝石 [$Al(OH)_3$] 是白色的，通常颗粒非常细，因此肉眼看不见。

五种主要的铁（氢）氧化物对应着土壤中常见的黄色至红色：针铁矿、赤铁矿、亚铁氢化物、锂云母和磁赤铁矿（Cornell 和 Schwertman，1996）。

（1）针铁矿（α-FeOOH）在所有气候条件下的土壤和几乎所有母质中都很常见。针铁矿结晶纯度好时呈黄褐色，但结晶较大时可能会变红。它是在铁离子缓慢水解时形成的。

（2）赤铁矿（a-Fe$_2$O$_3$）在热带和亚热带红壤中含量丰富；它在温带潮湿气候的最近形成的土壤中是不存在的。赤铁矿形成一种浓烈的红色颜料，特别是当它在基质中细分时。当晶体较大时，它显得较暗；赤铁矿外观为黑色。赤铁矿经常与针铁矿同时发现。pH 呈轻微碱性有利于它的形成，这可以在石灰性土壤和腐泥土中发现。

（3）亚铁氢化物（Fe$_2$O$_3$·nH$_2$O）是一种在新鲜沉淀物中发现的无序氢氧化铁。它存在于排水沟和其他高浓度溶解亚铁暴露在空气中的地方。它经常与抑制结晶的有机分子结合。因此，在低地泥炭地（沼泽矿）、铁盘、脲基甲酸暗色土和灰化土 Bs 层出现水铁矿。随着时间的推移，它可能再结晶成其他化合物之一。

（4）锂云母（γ-FeOOH）是由沉淀的 Fe^{2+} 氢氧化物形成。因此，它仅限于水成土，如潜育土和假潜育土。然而，它不会在钙质土壤中形成，而是被针铁矿取代。纤铁矿中有黄褐色。

（5）磁赤铁矿（γ-Fe$_2$O$_3$）存在于热带和亚热带的强风化土壤中。它优先出现在镁铁质火成岩上，通常与赤铁矿有关。它的颜色是红棕色，形状与赤铁矿相似。

土壤中的铁化合物并不总是与目前的环境相吻合。它们可能起源于不同的环境，并且可能持久存在。在潮湿的温带气候中会有红色古土壤是赤铁矿的一个例子。虽然赤铁矿的上部可能已变成针铁矿，有更多的黄色所证明，但较深的层位可能仍有赤铁矿。在古土壤中，赤铁矿和针铁矿可能会共存数百万年。

在季节性气候下周期性水饱和土壤中可能同时含有赤铁矿和针铁矿，每一种类型都与一年中部分土壤的主要条件相吻合。

> ● **思考**
>
> **问题 3.24**　写出赤铁矿向针铁矿转化的反应方程式。什么样的环境条件应该有利于这种转化？预计反应速度是低还是高？

3.3　氧化还原过程

铁、锰、硫和有机化合物的氧化和还原过程会影响许多土壤性质。只有很好地掌握氧化还原化学过程，你才能理解非常潮湿土壤的棕色和灰色斑点以及酸性硫酸盐土壤的特殊化学过程。本节讨论土壤氧化还原过程的基本方面。

1. 氧化还原强度：pe 和 E_H

氧化或还原的强度可以用 pe 值来表示，pe 是电子活性的负对数（$-\lg[e]$；$[e]$ 用摩尔表示；与 pH 比较）。电子活性越低，pe 值越低。pe 与氧化还原电位或 E_H 相关，E_H 是相对于标准氢电极测量的惰性（例如铂）电极的电位。在 25℃ 时，$pe=16.9E_H$，其中 E_H 以伏特（V）表示。氧化还原电位或体系的 pe 是氧化物质与还原物质比率的量度。土壤中可能的磷含量范围是由水的平衡状态决定的。当水和氧同时存在时，发现最高值为

$$O_2 + 4H^+ + 4e^- \longleftrightarrow 2H_2O \tag{3.7}$$

如果水、氧和 H^+ 处于平衡状态，即

$$pe = 1/4\lg K - pH + 1/4\lg P_{O_2} \tag{3.7a}$$

其中 P_{O_2} 为 O_2 的分压（单位为巴，1 巴＝100kPa），在 25℃和 1 巴总压下，对数 $K = 83.0$。

最低值出现在水与氢气的平衡状态

$$2H^+ + 2e^- \longleftrightarrow H_2 \tag{3.8}$$

$$pe = 1/2\lg K - pH - 1/2\lg P_{H_2} \tag{3.8a}$$

对于该反应，在 25℃和大气压下，对数 $\lg K = 0$。

● 思考

问题3.25 a. 通过将质量作用定律应用于式（3.7），导出式（3.7a）。

b. 为什么水的含量没有出现在式（3.7a）中？

c. 式（3.8）中水的存在通过 H^+ 是隐式的，通过重写仅有 H_2O，e^{-1}，H_2 和 OH^- 的反应使其具体。

地球水面的任何环境的特征都在于，pe 和 pH 在 O_2 和 H_2 气体总压为 1bar 的水的稳定极限内的。稳定性极限通常通过 pe-pH 图来表示。

● 思考

问题3.26 绘制一张 pe-pH 图，显示 pe 和 E_H 的范围，以及水在 1bar(＝100kPa) 大气压的总压下的稳定极限（例如水不会在 P_{O_2} 等于 1bar 时，完全氧化或还原成氢气）。在 y 轴从 +18 到 -10 绘制 pe，在 x 轴从 2 到 10 绘制 pH。

---

2. 好氧和厌氧条件

大多数土壤具有正 pe。它们是"好氧的"，氧气的浓度接近大气中的浓度（体积百分比为 20%，$P_{O_2} = 0.2$bar）。在好氧条件下，黄色、棕色、红色和黑色氧化物和水合氧化物是稳定的。缺氧土壤缺乏氧气，并具有灰、蓝和绿色形式的还原铁（Ⅱ）和锰（Ⅱ），这些矿物质在低 pe 值下是稳定的。这在图 3.11 的 pe-pH 图中对铁化合物进行了说明。

3. 有机物：土壤还原的动力

有机物通常有助于从好氧环境到厌氧环境的变化。通过在光合作用过程中捕获光能，植物产生强烈还原条件的局部中心（有机物）。光合作用包括二氧化碳的消耗，即

$$CO_2 + 4H^+ + 4e^- \longleftrightarrow CH_2O + H_2O \tag{3.9}$$

CH_2O 是碳水化合物的化学计量组成，代表活的或新鲜的有机物。

● 思考

问题 3. 27　a. 图 3.11 中贯穿 $pe=0$ 的虚线是什么意思？

b. 在图 3.11 中绘制更高浓度溶解铁时的固溶体边界 c、3、b 和 2 的位置。

c. 关于土壤中的铁在好氧和厌氧条件下的溶解度，你能说些什么？

d. 推导出定义相位边界 3 和 7 的方程。

e. 图 3.11 预测了自行车和汽车上铁的命运是什么？

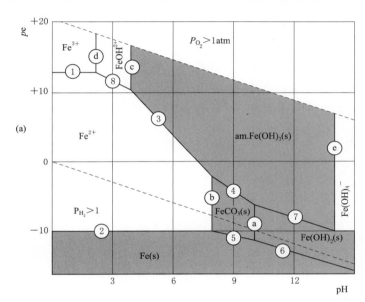

图 3.11　铁—二氧化碳—水系统在 25℃下的 pe - pH 图。非阴影区域是指固相稳定区域；

非稳定区是指浓度为 10^{-5} M 的可溶性铁化合物，以及浓度为 10^{-3} M 的可溶性碳酸盐。

$Fe(OH)_3$ 代表氧化铁矿，$FeCO_3$ 代表菱铁矿，$Fe(OH)_2$ 代表假设的 Fe(Ⅱ)。

增加溶解铁的浓度将平行于所示边界扩展固相场，反之亦然。这些数字用于

计算相界的半电池氧化还原平衡方程。摘自 Stumm 和 Morgan，1981。

经 Wiley 和 Sons 公司许可使用。

如果出现以下情况，甲烷和二氧化碳之间将达到平衡，即

$$\lg K = 4pH + 4pe - \lg P_{CO_2} = 0.8 \tag{3.9a}$$

在式（3.9a）中，$\lg K = -0.8$，因此 CH_2O 只能在完全没有 O_2 的情况下才能持续存在，非常接近水分子的稳定下限，此时 H_2O 将被还原为 H_2。这说明了有机物的还原有多强烈。

● 思考

问题 3. 28　通过在 CH_2O 参与下，计算平衡的 P_{O_2} 来验证前面的陈述结合式（3.9a）和式（3.7a），对于典型的 P_{CO_2} 值的存在，例如 0.01bar。

在光合作用下，氧化水分解成氧气的过程中产生电子［从右向左写式（3.7）］。通过平衡 e^-，将两个所谓的"半细胞"结合起来，得到代表光合作用的净总反应为

$$CO_2 + H_2O(+光能) \longrightarrow CH_2O + O_2 \tag{3.10}$$

> **思考**
>
> **问题 3.29**　通过结合式（3.7）和式（3.9）推导式（3.10）。

式（3.10）显示了如何通过光合作用将二氧化碳和水转化为有机物的还原（低 pe）态和（大气）氧的氧化（高 pe）态来产生非平衡状态。

非光合生物往往通过分解（＝氧化）死去的有机物来恢复平衡。异养土壤生物呼吸过程中，陆地生态系统中的大部分死亡有机物在土壤中分解，这将在第 4 章中讨论。呼吸过程中，任何游离氧优先用作电子受体（与光合作用相反）

$$CH_2O + O_2 \longrightarrow CO_2 + H_2O + 热能或化学能 \tag{3.11}$$

注意呼吸作用与光合作用相反。如果没有游离氧，厌氧微生物利用 $Mn(IV)$、$Mn(III)$、$Fe(III)$ 和 $S(VI)$ 用氧代替有机物作为电子受体。

将潮湿的富含足够的可分解有机物的充气土壤放在密封的盒子里，会很快变得缺氧。氧气消失后，残留的有机物都被氧化，首先是硝酸盐，其次是 $Mn(IV)$、$Mn(III)$、$Fe(III)$ 和 $S(VI)$ 依次排列。在此过程中，二氧化锰将大量还原为可溶性 Mn^{2+}，$FeOOH$ 或 $Fe(OH)_3$，成为溶解的 Fe^{2+} 和固体形式的 $Fe(II)$ 的混合物，SO_4^{2-} 还原为可溶性和固体硫化物 S^{2-}（图 3.12）。

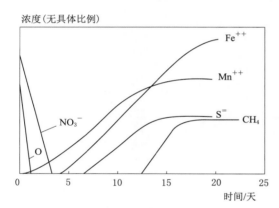

图 3.12　在土壤还原过程中 O_2 和 NO_3^- 的消失和还原产物的按序出现

摘自 Patrick 和 Reddy，1978。

> **思考**
>
> **问题 3.30**　写耦合氧化还原反应，以 CH_2O 作为还原剂，用于还原反应：
> a. NO_3^- 至 N_2。
> b. MnO_2 至 Mn^{2+}。
> c. $FeOOH$ 至 Fe^{2+}。
> 从 NO_3^-、MnO_2 和 $FeOOH(Ox)$ 到对应的还原物（红色）：$Ox + e \rightarrow$ 红色。如果需要的话，添加 H^+ 与 H_2O 保持平衡。接下来，从右向左结合式（3.9）中的这些半细胞反应持续进行。

在氧气消失和逐渐还原化合物出现的过程中，大多数土壤的 E_H 从 600mV（pH 4～5）左右下降到 0～200mV（pH 6～7）。

● 思考

　　问题 3.31　描述图 3.11 中 E_H 和 pH 的变化（首先将 E_H 转化为 pe）。为什么 pH 会增加（也可以参考问题 3.30 的回答）。

只有满足以下要求，土壤中的 Fe(Ⅲ) 被还原才能发生：①存在有机物；②缺乏氧气、硝酸盐和易还原锰氧化物；③存在厌氧微生物和适合其生长的条件。

排水良好的土壤通常保持有氧状态，因为呼吸过程中消耗的氧气会通过大气中大量氧气的扩散得到补充。然而，如果土壤孔隙充满水，气体扩散会非常缓慢：气体在水中的扩散速度大约是气相中的 10^4 倍。因此，含有可分解有机物的水饱和土壤很快就会缺氧（图 3.12）。在离土壤—空气（或土壤—充气水）界面几毫米的地方，土壤趋向于缺氧，因为有机物分解消耗氧气的速度比扩散补充氧气的速度要快。

在大多数土壤中，Fe(Ⅲ) 的含量比 Mn、NO_3^- 和 SO_4^{2-} 高几个数量级。因此，在淹水条件下，Fe(Ⅲ) 通常是有机质的主要氧化剂，在周期性淹水土壤中铁起着主导的化学作用。如果还原 Fe(Ⅲ) 的条件是有利的——这种条件发生在相对肥沃的表层土壤中，土壤中的微生物种群适于水的暂时饱和——通常在 1%～20%，有时充气土壤中高达 90% 的游离（＝不与硅酸盐结合）Fe(Ⅲ) 可以在 1～3 个月的淹水中还原成 Fe(Ⅱ)。

4. 还原土壤中铁的形态

通常在土壤溶液中只有一小部分 Fe(Ⅱ) 以 Fe^{2+} 的形式会出现；大部分是以可交换的或固态的形式存在。还原土壤中固体 Fe(Ⅱ) 的性质仍不清楚。在周期性还原的表层土壤中，定义明确的 Fe(Ⅱ) 矿物蓝晶石 $[Fe_3(PO_4)_2(H_2O)_8]$ 和菱铁矿（$FeCO_3$）是罕见的。部分或大部分还原固体铁可能以硫化物的形式存在于硫含量足够高的强还原土壤中：通常以无定形或四方相硫化亚铁（四方硫铁矿）的形式存在，或者以立方体硫化亚铁的形式存在（黄铁矿）。迄今为止所讨论的固体 Fe(Ⅱ) 形式似乎都不是土壤还原后迅速形成的 Fe(Ⅱ) 的重要定量成分。还原土壤中典型的固体 Fe(Ⅱ) 可能是通常观察到的灰绿色的原因。它能被大气中的氧气氧化，就像它不存在时一样快。常规 Fe(Ⅱ)-Fe(Ⅲ) 氢氧化物在体外容易通过部分氧化 Fe(Ⅱ) 羟基盐（碳酸盐、硫酸盐、氯化物）产生，具有相似的性质，可能是还原土壤中固体 Fe(Ⅱ) 的重要组成部分。这种所谓的绿锈的具有一般成分 $Fe^{Ⅱ}_6Fe^{Ⅲ}_2(OH)_{18}$，其中铝可以代替 Fe(Ⅲ)，$Cl^{-1}$、$SO_4^{2-}$ 和 CO_3^{2-} 可以部分代替 OH^-。到目前为止，这种物质很少在还原土壤中得到证实（Refait 等，2001），这可能是由于它容易氧化以及低浓度和非常小的颗粒尺寸的组合。

图 3.11 显示了不同形式的铁作为 pe 和 pH 的函数是稳定的。只有在还原条件下金属铁才是稳定的，即在水的稳定域之外。$FeCO_3$ 和 $Fe(OH)_2$ 在土壤还原条件下是稳定的，但在相对较低的 pH（<7）下具有高溶解度，这可以从低 pe 下溶解铁（Fe^{2+}）场的大范围扩展看出。

在硫化物存在的情况下，硫化亚铁可以取代 Fe(Ⅱ) 的碳酸盐和氢氧化物。水铁矿可以在很大的 pe - pH 范围内存在，但在弱酸性条件下，随着 pe 的降低，其溶解性逐渐增强。只有在极度酸性氧化条件下才能观察到溶解的 [Fe(Ⅲ)]。

最初呈酸性（pH 为 4～5）的土壤通常在淹没后的几周至几个月内变得接近中性。这是因为土壤还原时 NO_3^- 或 SO_4^{2-} 的消失以及 Mn^{2+} 或 Fe^{2+} 的出现会提高土壤的 pH。这将从铁的情况得到解释。

针铁矿 FeOOH 还原的一般反应方程式为

$$FeOOH + 1/4CH_2O + 2H^+ \longrightarrow Fe^{2+} + 1/4CO_2 + 7/4H_2O \tag{3.12}$$

该反应表明，1/4 摩尔的"有机物"（CH_2O）被氧化成二氧化碳，同时 1 摩尔的 FeOOH 被还原成 Fe^{2+}。请注意，消耗了一定量的氢，相当于 Fe^{2+} 形成的量。这解释了 pH 增加的原因。实际上很少或没有游离 H^+ 存在，反应式（3.12）中消耗的 H^+ 来自可交换 Al^{3+} [$Al^{3+} + 3H_2O \longrightarrow Al(OH)_3 + 3H^+$] 的水解或碳酸（$CO_2 + H_2O \longrightarrow HCO_3^- + H^+$）的分解。在第一种情况下，可交换的 $2Al^{3+}$ 被可交换的 $3Fe^{2+}$ 代替，在第二种情况下，Fe^{2+} 与 HCO_3^- 一起保留在土壤溶液中，除非浓度超过 $FeCO_3$ 的平衡值。

● 思考

问题 3.32　重写式（3.12）。

a. CO_2 作为质子供体，生成可溶解的 Fe(Ⅱ) 碳酸氢盐。

b. 可交换铝作为质子供体，生成可交换的 Fe(Ⅱ) 和氢氧化铝。

图 3.11 显示 pH 越高，Fe^{2+} 的稳定场变得越小。这意味着铁的再分布现象例如在石灰性土壤中不太明显。

3.4　难题

难题 3.1

图 3.13 显示了实验室中有氧和缺氧条件下 Mg^{2+}、Fe^{2+} 和 H_4SiO_4 从含 FeⅡ 的辉石（辉石）中释放的数据。所用铜矿的化学成分是 $Mg_{1.77}Fe_{0.23}Si_2O_6$。磨碎的矿物样品的粒度为 $100～200\mu m$，表面积为每克 $600cm^2$。

a. 根据从图表中读取的直线间隔（例如 100～500h）内硅浓度的增加，计算缺氧条件下铜矿的风化速率（$mol \cdot m^{-2} \cdot s^{-1}$）。将您的结果与文中给出的长石和碳酸钙的结果进行比较。

b. 描述并解释与氧气存在与否相关的溶解行为上的差异。

难题 3.2

pH 为 5 的土壤溶液与三水铝石保持平衡。

a. 在没有其他化合物的情况下，当水杨酸浓度为 [L^-] = 10^{-12} mol/L 时，使用附录 2 中的平衡常数，计算总溶解 $Al_T = [Al^{+3}] + [AlOH^{2+}] + [AlL^{2+}] + [AlL_2^+]$ 的浓度。假

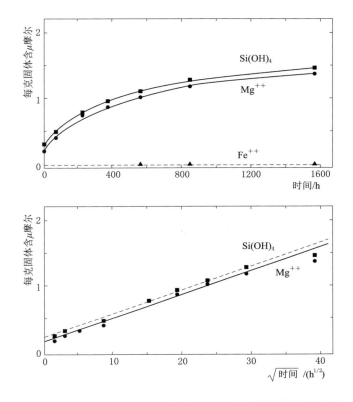

图 3.13　在 pH 为 6、无氧（上图）和 $P_{O_2} = 0.2bar$ 的条件下，随着时间的变化
Mg^{2+}、Fe^{2+} 和 H_4SiO_4 释放。摘自 Schott 和 Berner，1983。
经阿姆斯特丹爱思唯尔科学公司许可使用。

设活动系数等于 1。

　　b. 维持给定水平 L^- 的水杨酸盐的总浓度是多少？

　　c. 水杨酸可以被认为是简单酚酸的模型，例如在灰化中它们会起作用。在其他条件相同的情况下，如果水杨酸盐维持在该浓度，则从表层土壤中浸出铝的速率会增加多少？

　　难题 3.3

　　图 3.14 给出了加利福尼亚州酸性火成岩和碱性火成岩表层土壤的黏土矿物与气候的关系。解释矿物学随气候的变化。首先考虑母岩中可能存在哪些黏土矿物前体物质，其次考虑哪些矿物可能是由原生层状硅酸盐和溶液沉淀形成的。

　　难题 3.4

　　表 3.5 列出了各种母质和气候条件下的黏土形成速率。下列情况下：

　　a. 相对于面积为 1ha，深 1m 的土壤总质量，对于每种情况下每年黏土形成的百分比是多少？使用容重 $1kg \cdot dm^{-3}$。

　　b. 德国的黄土和浮石，圣文森特岛的安山岩和德国的浮石，密歇根和新西兰的沙丘之间差异的可能是什么原因？

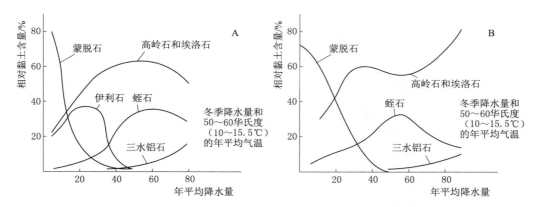

图 3.14　酸雨与表层土壤黏土矿物的关系（A）基础（B）加利福尼亚的火成岩。
摘自 Singer，1979。经阿姆斯特丹爱思唯尔科学出版社许可使用。

表 3.5　　　　　　　　　　　不同母质和气候条件下的黏粒形成速率。

国家和地区	母质	均温/℃	平均降水 /mm	1m 深度的黏土形成 /[kg/(ha·年)]
德国	浮石	8.0	750	55
德国南部	黄土	8.0	600	83
密歇根	沙丘	6.2	?	17
新西兰	沙丘	12.2	?	73
圣文森特岛	安山石	27	2300	140

难题 3.5

表 3.6 显示了两个稻田（添加和不添加新鲜秸秆）淹水后不同时间的土壤物质分析数据。

表 3.6　在还原开始后的不同时间（"浸没数周"），在添加和不添加稻草的两种稻田
土壤中可交换和溶解的铁。摘自 IRRI，1963。

淹没周数	没有添加稻草		添加了 5％的稻草	
	可交换的 $1/2Fe^{2+}$ /(mmol/kg)	溶解的 $1/2Fe^{2+}$ /(mmol/L)	可交换的 $1/2Fe^{2+}$ /(mmol/kg)	溶解的 $1/2Fe^{2+}$ /(mmol/L)
可交换碱基低的土壤，最初 pH 为 4.8；有机质 2.7％				
0	1.5	0.02	3	0.02
2	162	3.0	163	5.4
6	170	1.2	180	3.4
12	159	0.46	190	1.6
可交换碱基高的土壤，最初 pH 为 6.62；有机质 2％				
0	0.2	0.0	1	0.04
2	3.0	0.0	56	0.68
6	2.0	0.02	67	0.76
12	2.7	0.02	67	0.16

a. 根据第 3.3 节的内容简要讨论数据。

b. 在酸性更强的土壤中，溶解态和交换态的铁浓度升高的可能原因是什么？假设两种土壤的阳离子交换量基本相同。

难题 3.6

pH 为 6、容重为 1.2 的土壤含有 10%（质量分数）钠长石，呈 $200\mu m$ 大小的立方体。由于长石成分的存在土柱总是处于严重欠饱和状态。

a. 该钠长石存在于 $1m^2$ 表面和 $1m$ 深度的土柱中，去除该土柱中 1% 的钠长石需要多少年时间？使用图 3.3 和附录 2 获得更多数据。

b. 将钠长石溶解速率与问题 3.7 中方解石的溶解速率进行比较。为什么发现钠长石的比率不现实？

难题 3.7

方解石从土壤中去除，土壤中方解石质量分数为 10%，堆积密度为 $1.2mg/m^3$，温度恒定（20℃），二氧化碳分压为 $1kPa$，年降雨量为 $1000mm$，年蒸发量为 $450mm$。从图 3.5 中获得方解石的溶解度。

a. 去除土壤顶层 1% 的方解石需要多少年？

b. 将你的答案与难题 3.6 的答案进行比较，并解释其中的区别。

c. 如果方解石的表面是 $10cm^2/g$，方解石的溶解速率（$moles \cdot cm^{-2} \cdot s^{-1}$）是多少？

3.5 答案

问题 3.1

水与钠长石和钠蒙脱石平衡，以无定形二氧化硅形式达到饱和。与原生矿物平衡，同时与两个次生相（钠蒙脱石和非晶质二氧化硅）平衡，表明有足够的时间达到这些矿物的饱和（"滞水"）。花岗岩裂隙中的水分运动非常缓慢。由于降雨量超过蒸散量，其他样品从样品 2 到样品 4 变得越来越稀。结果，钠长石的欠饱和增加，并可形成越来越缺碱和缺硅的次生相：蒙脱石（样品 2）、高岭石（样品 3）和三水铝石（样品 4）。样品 4 相对于石英甚至是不饱和的，这表明这种高电阻矿物可以在这里溶解。

问题 3.2

a. $Mg_2SiO_4(s)+4H_2O+4CO_2(g,aq)\longrightarrow 2Mg^{2+}(aq)+4HCO_3^-(aq)+H_4SiO_4(aq)$

b. $Mg_2SiO_4+4H^++2SO_4^{2-}\longrightarrow 2Mg^{2+}(aq)+2SO_4^{2-}(aq)+H_2SiO_4(aq)$

问题 3.3

$$Mg_2SiO_4(s)+2H_2O+2CO_2(g,aq)\longrightarrow 2MgCO_3(s)+H_2SiO_4(aq)$$

问题 3.4

$$2KAlSi_3O_8+11H_2O+2CO_2\longrightarrow Al_2Si_2O_5(OH)_4+2K^++2HCO_3^-+4H_4SiO_4$$

反应方程式可以推导如下：

$KAlSi_3O_8\longrightarrow Al_2Si_2O_5(OH)_4$（从反应物和产物开始）

$2KAlSi_3O_8\longrightarrow Al_2Si_2O_5(OH)_4$（固相守恒元素的平衡：铝）

$2KalSi_3O_8 \longrightarrow Al_2Si_2O_5(OH)_4 + 2K^+ + 4H_4SiO_4$（溶液中应出现的元素的平衡）

$2KalSi_3O_8 + 2H^+ \longrightarrow Al_2Si_2O_5(OH)_4 + 2K^+ + 4H_4SiO_4$（用傅立叶变换电荷平衡）

$2KalSi_3O_8 + 2H^+ + 9H_2O \longrightarrow Al_2Si_2O_5(OH)_4 + 2K^+ + 4H_4SiO_4$（用水平衡氢和氧）

$2KalSi_3O_8 + 11H_2O + 2CO_2 \longrightarrow Al_2Si_2O_5(OH)_4 + 2K^+ + 2HCO_3^- + 4H_4SiO_4$（用质子供体代替氢，$H^+ = CO_2 + H_2O - HCO_3^-$）

问题 3.5

a. $Fe_2SiO_4(s) + 3H_2O + 0.5O_2(g,aq) \longrightarrow 2FeOOH + H_4SiO_4(aq)$

b. $Fe_2SiO_4(s) + 4H_2O + 4CO_2(g,aq) \longrightarrow 2Fe^{2+} + 2HCO_3^-(aq) + H_4SiO_4(aq)$

问题 3.6

a. 主要矿物的溶解度差别很大，但溶解度不太低（平衡），溶解速度适中到非常慢，耐候性从相当高（镁橄榄石）到非常低（石英、云母）不等。次生黏土矿物和三水铝石在正常土壤 pH(4.5～7) 下的溶解度比原生矿物低几个数量级，使其耐候性差得多（这当然是黏土矿物留在土壤中，而大多数原生矿物缓慢消失的原因）。大多数硫酸盐、氯化物和碳酸盐比硅酸盐更易溶解；因此，这些次生矿物只能在非常干燥的土壤中积聚。

b. $CaSO_4 \cdot 2H_2O \longrightarrow Ca^{2+} + SO_4^{2-} + 2H_2O$：因为硫酸完全分解，所以在反应方程式中没有氢。

对于镁橄榄石平衡，质量作用定律［式（3.1）］为

$$\frac{[Mg^{2+}]^2[H_4SiO_4]}{[H^+]^4} = K$$

因此，在 H_4SiO_4 浓度不变的情况下，每单位 pH 下降 Mg^{2+} 离子的浓度将增加 100 倍。在恒定的 pCO_2 浓度下 Ca^{2+} 与方解石平衡关系：$CaCO_3 + 2H^+ \longrightarrow Ca^{2+} + CO_2 + H_2O$。三水铝石：见式（3.6）。

c. 如果溶液的 pH 从 5 降到 3，Al^{3+} 的浓度就会增加 $(10^3)^2 = 10^6$。

问题 3.7

通过去除风化过程中释放的溶质，溶液中所含的矿物质仍然处于欠饱和状态，因此溶解可以继续。

问题 3.8

在高渗透率的水中，Fe^{2+} 从铁橄榄石中释放出来的物质在矿物沉淀之前会被运输到离矿物一定距离的地方，这样就不会在矿物表面形成保护性覆盖层，并且风化不会受到这种覆盖层的机械阻碍。在缺氧条件下，因为不会形成 Fe（Ⅲ）氧化，所以不会形成覆盖层。

问题 3.9

a. 见右图。

b. 通过使块更高。

问题 3.10

当从干燥的气候转向稍微潮湿的气候时，这种说法成立，因为最初根据式（3.3）（温度较低）可知，增加稀释会

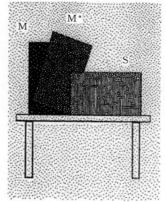

增加风化速率。在高饱和度下，进一步稀释（＝"潮湿的气候"）没有什么变化，因为溶解速率取决于活化表面复合体的形成速率，而活化表面复合体与饱和度无关。

问题 3.11

因为蚀坑很可能发生在高度欠饱和状态下，你可能会在雨林中（高降雨量）发现它；基岩狭窄裂缝中的低浸出率会形成微孔。

问题 3.12

a. ①年降雨量减去蒸发蒸腾量；②土壤大气中的 CO_2 浓度；③温度；④pH。

b. 土壤溶液迅速与方解石达到平衡，因此溶解碳酸钙的浓度与固体碳酸钙的含量无关。在长石风化的情况下，溶液中涉及的矿物通常是欠饱和的，因此土壤中长石含量（暴露表面）的增加意味着长石风化的速率（以土壤表面每米表示）将增加。

问题 3.13

脱钙材料的棕色可能是由于含 Fe（Ⅱ）硅酸盐矿物中释放的铁产生的，一旦除去碳酸钙，这些矿物开始加速风化，因此土壤的 pH 可以降到 7 以下。

问题 3.14

主要差异是氧气、二氧化碳和水的浓度（或分压）。

问题 3.15

方解石是由硅酸盐风化形成的钙和空气中的一氧化碳结合而生成的。其他盐类是阳离子与冷凝气体（如火山气体）、硫化物氧化产物和复杂原生矿物释放的阴离子的混合物。

问题 3.16

有两大类矿物在土壤环境中可能不稳定：未水合的矿物（可变的水成分）和稳定性强烈依赖于土壤溶液中不常见的阳离子的矿物（含镁矿物）。

问题 3.17

三八面体矿物每单位分子式总共有三个八面体阳离子；二面角矿物有两个。

问题 3.18

白云母的电荷平衡是：

正电荷：$2 \times Al(3+) + 3 \times Si(4+) + 1 \times Al(3+) = 21+$

负电荷：$10 \times O(2-) + 2 \times OH(1-) = 22-$

多余的负电荷被作为层间阳离子的 K(+) 补偿。

问题 3.19

1∶1 层状硅酸盐具有一个二氧化硅四面体层和一个铝/镁八面体层；2∶1 层状硅酸盐有两个四面体层。因此，2∶1 黏土具有两个相似的板侧，而板侧在 1∶1 黏土中具有不同的特性。绿泥石（2∶1∶1）通常与 2∶1 黏土矿物分开，因为中间层是结晶的。

问题 3.20

a. 溶质的来源是原生矿物的风化，或者是本地的或者是一定距离的（由地下水流提供）。

b. 在强渗滤的情况下，溶质浓度的不会相应增加。

问题 3.21

层间阳离子的去除增加了土壤溶液和带电矿物表面之间的接触表面，并去除了电荷补偿层间离子。两者都增加了阳离子交换量。而氯化导致层间空间封闭，因此具有相反的效果。可从图 3.7 中水分子和第二个八面体显示夹层空间的位置。

问题 3.22

如果黏土具有低电荷缺陷，层间阳离子的保持能力相对较弱。这意味着板可以相当容易地分离，水可以进入夹层空间。

问题 3.23

在高电解质浓度的土壤溶液中，如在盐渍土壤中，黏土往往保持絮凝状态，因为双电层被压缩，而与可交换阳离子的性质无关。在低电解质浓度下，如果交换复合物由二价或三价阳离子（Ca^{2+}、Mg^{2+}、Al^{3+}）控制，双层将保持压缩（黏土絮凝），然而，如果可交换钠的百分比高（阳离子交换容量的 15%～20%），双层将膨胀，黏土将分散。因此，a，b，d：絮凝；c，e：分散。

问题 3.24

$$Fe_2O_3 + H_2O \longrightarrow 2FeOOH$$

该方程包含两个固相和水，只有当水存在时，反应才能进行。尽管针铁矿比赤铁矿和水稳定，但许多土壤含有赤铁矿，这表明该反应非常缓慢。

问题 3.25

a. $2H_2O \longrightarrow O_2 + 4H^+ + 4e^-$

b. 运用质量作用定律给出了 $K = [O_2] * [H^+]^4 * [e^-]^4 / [H_2O]^2$，所以

$\lg K = \lg[O_2] - 4pH - 4pe - 2\lg[H_2O]$。

因为 $[H_2O]$ 是统一的（适用于所有稀释溶剂和纯固体），而 $[O_2]$ 用分压表示，这相当于：$pe = -1/4\lg K - pH + 1/4\lg P_{O_2}$

c. $2H^+ + 2e^- \longrightarrow H_2$

$2H_2O \longrightarrow 2H^+ + 2OH^-$
$\overline{}+$
$2e^- + 2H_2O \longrightarrow H_2 + 2OH^-$

问题 3.26

当氧化物还原成氧气 [P_{O_2} 为 1bar(= 100kPa) 和还原成 H_2（P_{H_2} 为 1bar)] 时，水处于稳定状态 pe-pH 的关系。

问题 3.27

a. 虚线表示水的稳定性下限（比较问题 3.26 的答案）。这意味着只有在这条线以下稳定的所有相位在地球表面都不会稳定。

b. Fe^{2+} 场以灰色（实心）场为代价收缩。

c. 铁仅在有氧条件下 pH 非常低和

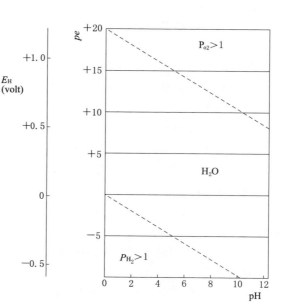

缺氧条件下 pH 高得多的情况下才可明显溶解。

d. 相界 3：氢氧化铁的还原化学计量可推导为

$$Fe(OH)_3 + 3H^+ \longrightarrow Fe^{3+} + 3H_2O \qquad [溶解\ Fe(OH)_3\ 成为\ Fe^{3+}]$$

$$\frac{Fe^{3+} + e^- \longrightarrow Fe^{2+}}{Fe(OH)_3 + 3H^+ + e^- \longrightarrow Fe^{2+} + 3H_2O} \qquad \begin{array}{l} 还原\ Fe^{3+}\ 为\ Fe^{2+} \\ 合计和平衡\ Fe^{3+} \end{array}$$

应用质量作用定律并用对数表示得出

$$lgK = lg[Fe^{2+}] + 3pH + pe$$

与相界 7 相似：

$$Fe(OH)_3 + H^+ + e^- \longrightarrow Fe(OH)_2 + H_2O, 和\ lgK = pH + pe$$

e. 同样的，无论我们做什么来应对，自行车和汽车都会生锈。

问题 3.28

$pe = 1/4lgK_{(7-a)} - pH + 1/4lgP_{O_2} = 1/4lgK_{(9-a)} - pH + 1/4lgP_{CO_2}$，用 K 和 P_{CO_2} 代替 lgK 的值，得出 $lgP_{O_2} = -85.8$，所以 $P_{O_2} = 10^{-85.8}$ 比阿伏伽德罗数小一点……

问题 3.29

$$2H_2O \qquad O_2 + 4H^+ + 4e^-$$

$$\frac{CO_2 + 4H^+ 4e^- \longrightarrow CH_2O + H_2O +}{CO_2 + H_2O \longrightarrow CH_2O + O_2}$$

问题 3.30

a. $4NO_3^- + 5CH_2O + 4H^+ \longrightarrow 5CO_2 + 2N_2 + 7H_2O$

b. $MnO_2 + 1/2CH_2O + 2H^+ \longrightarrow Mn^{+2} + 1/2CO_2 + 3/2H_2O$

c. $FeOOH + 1/4CH_2O + 2H^+ \longrightarrow Fe^{2+} + 1/4CO_2 + 7/4H_2O$

问题 3.31

E_H 和 pH 大致沿 3 号线下降，但稍陡，因为在土壤还原过程中，Fe^{2+} 的浓度趋于增加。pH 的增加主要是由于在减少 FeOOH 过程中消耗 H^+ 所致（问题 3.30c）。

问题 3.32

a. 反应 3.12 作为质子供体，即

$$FeOOH + 1/4CH_2O + 2H^+ \longrightarrow Fe^{2+} + 1/4CO_2 + 7/4H_2O \qquad (3.13)$$

如果二氧化碳是质子供体：

$$CO_2 + H_2O \longrightarrow H^+ + HCO_3^- \ 或\ 2CO_2 + 2H_2O \longrightarrow 2H^+ + 2HCO_3^- \qquad (3.14)$$

结合公式（i）和（ii）得

$$FeOOH + 1/4CH_2O + 7/4CO_2 + 1/4H_2O \longrightarrow 2HCO_3 + Fe^{2+}$$

b. 如果可交换性铝离子是质子供体，即

$$2/3Al_{(exch)}^{3+} + 2H_2O \longrightarrow 2/3Al(OH)_3 + 2H^+ \qquad (3.15)$$

结合式（3.13）和式（3.15）给出

$$FeOOH + 1/4CH_2O + 2/3Al_{(exch)}^{3+} + 1/4H_2O \longrightarrow 2/3Al(OH)_3 + Fe_{(exch)}^{2+} + 1/4CO_2$$

这是一种"强迫"交换：因为没有阴离子可以补偿溶解 Fe^{2+} 的电荷，并且没有阳离子能取代吸附络合物中的铝，所以还原的铁必须取代交换复合体中腾出的 Al^{3+}。

难题 3.1

a. 在初始以抛物线式释放的硅、镁和铁在没有氧气的情况下随时间呈线性释放。最初的高溶解速率可归因于研磨产生的极细粉尘的溶解。从图中可以看出，在 $100\sim500h$，每克固体释放出 $2\mu mol$ 的硅。$1g$ 固体代表 $600cm^2$ 或 $0.06m$。因此，溶出速率为 2×10^{-6} $mol/0.06\times400\times60\times60m^{-2}s=2.31\times10^{-11}mol/m^2s$。

b. 在有氧条件下，铁的释放几乎为零，镁和硅的释放随时间减少。这些观察结果可归因于氧化条件下矿物表面形成 $Fe(\mathrm{III})$（水合）氧化物沉淀。沉淀物起到屏障的作用，导致扩散控制的风化。

难题 3.2

a. 在 pH 为 5 时，与三水铝石平衡的 Al^{3+} 浓度遵循三水铝石平衡方程

$$(Al^{3+})(OH^-)^3=10^{-34.2}-lgAl^{3+}+3lg(OH^-)=-34.2$$

用（$-14+pH$）代替 $lg(OH^-)$。在 pH 为 5 时，$lgAl^{3+}=-7.2$

另外，$lgAl(OH)^{2+}-pH-lgAl^{3+}=-5.02$

所以，在 pH 等于 5 时，$lgAl(OH)^{2+}=-7.2$

因此，在没有水杨酸盐的情况下，溶解铝的总量是 $2\times10^{-7.2}=1.26\times10^{-7}$

在有水杨酸盐（$10^{-12}ML^-$）的情况下，有

$lgAlL^{2+}+lgL^--lgAl^{3+}=12.9$ ∥∥∥∥ $lgAlL^{2+}=-6.3$

$lgAlL_2^++2lgL^--lgAl^{3+}=23.2$ ∥∥∥∥ $lgAlL_2^+=-8.2$

因此在水杨酸盐存在下，溶解铝的总量为

$$1.26\times10^{-7}+5.01\times10^{-7}+6.31\times10^{-9}=6.34\times10^{-7}$$

b. 水杨酸盐的总量 $=(L)+(HL)+(AlL)+2\times(AlL_2)$

当 pH=5，且（L^-）$=10^{-12}$，

$$(HL)=10^{13}\times10^{-5}\times10^{-12}=10^{-4}$$

所以 $(L)_T=10^{-12}+10^{-4}+10^{-6.3}+2\times10^{-8.2}=1.01\times10^{-4}$

c. 如果不考虑产生溶解铝的矿物风化（限速步骤）：在含水杨酸盐的条件下，铝的总浓度大约高 5 倍。因此，在其他条件相似的情况下，灰化过程中铝的浸出速度将相应提高 5 倍。

难题 3.3

其关系为：酸性火成岩的主要原生矿物是石英、钾长石和白云母。白云母风化时会产生伊利石，如果风化继续进行，会产生蠕虫状云母。在降雨量较低时，所有风化产物都留在土壤中，并重新结合形成蒙脱石。当淋溶增加时，蒙脱石从表层土中消失，导致伊利石相对增加。同时，高岭石和埃洛石开始形成（H_4SiO_4 活性相对较低）。在降雨量/渗透率较高时，蛭石和高岭石变得不稳定（H_4SiO_4 非常低），三水铝石的形成以消耗/代替这两种矿物为代价。

在基性火成岩中，主要的原生矿物是斜长石、黑云母和角闪石或辉石。如同酸性岩石一样，蒙脱石是在低降雨量时形成的。当渗滤增加（酸碱度下降）时，蒙脱石变成铝夹层，表现出蛭石性质。

高岭石含量随着浸出量的增加而增加，最终以蛭石为代价形成。在降雨量非常高、

H_4SiO_4 浓度非常低的情况下，会出现三水铝石，蛭石（一种 2：1 的矿物）会溶解。

难题 3.4

a. 1ha 深 1m 的土壤总体积为 $10^4 \times 10^3 dm^3$。这相当于 $10^7 kg$。因此黏土的形成是每年 1～15ppm。

b. 德国黄土和浮石的区别在于浮石中易风化矿物的含量高得多。圣文森特岛安山岩和德国浮石之间的差异主要来自降水和温度效应。密歇根和新西兰沙丘黏土形成速率的差异可能是由易风化矿物和温度的差异造成的。

难题 3.5

a. 我们可以区分几种因素对淹水后土壤中交换性铁和溶解态铁含量的影响：时间，添加稻草和可交换碱含量和（初始）土壤 pH。

（i）随着淹水时间的推移，Fe^{2+} 的含量会增加。可交换铁增加到或多或少恒定的水平，而溶解 Fe^{2+} 的浓度首先增加，然后降低。在没有空气的情况下，显然是由于有机物产生 $Fe(III)$ 的氧化物的减少（在厌氧菌的影响下）导致 Fe^{2+} 的增加。浸没几周后溶解 Fe^{2+} 浓度达到峰值后下降的原因还不是非常清楚，但可能是由于 $Fe(II)$ 的沉淀相（硫化物、羟基碳酸盐）及其与土壤溶液的平衡造成的。

（ii）添加秸秆强烈促进 Fe^{2+} 的形成，因为秸秆提供的新鲜、未分解的有机物富含能量且容易分解，成为 $Fe(III)$ 的强还原剂。在高 pH 土壤中添加秸秆的效果要比酸性土壤中大得多。尚不清楚这在多大程度上是由 pH 的差异或酸性土壤中可分解有机物的原始含量较高引起的。

b. 酸性越强的土壤中溶解和交换性铁的含量越高，这必须归因于与固体 $Fe(III)$ 和 $Fe(II)$ 联系的 Fe^{2+} 的（平衡）浓度更高。酸性土壤中交换性铁含量高的另一个重要原因是强制交换（问题 3.31）。

难题 3.6

a. （附录 1 中的附加数据：1mol 钠长石＝262g；$1m^3$ 钠长石重 2620kg）$1m^3$ 的土壤质量为 1200kg。这包含 0.1×1200kg 钠长石＝120kg 钠长石，或 $120/2620 = 0.0458m^3$ 钠长石。1 个钠长石砂粒的体积为 $(200 \times 10^6)^3 m^3 = 8 \times 10^{-12} m^3$，因此每 m^3 土壤有 $0.0458m^3/8 \times 10^{-12} m^3/粒 = 5.725 \times 10^9$ 钠长石粒。一粒的表面积为 $6 \times 0.02^2 cm^2 = 0.0024cm^2$，因此每立方米土壤的钠长石总表面积为 $5.725 \times 10^9 \times 0.0024cm^2 = 1.374 \times 10^7 cm^2$。以 $10^{-16} mol \cdot cm^{-2} \cdot s^{-1}$ 的风化速率，每秒从每米土壤中除去 $1.374 \times 10^7 \times 10^{-16} = 1.374 \times 10^{-9}$ mole 钠长石，或 0.0433mole/年。这相当于 $0.0433 \times 262g = 11.35g$ 钠长石。$1m^3$ 土壤中钠长石的百分之一达到 1200g，可在 1200g/11.35g/年＝106 年内去除。

b. 溶解速率比野外观测到的要高得多。这在一定程度上是因为实验室使用的是新鲜的、反应性更强的长石，以及相对稀释但更具侵略性的溶液。

难题 3.7

图 3.5 给出了特定条件下约 $200mgCaCO_3/L$ 的溶解度。渗透穿过 $1m^2$ 土壤的水量为 $1000-450=550mm/m^2 = 550L$，因此每年浸出 $550L \times 200mg/L = 110g\ CaCO_3$。因此需要 1200/110＝109 年才能除去土壤剖面的顶部 1％的方解石。

110g＝110/100＝1.1mol 方解石。它的表面积为 $110 \times 10^4 cm^2$。因此风化速率为 $1.1mol/110 \times 10(cm^2 \cdot 年)＝3.2 \times 10^{-14} mol/(cm^2 \cdot s)$。这大约是钠长石风化速率（/表面积）的 30 倍。

3.6 参考文献

Anbeek, C., 1994. Mechanism and kinetics of mineral weathering under acid conditions. PhD Thesis, Wageningen, 209 pp.

Berner, R. A. and G. R. Holdren Jr., 1979. Mechanism of feldspar weathering. II. Observations of feldspars from soils. Geochim. Cosmochim. Acta, 43: 1173-1186.

Blum, A. E. andL. L. Stillings 1995 Feldspar dissolution kinetics, p. 290 - 351 in A. F. White and S. L. Brantley, Chemical Weathering rates of silicate minerals. Reviews in mineralogy, Vol 31 Mineralogical Society of America.

Bolt, G. H and M. G. M. Bruggenwert, 1976. *Soil Chemistry A*. Elsevier Scientific Publ. Co, 281pp.

Brindley, G. W., and G. Brown, 1980. *Crystal structures of clay minerals and their X - ray identification*. Mineralogical Society Monograph No. 5, Mineralogical Society, London. 495 pp.

Cornell, R. M., and U. Schwertmann, 1996. *The Iron Oxides*. VCH Verlagsgesellschaft, Weinheim, 573 pp.

Fanning, D. S., and V. Z. Keramidas, 1977. Micas. In J. B. Dixon andS. B. Weed (eds). *Minerals in Soil Environments*. Soil Science Society of America, Madison, pp. 195 - 258.

IRRI, 1963. International Rice Research Institute, Annual Report for the year 1963, IRRI, Los Banos, Philippines.

Martell, A. E and R. M. Smith, 1974—1977. *Critical stability constants*. Vol. 3. Other organic ligands. Plenum press, 495 pp.

Motomura, S, 1962. Effect of organic matter on the formation of ferrous iron in soils. Soil Science and Plant Nutrition, 8: 20 - 29.

Nordstrom. D. K. 1982. The effect of sulfate on aluminum concentrations in natural waters: some stability relations in the systems $Al_2O_3 - SO_3 - H_2O$ at 298K. Geochimica et Cosmochimica Acta, 46: 681 - 692.

Patrick, W. H. and R. D. Delaune, 1972 Characterisation of the oxidized and reduced zones in flooded soil. Soil Science Society of America Proceedings, 36: 573 - 576.

Patrick, W. H., and C. N. Reddy, 1978. Chemical changes in rice soils, p. 361 - 379 in *Soils and Rice*. International Rice Research Institute, Los Banos, Philippines.

Refait, P., M. Abdelmoula, F. Trolard, J. M. R. Genin, J. J. Ehrhardt and G. Bourrié, 2001, Mössbauer and XAS study of a green rust mineral: the partial substitution of Fe^{2+} by Mg^{2+} American Mineralogist, 86: 731 - 739.

Scheffer, F., and P. Schachtschabel, 1977. *Lehrbuch der Bodenkunde*. 10. durchgesehene Auflage von P. Schachtschabel. H. P. Blume, K. H. Hartge and U. Schwertmann. Ferdinand Enke Verlag, Stuttgart, 394 pp.

Schott, J. and R. A. Berner, 1983. X - ray photoelectron studies of the mechanism of iron silicate dissolution during weathering. Geochim. Cosmochim. Acta, 47: 2233 - 2240.

Singer, A., 1979. The paleoclimatic interpretation of clay minerals in soils and weathering profiles. Earth Science Reviews, 15: 303 - 326.

Tessier, D., 1984. *Etude experimentale de l'organisation des materiaux argileux*. Dr Science

Thesis. Univ. de Paris INRA，Versailles Publ，. 360 pp.

VanBreemen，N.，1976. *Genesis and soil solution chemistry of acid sulfate soils in Thailand*. PhD thesis，Agricultural Univ，Wageningen，the Netherlands，263 pp.

Van Breemen，N.，and R. Brinkman，1978. Chemical equilibria and soil formation，p. 141 – 170 in Bolt and Bruggenwert. op. cit.

Van Breemen，N.，and R. Protz，1988. Rates of calcium carbonate removal from soils. Canadian Journal of Soil Science. 68：449 – 454.

Van Olphen，H.，1963. *An introduction to clay colloid chemistry*. Interscience Publishers，London，301 pp.

Velbel，M. A.，1986. Influence of surface area，surface characteristics，and solution composition on feldspar weathering rates. In：*Geochemical processes at mineral surfaces*. J. A. Davis and K. F. Hayes. ACS Symposium series 323：615 – 634.

White，A. F.，1995. Chemical weathering rates of silicate minerals in soils，p. 407 – 461 in A. F. White and S. L. Brantley，*Chemical Weathering rates of silicate minerals*. Reviews in mineralogy，Vol 31 Mineralogical Society of America.

Wilding，L. P. and D. Tessier，1988. Genesis of vertisols：shrink – swell phenomena，p. 55 – 81 in：L. P. Wilding and R. Puentes（eds）. *Vertisols：their distribution，properties，classification and management*. Technical Monograph no 18. Texas A&M University Printing Center，College Station，TX，USA.

推荐阅读

Bolt，G. H.，and M. G. M. Bruggenwert，1976. See above.

Deer，W. A.，R. A. Howie，and J. Zussman，1976. *Rock – forming minerals*，Volume3：Sheet silicates. Longman，London，270 pp.

Drever，J. L.，1982. *The geochemistry of natural waters*. Prentice Hall，New York，388 pp.

Duchaufour，P.，1982. *Pedology – pedogenesis and classification*. George Allen & Unwin，London，448 pp.

Garrels，R. M.，and C. L. Christ，1965. *Solutions，minerals，and equilibria*. Harper and Row，New York，450 pp.

Jenny，H.，1980. *The soil resource*. Springer Verlag，Heidelberg，377 pp.

Paul，E. A.，and F. E. Clark，1996. *Soil microbiology and biochemistry*，2d Ed. Academic.

Tan，K. H.，1993. *Principles of Soil Chemistry*. Marcel Dekker，New York. 362 pp.

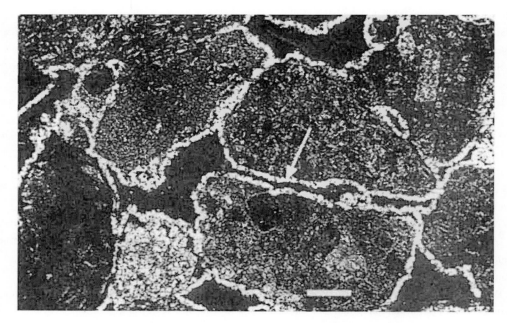

照片 F　哥斯达黎加脲基甲酸火山灰土砂级团聚体上的高双折射
三水铝石覆盖层（箭头）。比例尺为 $175\mu m$。A. G. 琼格曼斯拍摄。

照片 G　巴西米纳斯吉拉斯州拉夫拉斯附近氧化土层底部非常深的石线（箭头）。
注意画面中人的大小。下层显示沉积层。石线以上的土层由于道路施工
而有水平疤痕。P. 布尔曼拍摄。

照片 H　氧化土上退化草地中腐烂的白蚁巢穴。巴西米纳斯吉拉斯州。
土堆之间的距离是 5～10m。P. 布尔曼拍摄。

第4章 土壤中的生物过程

这是第二篇的最后一章，该课程部分中涉及土壤形成的基础过程，可以用物理或化学术语来描述生物过程对土壤的影响，但它们如此重要和具体，以至于值得单独设立一章。通过本章学习后，能够详细地列出决定土壤有机质数量和性质的土壤形成因素；应用速率方程来量化土壤有机质动力学；描述生物群对土壤结构、质地和矿物风化的影响；认识养分循环对土壤剖面的化学影响。

土壤中生物过程的动力是由植物利用的太阳能（一小部分）提供的。植物通过根系活动直接影响土壤。

● 思考

问题 4.1 植物根系如何在不同的时间尺度（天、年和千年）影响土壤？

也许更重要的是死亡的植物对土壤系统的间接影响。死去的植物物质是土壤生物群的能量来源，并是形成所有土壤有机物的"母质"。土壤生物群和土壤有机质对土壤性质都有重要的深远影响。

● 思考

问题 4.2 举例说明：
a. 生物群对土壤过程的重要直接影响。
b. 土壤有机质对土壤性质的影响。

4.1 植物凋落物向土壤的输入

用我们地面之上的视角会倾向低估地下生物过程的重要性。在一些生态系统中，根系生物量超过地上生物量（表4.1）。

如果缺乏养分或水，或者在非常寒冷或干燥的气候条件下，根的生物量占植物总生物量的很大一部分。

然而，根生物量并不仅仅与地下凋落物的年输入量有关。在高产系统中，分配给根的碳要比低产系统中的多，尽管低产时根系生物量和分配给根系的总产量比例可能更高。

在森林中，只有一小部分净初级生产力（NPP）被食草动物和食肉动物利用，大约95%的地上NPP最终进入土壤分解食物网。在过度放牧的草原上，仍有超过75%的地上

表 4.1　从北极到湿热带的气候带自然生态系统中的总生物量（地上和地下）、根系

生物量和每年的地上凋落物。质量是指有机物（约 50%）。凋落物层

相当于矿物土壤顶部的有机层。摘自 Kononova，1975 后。

经斯普林格·弗拉格有限公司许可使用。

	苔原		云杉林	橡树林	干燥草原	半荒漠	亚热带阔叶林	干草原	潮湿的热带林
	北极	灌木条							
总生物量/(10^3 kg/ha)	5	28	260	400	10	4	410	27	500
根系生物量/(10^3 kg/ha)	4	23	60	96	9	15	82	11	90
地上凋落物/[10^3 kg/(ha·年)]	1	2	5	7	4	1	21	7	25
枯枝落叶层质量/[10^3 kg/(ha·年)]	4	83	45	15	2	—	10	—	4
相对根质量/(kg/kg)									
地下每年产量/[10^3 kg/(ha·年)]									

● **思考**

　　问题 4.3　填写表 4.1 中的空行，假设地下产量占地上凋落物的 70%，并且系统处于稳定状态。为什么在非常寒冷或干燥的条件下，地下与地上生物量的比率会很高？

NPP 最终进入土壤并在那里被消耗掉。这说明了土壤生物过程在生态系统动力和能量转移过程中具有决定性作用。

4.2　植物凋落物的分解和土壤有机质的形成

1. 土壤有机质

　　土壤有机质通常被认为是土壤中所有死亡的有机物质。然而，不可能从土壤样品中分离出所有活的有机物：细根、中等和微观土壤动物、细菌和真菌与矿物颗粒密切相关，约占有机部分的 10%。90% 以上的土壤有机质通常由腐殖质组成：被强烈分解的植物物质已转化为深色、部分芳香、酸性、亲水，具有分子弹性的聚电解质物质。本节讨论来自植物（根、茎、叶）和动物（粪便和死亡的大型、中型和微型动物）衍生的新鲜有机物的分解及其转化为腐殖质的过程。

　　所有有机物质在有氧条件下都是热力不稳定的，它会氧化成水和二氧化碳，即

$$CH_2O(有机质) + O_2 \longrightarrow CO_2 + H_2O \tag{4.1}$$

此过程与光合作用相反［式（3.10）］。它可以以非生物方式发生（例如在森林火灾期间），但在正常温度下，它只能在异养生物的影响下才能进行反应。

　　就生物量而言，真菌和细菌在分解者群落中占主导地位，但分解者链包括许多功能群和物种（图 4.1）。在分解过程中，光合作用中储存的部分碳被呼吸，释放能量；部分转化为土壤生物的细胞物质，而（非常小的）部分转化为相对难分解的腐殖质化合物。

思考

问题 4.4　a. 图 4.1 中四组中的哪一组以有机残留物（初级分解者）为食，哪一组是低级分解者的捕食者？

b. 箭头表示有用能量的流动。它们也表示营养物质的流动吗？植物残渣中的营养和能量最终会发生什么变化？

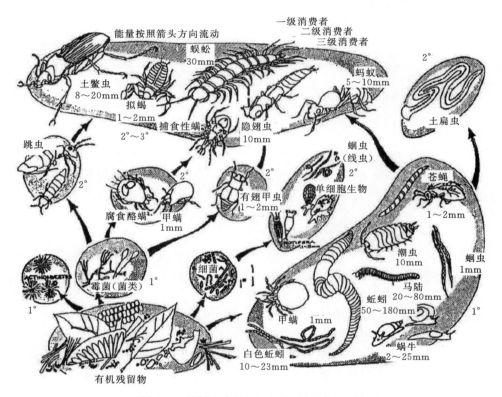

图 4.1　分解者食物链。摘自 Dindal，1978。

2. 营养矿化和固定化

植物凋落物还含有如氮、磷、钾、钙和硫等营养元素。在分解过程中，这些营养元素的一部分以离子形式释放：例如 NH_4^+、K^+、Ca^{2+}、SO_4^{2-}、$H_2PO_4^-$。这种分解成无机溶质和气体的过程称为矿化。矿化的一般方程式为

$$C_a N_{(b+k)} P_c S_d \cdots M_g H_{2x} O_x（鲜有机质）+(a+2b+2d)O_2 \longrightarrow$$
$$a CO_2 + b NO_3 + c H_2PO_4^- + d SO_4 + g M^+ + k NH_4^+ + x H_2O + (b+c+2d-g-k)H^+$$

$$(4.2)$$

剩余部分是固定的，它被转化成腐殖质。

转化为土壤微生物生物量的部分称为同化因子，或同化效率。碳同化因子通常在 $0.1 \sim 0.5$。植物凋落物中转化为腐殖质的碳含量通常小于 0.05。

大部分矿化的养分会被植物再次吸收。在自然生态系统中，即使在降雨量高的地区，有机物分解过程中释放的养分只有小部分通过淋溶从土壤中流失。

> ● **思考**
>
> **问题 4.5**　式（4.2）不仅适用于新鲜凋落物，而且真实地描述了稳态条件下所有土壤有机质矿化的总化学计量。请解释这个说法。
>
> **问题 4.6**　碳氮（质量）比为 50 的植物凋落物完全转化为碳氮比为 10 的微生物生物量和矿化养分。碳的同化因子为 0.2。除了有机氮，没有别的氮素来源。
>
> a. 氮的同化因子是多少？
>
> b. 如果碳的同化因子为 0.1，氮又会怎样？
>
> c. 如果碳同化因子为 0.5，你认为植物凋落物的分解情况会如何？

4.3　分解和腐殖质形成的动力学

不同物质的分解速率差异很大。在适宜的条件下（中至高温，充足的水分、氧气和养分），细根、富含养分的落叶、真菌和细菌等几乎可以在一年内被完全分解。大多数松柏科的叶子（针叶）需要几年时间才能分解。根据它们的大小和气候，木头碎片可能需要几十年（树枝）到几个世纪（树干）才能消失。

1. **基质的物理有效性和化学性质**

分解速率的差异与易受真菌和细菌攻击的有机化合物组成有关。物理有效性和化学性质在这里都起着重要作用。如果新鲜有机物首先被土壤动物变得更细，它会分解得更快，因此真菌和细菌更容易接近它。土壤动物，如白蚁、蚯蚓、木虱、螨虫和跳虫，只吸入 5%～10% 的可分解有机碳，它们对分解者总生物量的贡献甚至更小。土壤动物对分解的主要贡献是咀嚼粗大的有机颗粒（图 6.1 和图 6.2），并为肠道和粪便中的微生物提供有利条件。切叶蚁和许多种类的白蚁消耗真菌，它们在管理良好的真菌花园中为真菌提供新鲜的植物凋落物。螨虫和跳虫通过捕食菌丝来促进真菌活动。

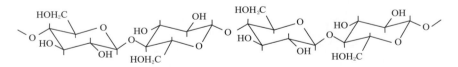

图 4.2　纤维素的结构。摘自 Engbersen 和 De Groot，1995。

在新鲜植物凋落物的有机成分中，氨基酸和糖可以直接被土壤生物吸收，因此可以很快分解。然而，大部分植物凋落物是由聚合大分子组成的，这些大分子必须被大量细胞外酶解聚成更小的单位才能被消化。最重要的聚合物如下：

（1）纤维素，一种葡萄糖聚合物（图 4.2），占叶物质的 10%～15%，落叶木的 20%，针叶树木的 50%。

(2) 半纤维素，主要由葡萄糖—木糖聚合物的支链组成，占大多数植物物质的10%～20%。

(3) 木质素是苯基丙烷单元的聚合物（图 4.3 和图 4.4），占树叶的 10%～20%，木材的 30%。

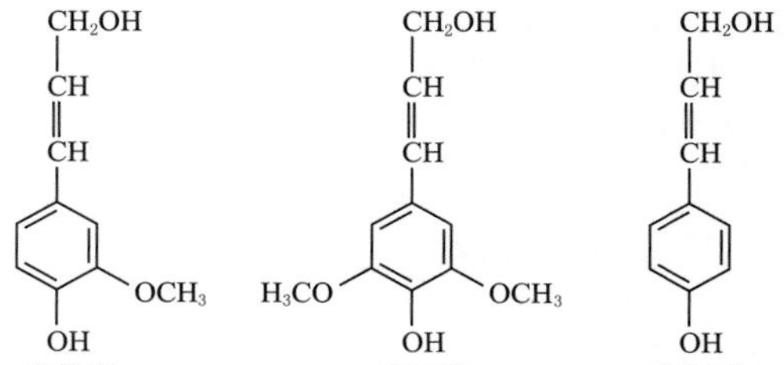

	松柏醇	芥子醇	香豆醇
针叶树	+	0	0
落叶树	+	0	0
禾本科	+	+	+

图 4.3　木质素构件及其在三组维管植物中的占有（+）或不占有（-）的情况。摘自 Flaig 等，1975。经海德堡斯普林格·弗拉格有限公司许可使用。

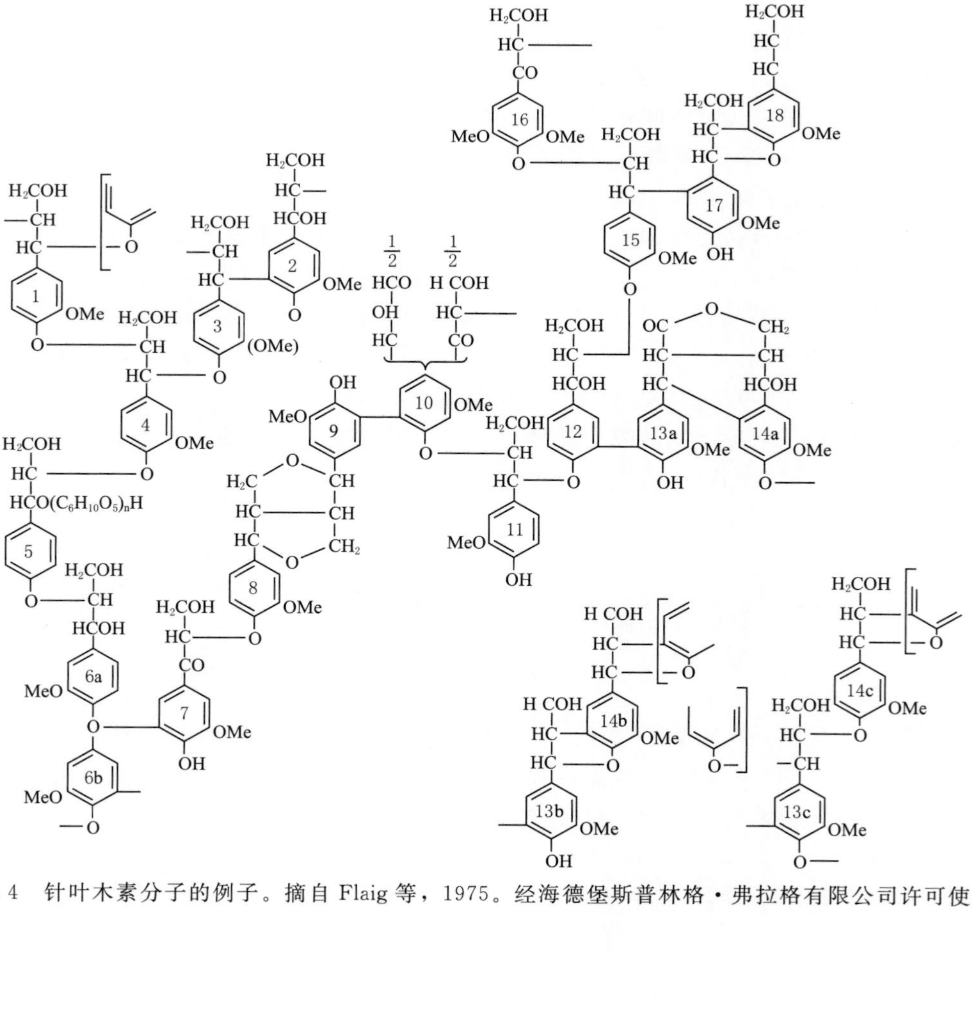

图 4.4　针叶木素分子的例子。摘自 Flaig 等，1975。经海德堡斯普林格·弗拉格有限公司许可使用。

（4）保护根和叶的植物和微生物脂质和脂肪族生物聚合物，如角质、木栓质。

对于荷兰的橡树叶凋落物，这些和其他成分的分解速率如图 4.5 所示。每条实线显示了在时间为 0 时添加的某些组分浓度随时间呈对数下降。糖分解速度最快（1 年后分解了 99%），其次是半纤维素（1 年后分解了 90%）、纤维素（75%）、木质素（40%）、蜡（25%）和非木质素酚酸，如单宁（10%）。

下方的点状曲线 S 展示了由简单的混合物成分组成的新鲜凋落物的分解情况。实际的分解速率较慢（上点曲线，M），因为部分纤维素被更具抗性的木质素保护而免受微生物侵蚀，并且只有在木质素分解后才能分解。

木质素的分解主要是由所谓的白腐真菌造成的（与只能分解纤维素的褐腐真菌相反），其所消耗的能量可能与获得的能量一样多或更多。分解木质素的主要好处显然是暴露了纤维素供真菌利用。

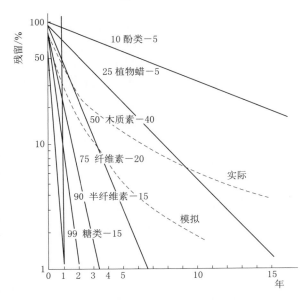

图 4.5　荷兰哈克福特橡树凋落物成分的分解速率。成分名称前面的数字表示该成分在一年内分解损失的百分比。名称后面的数字代表原始垃圾中成分的质量分数（%）。M 和 S 见正文。摘自 Minderman，1968；被 Swift 等引用，1979。

2. 分解速率

如图 4.5 所示，单个组分的分解速率可以用对数衰减速率近似，该速率对应于一级动力学（一级，因为速率取决于底物浓度），即

$$\mathrm{d}X/\mathrm{d}t = -kX \tag{4.3}$$

式中：X 为基质的量（"池大小"）；t 为以天或年为单位的时间；k 为以天或年为单位的速率常数。

式（4.3）的积分产生

$$X_t = X_o \cdot \mathrm{e}^{-kt}，或 \ln X_t/X_o = -kt \tag{4.4}$$

在稳态条件下，当输入等于输出时，平均停留时间或周转时间被定义为 MRT = 储存量/输入或移除速率之和，因此，根据式（4.3）式（4.4），有

思考

问题 4.7　a. 用图 4.5 估算速率常数 k（单位为年）和糖、纤维素和酚类的停留时间（单位为年）。

b. 纤维素在田间橡木凋落物中的表观停留时间为 1.1 年。为什么这与发现的数值不同？

$$
\text{MRT} \left[= \frac{X}{\dfrac{-\mathrm{d}x}{\mathrm{d}t}} \right] = 1/k \tag{4.5}
$$

虽然新鲜植物材料中单个成分的分解速率从每 5 年到 0.1 年不等，但腐殖质的分解速率要低得多，为 0.0001～0.01 年。

4.4 影响分解和腐殖化的环境因素

通风良好的排水通过提供曝气有利于分解。土壤生物的有氧呼吸（包括氧气作为氧化剂或电子受体）相对高效节能：同化因子为 0.1～0.5。正如在第 3 章中已经详细讨论的那样，水饱和土壤中不存在氧气，并且在呼吸中必须使用其他电子受体。

● 思考

问题 4.8 提及其中一些电子受体。在大多数土壤中，哪些在数量上是重要的？

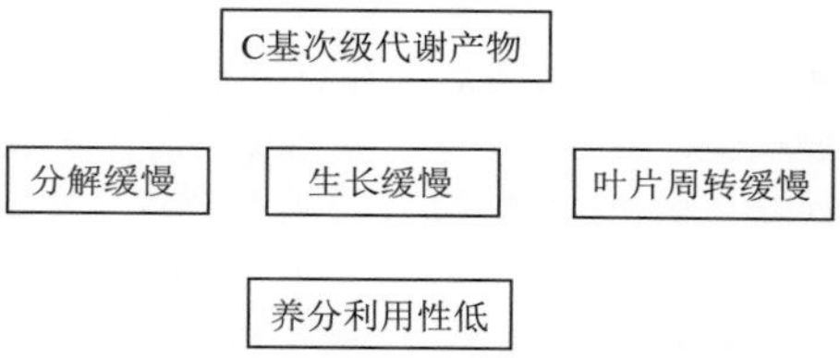

C基次级代谢产物

分解缓慢　生长缓慢　叶片周转缓慢

养分利用性低

图 4.6 低养分利用性、植物生长和基质质量之间的反馈。摘自 Chapin，1991 后。

这种所谓的厌氧呼吸的能量产出低于有氧呼吸，并且随着还原过程的进行而降低，新的氧化剂在逐渐降低的 pe 值下起作用。因此，缺氧条件下的同化因子较低，约为 0.05。所以每形成一个单位的微生物生物量，就有更多的有机碳被氧化。既然厌氧和需氧微生物的氮含量相似，那么在缺氧条件下固定的氮要少于在有氧条件下固定的氮。

● 思考

问题 4.9 水稻在淹水条件下比在旱地条件下更易获得氮素供应。请解释原因。

在缺氧条件下，如低分子量有机酸的中间产物分解速度会减慢。结果是可能会产生高浓度的这种酸。木质素的分解需要大量的氧气，且在涝渍条件下完全停止。在持续缺氧的条件下，分解非常有限，植物物质的细胞结构几千年来保持完整：泥炭形成。

低土壤 pH 也会减缓分解。首先，低 pH 本身可能会影响土壤微生物和土壤动物，从而降低分解速度。其次，低 pH 下高浓度的溶解铝可能对土壤生物群是有毒性的。

另一个因素是植物凋落物的质量，即所谓的"基质质量"。在贫瘠的酸性土壤上，植物在碳的次生代谢物（如多酚）和结构材料（如木质素）的生产上投入了大量的能量。植物这样做可能是为了阻止食草动物（哺乳动物、昆虫，它们也利用微生物来摄取食物），但是这些产物也很难被土壤生物分解。因此，在贫瘠的土壤上，叶子的寿命往往更长，植物凋落物的分解速度比肥沃土壤上产生的凋落物慢。

> **● 思考**
>
> **问题 4.10**　在贫瘠的土地上植物材料的缓慢周转是植物保存养分的一种策略，这也使土壤养分的可利用性维持在较低水平。
> a. 通过在图 4.6 中的方框之间画"因果"箭头来说明这一点。
> b. 为什么贫瘠土壤中的次生代谢物是碳基物质？（提示：一些植物通过氮基代谢物来阻止食草动物）。

气候主要通过温度影响土壤微生物和能够分解凋落物的土壤动物活性来影响分解。苔原系统中的凋落物部分几乎可以忽略不计，温带系统中的凋落物部分非常显著，而热带草原和赤道森林生态系统中的凋落物和土壤昆虫（白蚁、蚂蚁、蚯蚓）。

> **● 思考**
>
> **问题 4.11**　从气候和土壤动物活动的角度讨论表 4.1 中不同生态系统凋落物层的大小。

土地开垦包括移除自然植被和耕地作物，这会促进有机物的分解。耕作对土壤有机质含量的影响是由新鲜有机质输入、分解速率的差异引起的。与自然植被相比，耕地的投入通常较低，而肥沃牧场的投入则较高。通过定期耕作，搅动土壤来增加微生物对有机基质的可利用性。黏土通过有机物吸附在黏土颗粒上、有机物截留在微生物无法接近的小孔或土壤团聚体中的方式来保护有机物免于分解。图 4.7、图 4.8 说明了有机物与矿物质的联系更紧密，因此其分解得更慢。粗有机质（密度约为 $1g/cm^3$）与矿物颗粒（密度约为 $2.6g/cm^3$）之间的关联日益增加，这反映在密度分数的增加上。这三条曲线指的是不同的密度分数：<1.1（L 为轻），经过 $1.1\sim1.4$（I 为中等）到达大于 $1.4g/cm^3$（H 为重）。

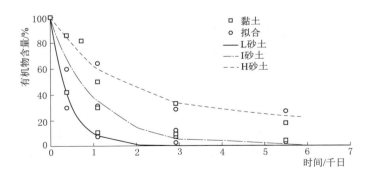

图 4.7　裸露 15 年的土壤中粗（$>150\mu M$）有机物组分含量随时间的变化（$t=0$ 时以碳含量的百分比表示）。L 为轻组分；I 为中组分；H 为重组分。摘自 Hassink，1995。

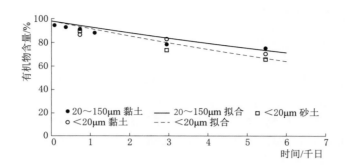

图 4.8　如图 4.7 一样，对于直径为 20～150μm（实线）和小于 20μm（虚线）的土壤微团聚体中的更多腐殖化有机质。摘自 Hassink，1995。

> ● 思考
>
> 　　**问题 4.12**　估算图 4.7、图 4.8 中所示有机物分解五个部分的 k 值（以年$^{-1}$为单位）。假设分解至少持续 1000 天（级分 L、I 和 H），或 6000 天（微小团聚体中的碳）前均遵循一级动力学［式（4.4）］。

4.5　腐殖质形成

　　大多数以凋落物和动物物质的形式进入土壤的生物量都被矿化，只有一小部分转化为腐殖质。腐殖化，主要包括三个步骤。

　　（1）大型聚合物如木质素、纤维素和脂肪族生物聚合物的裂解。

　　（2）组分的部分氧化。

　　（3）氧化物质结合成相对较小分子的新构型。腐殖质没有特定的化学结构，它含有大量不同的化学成分和不同空间关系的键。Schnitzer（1986）对腐殖质的描述如下：

　　腐殖质占土壤有机质的 70％～80％，是深色的部分芳香、酸性、亲水、分子柔性聚电解质材料。它们可以与金属离子、氧化物、氢氧化物、矿物质和其他无机和有机物质相互作用，形成化学和生物稳定性差异很大的缔合体。这种相互作用包括水溶性配体络合物的形成、吸附和解吸、矿物的溶解和在矿物外表面的吸附过程。

　　Schnitzer's 的定义没有充分强调疏水性脂肪族成分，它们是土壤有机质的重要组成部分。腐殖质定义的另一个讨论点是，在大多数经典定义中，可识别的化合物，如多糖和蛋白质，其本身不被认为是"腐殖质"的一部分。"聚合"模型现在正被堆积的较小单元（构象结构）模型所取代，这些单元具有明显的大分子量。可识别的化合物参与构象结构，尽管在化学上定义得更好，但这些成分在土壤有机质的整体行为中发挥重要作用。

　　腐殖质的组成部分是众所周知的：木质素降解时形成的酚类成分；纤维素、半纤维素和淀粉降解形成的多糖；由生物聚合物形成的长脂肪链；蛋白质中含氮和硫的化合物；以及各种较小的降解产物（Beyer，1996）。缺乏一个特定的结构单元使得腐殖质的研究极其困难。腐殖质结构的许多模型（例如图 4.9 的腐殖酸）是不现实的。它们基于腐殖质的聚合观点，此外，系统地低估了脂肪族组分，不包括小分子元素，仅描述基于一般化学原理的随机组成，并且不使用来自例如解析热解的结构信息。尽管如此，我们还是选择了图 4.9，因为它包含了许多可识别的构件。

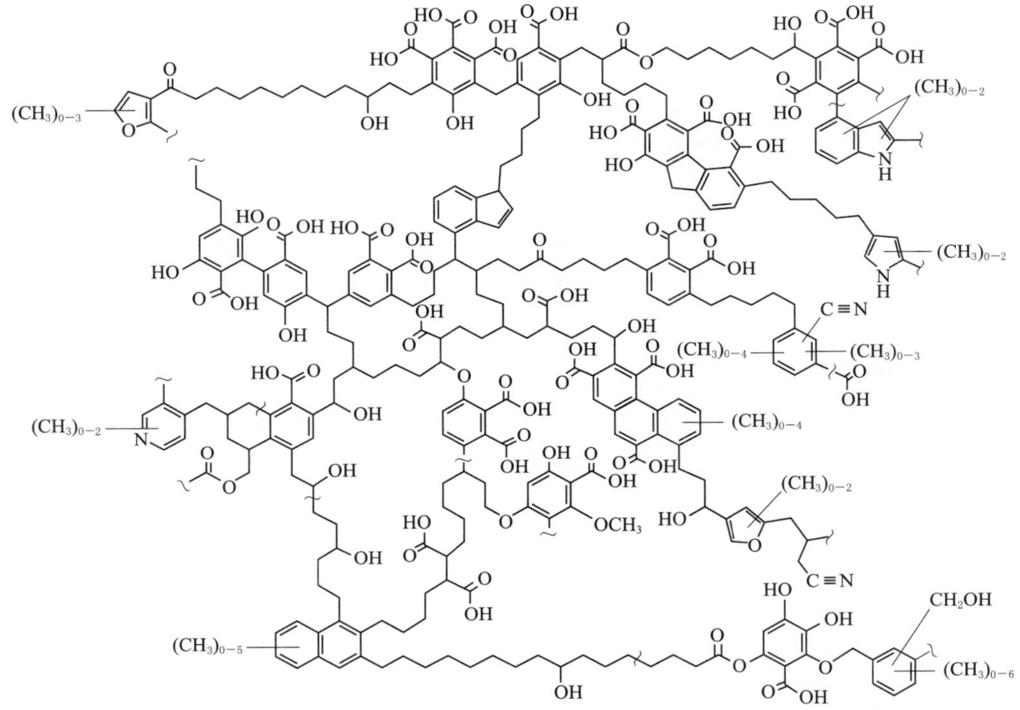

图 4.9　腐殖酸的聚合模型结构，用各种构件组合来描述。摘自 Schulten，1995。
经海德堡斯皮尔伯格有限公司许可使用。

实际上，腐殖质是根据它们的行为来表征的，例如与金属的相互作用、滴定曲线或标准化提取技术。性质可以表示为例如芳香族或脂肪族碳的含量、多酚的含量、官能团（与其他土壤组分相互作用的基团，例如羧基、醇基、酚羟基、含氮基团等）的含量。

● **思考**

　　问题 4.13　a. 尝试从图 4.8 中找到木质素、多糖（对比图 4.2～图 4.4）和脂肪族生物聚合物（脂肪族生物聚合物具有长 CH_2 链）的一些降解产物。

　　b. 有什么证据表明原始物质经历了部分氧化？

为了分析，腐殖质通常利用氢氧化钠或 $Na_4P_2O_7$（焦磷酸钠）从土壤中提取。这两种萃取剂的 pH 都很高，这会破坏氢键。此外，焦磷酸盐与铝和铁形成络合物，因此这些金属从有机络合物中被除去。

萃取会改变有机物。操作定义的腐殖质部分，如胡敏酸和富里酸，是非常广泛的群体（图 4.10）。它们在不同土壤中的比例可能不同（例如黑钙土中的富里酸含量为 15%～20%，灰化土中的富里酸含量高达 70%），而且它们的化学性质也随土壤类型而变化。因此，这种组分非常粗糙，只能用于一般用途。

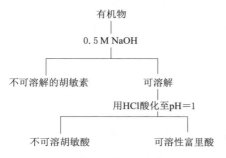

图 4.10　土壤有机质向胡敏素、胡敏酸和富里酸的经典转化。

腐殖质中的官能团对其性质极其重要。在正常的土壤 pH 为 3～8，许多酸性基团被解离，从而产生负电荷（CEC）。这种负电荷在 pH 为 4 时可能高达 4000cmol（＋）/kg 碳，在 pH 为 8 时可能高达 8000cmol（＋）/kg 碳。这是蒙脱石或蛭石的相同物质中 CEC 的 4～8 倍。

> **思考**
>
> **问题 4.14**　为什么腐殖质的 CEC 随着 pH 的增加而增加？
>
> **问题 4.15**　当 H 从－COOH 群里解离时，估算图 4.9 中描述的土壤有机质的负电荷。

官能团也影响腐殖质在水中的溶解度。带电（解离）分子比中性分子更易溶解。因此，当酸性基团通过阳离子（钙、镁）、络合［铁（Ⅲ）、铝］或与矿物表面的结合而被中和时，具有酸性基团的有机分子变得不容易溶解。腐殖质和土壤矿物部分之间的相互作用对土壤形成过程极其重要，正如我们将在第 6 章（表层）、第 12 章（火山灰土）和第 11 章（灰化土）中看到的那样。腐殖质分子的组织（排列）可能会随着润湿或干燥（季节性气候）、小分子（酸、醇）的加入、pH 的变化（解离变化）、阳离子吸附的变化以及金属或矿物的结合而变化。

燃烧后的植物残骸，例如木炭和烟灰（烧焦物），是各种土壤中"腐殖质"的重要组成部分（Haumaier 和 Zech，1995；Schmidt 和 Noack，2000；Schmidt 等，1999 年）。虽然木炭最初形成时是惰性的，但它会逐渐氧化并发展阳离子和阴离子的交换能力。因为烧焦的物质有高度芳香的，所以它会极大地改变腐殖质的化学性质。烧焦的物质是相对稳定的，并可能构成土壤中一个重要的稳定有机物库。

在长有经常燃烧的草本植物的土壤中，例如稀树草原土壤和黑色火山灰土，烧焦的物质数量是相当可观的。它是传统耕作土壤中非常重要的组成部分，例如亚马孙地区的 *Terra preta dos Indios*（黑印度土壤）（Glaser，1999）。

4.6　土壤动物对土壤性质的影响

1. 生物扰动
植物根和穴居的土壤动物创造了通向不同深度的大大小小的通道。通过这种所谓的生物扰动，它们改变了沉积物和风化岩石的原始结构（照片 H、照片 J）。稍后可以再次填充通道。这样，原始的岩石结构或沉积层会随着时间的推移而消失。在穿透土壤和沉积物中很重要的土壤动物包括鼹鼠、啮齿动物、蚯蚓、甲虫、白蚁和蚂蚁。

● **思考**

问题 4.16　你认为生物扰动的强度是如何随土壤深度而发生变化？

2. 垂直异质化和均质化

挖掘的结果是土壤剖面的生物均质化，这抵消了由其他土壤形成过程导致的不同土壤层相关的垂直异质性。均质化主要是由动物向下或向上移动土壤物质引起的。如蚯蚓在某一个深度吸收土壤，但可能在另一个深度排泄。如果蠕虫长时间高度活跃，以黑土地（黑钙土）或荷兰林堡南部的老果园为例，非常深（高达约 1m），就可能形成同质的 A_h 层。

在小范围内，如果从上方填充生物矿石，则会发生均质化，从而形成所谓的"土壤管状物"，其通常由比以前的生物矿石周围更多的体液和多孔物质组成（照片 H）。土壤物质可以慢慢融入上层土壤层的物质中。这一过程也有助于减少不同深度土壤物质之间的化学或矿物差异。

北美的鼹鼠和许多啮齿动物（如地松鼠或地鼠、俄罗斯的苏利克鼠、非洲的鼹鼠）主要在土壤层的上部挖水平隧道，并在深几米的较深的倾斜隧道处筑巢。挖掘过程中移除的土壤物质部分放置在废弃的隧道中，但部分沉积在土壤表面。在这样一个隧道系统被废弃、部分坍塌或被填充后，一个由渠道和高度多孔、松散堆积的土壤材料组成的网络依然存在。啮齿动物在草原地区特别活跃。它们填满的洞穴的痕迹叫作 *krotovinas*。

在荷兰，蚯蚓主要在永久植被（如草）下肥沃的壤土至黏土（石灰）中活动。在一些温带地区（如黑森林）和许多热带土壤中，蚯蚓也生活在酸性土壤中。

耕作会直接（伤害）和间接（例如通过提高土壤温度、降低土壤湿度和从土壤表面清除作物残留物）极大地扰乱蚯蚓，因此它们在大多数耕作过的土地上很少见。蚯蚓主要产生垂直孔，直径在 1mm 至 1cm 之间，有时深达几米。蚯蚓通道是由土壤的消耗和土壤物质的侧向压缩形成的。消耗的土壤通常以蚯蚓类的形式排泄到土壤表面（Darwin，1881）。在有许多蚯蚓的土壤中土壤团聚体通常可以被认为是以前的蚯蚓粪便。在季节性淹没的土壤表面，蚯蚓类通常被发现为一种烟囱或圆柱形，由许多单个脱落物组成，中间有一个通道。

金龟子用它们特别适应的前腿挖大孔隙。它们的洞穴通常是垂直的，深度约为 1m，尤其是在密集的砂质土壤中。这些通道由更浅深度的物质填充。填充物比原始未扰动的土壤更松散。根系很容易穿透这种松散填充通道。

在热带地区，白蚁（等翅目昆虫）对移动土壤极其重要。大多数物种在土壤中有它们的巢穴，但是一些物种采用土壤物质建造几米高的白蚁丘（白蚁巢，照片 H）；其中它们通过引入植物物质来维持真菌花园。它们将土壤从深层向上移动，产生土壤团聚体、廊道和通道，增加了孔隙空间，并通过在特殊房间的垫料上生长真菌来刺激有机物的分解。南美的切叶蚁（Atta）在巨大的地下巢穴中也是如此。由于白蚁和蚂蚁只使用特定大小的颗粒（例如粉砂、细沙），所以它们也会影响颗粒大小的分布。

鼹鼠和啮齿动物的大通道相当不稳定。蚯蚓通道通常更稳定，因为它们的尺寸更小，而且还因为沿着通道壁涂抹的排泄物（有机物与矿物质充分混合）的稳定作用。

生物群在土壤团聚体的形成和稳定中起着重要作用：与黏土和有机物相关的砂粒和粉粒颗粒群（照片 J）。许多小的土壤团聚体是粪便颗粒，相对于大块土壤而言，它们富含黏土大小的物质，因为许多土壤摄取动物更喜欢细粒物质。团聚体的水稳定性和孔隙的稳定性通常取决于有机材料。Tisdall 和 Oades（1982）将有机黏合剂分为：短暂的，主要是多糖，通常由微生物产生，如胞外黏液或树胶；暂时的，例如根和真菌菌丝；持久的，例如与多价金属阳离子相关的腐殖质和酚类化合物，以及强吸附的聚合物。图 4.11 显示了团聚体结构组织中不同阶段各种黏合剂的有效性。根和菌丝稳定大的团聚体，定义其直径大于 $250\mu m$。

土 壤 有 机 质 组 分

腐殖质可以通过各种方式被分成几部分。这里我们仅提及胡敏酸、富里酸和胡敏素的经典分级，粒度和密度分离，以及溶解有机碳的分级。

胡敏酸、富里酸和胡敏素

这种细分是基于各种腐殖质组分在酸中的溶解度。提取方案如图 4.10 所示。胡敏素包括与矿物质紧密结合的有机物，也包括复合物、木炭、非极性成分和未分解的植物残骸。富里酸和胡敏酸之间的区别只是渐进的：

	富里酸	胡敏酸
颜色	黄色至黄棕色	棕色到黑色
明显的分子质量	2000～9000D	高达 100000D
碳成分	43%～52%	50%～62%
氧成分	较高的	较低的
水溶性	较高的	较低的
官能团	较高的	较低的

（胡敏酸中的高分子重量是显而易见的）。

粒度和密度分级

在粒度分级中，通过大块样品的筛分和沉淀来分离有机质中的砂、粉粒和黏土粒度组分，而无须进行超声处理之外的其他预处理方法（矿物-有机组分被认为表现为纯矿物组分）。砂粒大小的有机物通常是未分解的植物凋落物；黏土大小的物质被强烈地腐殖化，并可能与黏土矿物紧密结合。

密度分级使用不同密度的新鲜、腐殖化和矿化的有机物。密度组分与粒度组分相似。黏土尺寸＝重的矿物结合部分；砂粒尺寸＝未分解的轻组分。

这些分级在从高度腐殖化的物质中粗略分离新鲜物质中十分有用，但是这种分离必然是粗糙的，并且分离物没有可预测的化学性质。

可溶性有机碳（DOC）的分级

溶解在天然水中的有机碳有时根据其电荷和溶解度进行分级。分离时，使用带电树脂。这六个部分是疏水性和亲水性的酸、碱和中性物。这些组分用于预测溶解有机物与金属的相互作用。

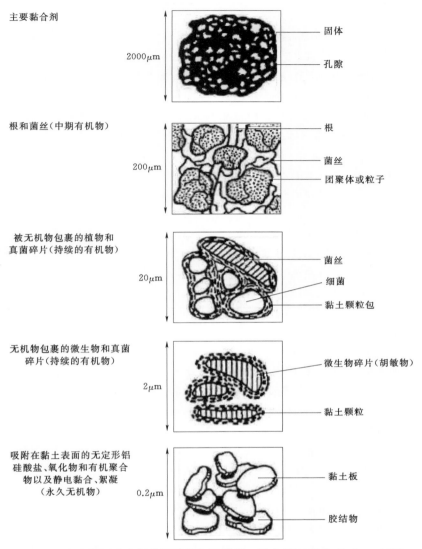

图 4.11 参考主要黏合剂的团聚体组织模型。摘自 Tisdall 和 Oades，1982。
经牛津布莱克威尔科学有限公司许可使用。

腐 殖 质 研 究

根据我们感兴趣的信息种类，我们可以使用各种方法来获得腐殖质的信息。

化学成分

腐殖质的化学成分（如糖、脂类、酚类等）可以用不同的试剂逐个萃取而进行研究。腐殖质总化学成分的一般信息可通过热解—气相色谱—质谱（Py-GC-MS）获得，少量纯化的有机物样品在惰性气体中快速加热至 $600\sim650$℃，导致大分子分解成小于 50 个碳的小单元。这些较小的单元通过气相色谱分离并通过质谱分析。它们可以被识别，它们的相对丰度使我们能够洞察腐殖质的总化学成分和腐殖质的来源。

碳原子环境

核磁共振（NMR）和红外吸收（IRA）可以指示不同化学环境中碳原子的相对数量。原则上可以测定 CH、COOH、C-OH、C H 和其他基团的含量，但由于腐殖质中的碳原子有许多连接方式附加在其他碳和氢、氧、氮和硫上，因此固态 NMR 的定量化仍有争议。核磁共振可以直接应用于腐殖质浓缩物和土壤样品，而无须提取有机物，因此避免了由于提取过程而引起的变化。然而，常磁性的元素（铁）可能会导致光谱不良。对于 IRA 测量，只需要 1mg 样品；而核磁共振需要更多。

酸度和分解

腐殖质含有大量酸性和酚性的羟基，有或没有结合的金属离子，它们在不同的 pH 下分解。关于这些基团的信息可以通过滴定曲线获得。

稳定同位素

^{13}C 同位素的天然丰度约占总碳的 1%，用碳动力学研究中用作示踪剂。在光合作用过程中 ^{13}C 被部分排除。具有 C3 光合作用途径的植物比 C4 植物具有更强烈地排斥 ^{13}C 力。这种同位素特征也存在于分解产物中。通过研究 ^{13}C 丰度的变化，可以测量 C4 植被 C3 植被取代时土壤有机质含量的变化率，反之亦然（Balesdent 和 Mariotti，1996）。

● **思考**

问题 4.17　为什么自然植被下的土地被开垦为耕地时，稳定的宏观团聚体的数量迅速减少，而微观团聚体的数量（<250μm）却没有迅速减少？

3. 生物群的化学效应

与更肥沃的土壤相比，在酸性贫瘠土壤中分解"低质量"凋落物的过程时，观察到可溶性低分子量（LMW）有机酸的浓度更高。当从较暖地区的土壤迁移到较冷地区的土壤时，也观察到同样的趋势。这些酸中最常见的是：柠檬酸、对香豆酸、半乳糖醛酸、葡萄糖醛酸、对羟基苯甲酸、乳酸、丙二酸、草酸、琥珀酸和香草酸（图 4.12）。酸性贫瘠土壤中溶解的 LMW 有机酸的高浓度通常归因于非生产性场所的植物物质（例如多酚）中，这些物质的比例较高，这些酸的分解率较低。然而，更重要的可能是（与植物共生）菌根真菌分泌的此类酸，它们在贫瘠的土壤中含量特别丰富。与非菌根相比，被菌根真菌感染的根具有更大的表面来吸收养分和水分。LMW 有机酸与溶解的铁和铝形成强烈的复合物，（营养缺乏的）灰化土上的菌根菌丝利用这一特性在易风化矿物质中溶解形成狭窄通道，从而为它们的宿主植物获得营养（图 4.13）。

● **思考**

问题 4.18　植物为共生菌根真菌提供糖。菌根真菌在贫瘠的土壤中特别常见。你能想出一个简单的缺乏营养以促进新生长有关的机制吗？为什么植物在贫瘠的土地上比在肥沃的土地上生长时会给菌根增加更多的能量？

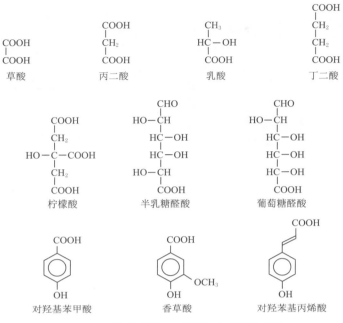

图 4.12　常见低分子量（LMW）有机酸的结构式。

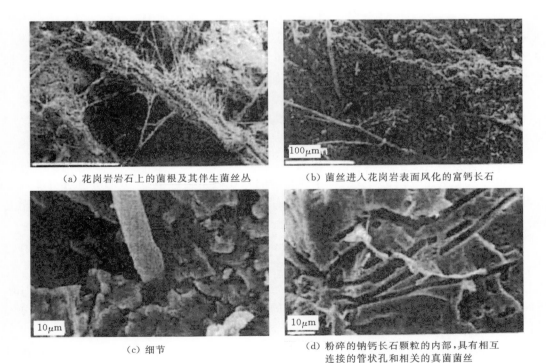

（a）花岗岩岩石上的菌根及其伴生菌丝丛

（b）菌丝进入花岗岩表面风化的富钙长石

（c）细节

（d）粉碎的钠钙长石颗粒的内部，具有相互连接的管状孔和相关的真菌菌丝

图 4.13（一）　土壤中真菌菌丝的扫描电镜照片。其中（d）～（f）含有樟子松下的灰化土。A. G. 琼格曼斯拍摄。

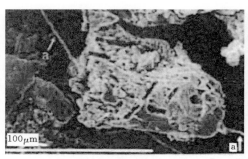

（e）菌丝部分位于钙长石颗粒内　　　　　（f）石英颗粒上的菌丝

图 4.13（二）　土壤中真菌菌丝的扫描电镜照片。其中（d）～（f）含有
樟子松下的灰化土。A. G. 琼格曼斯拍摄。

土壤动物通过混合土壤层，将有机物结合到矿物土壤中，以及（在蚯蚓和白蚁存在的情况下）促进植物材料的分解，从而对土壤化学成分产生了强烈的影响。

4.7　养分循环

在植物材料分解过程中，部分营养元素以无机溶解形式释放出来，例如作为离子 Ca^{2+}、Mg^{2+}、K^+、NH_4^+、SO_4^{2-}、$H_2PO_4^-$。在潮湿地区的土壤中，溶解的养分倾向沿土壤剖面向下迁移。在有植被存在的情况下，这些养分的大部分通常会再次被植物根系吸收并被植被同化，只有一小部分由于排水而损失。活跃生长的封闭植被每年每公顷可能从根区吸收几百公斤的营养元素，且根区通常延伸至土壤表面以下几米处。

最近的研究表明，在许多生态系统中，一小部分树木和灌木的根系会延伸到很深（10～40m）的地方（Canadell 等，1996）。目前还不清楚这些根是主要用于干旱期间的供水，还是在营养供应中发挥作用。植物中的大多数养分最终会通过凋落物返回到土壤表面。因此植物吸收的净效应是养分从深层土壤被输送到土壤表面。表层土壤中的部分养分很容易被植物利用（在交换复合体中或暂时储存在微生物量中），但部分养分可能以缓慢可获得的矿物形式（尤其是磷）被锁住。这种抵消养分流失的"养分泵送"过程在成熟、未受干扰的森林中尤为重要。

养分循环的效果可以通过"有效"养分的垂直分布来观察，例如矿化氮、可交换的钙、镁、钾或可提取的磷，这些养分在根区的浓度通常明显高于其在更深处的浓度。

与针叶树（例如云杉、铁杉）相比，某些阔叶树（如槭、椴树）的根系更深，并且从更深的地方吸收更多的钙。这导致土壤表面的 pH 和可交换钙浓度更高，且有更好的分解条件和更薄的 O 层（Dijkstra，2000）。

蚯蚓有助于保持土壤中的养分（即使它们可能将养分分配在相对较厚的表层），通过将分解的有机物结合到矿物层中并形成垂直通道。特别是在以高降雨强度为特征的气候中，相对较大比例的水可能通过这些渠道渗透，因此雨水很少与土壤物质接触。通过这种方式，蚯蚓的活动往往会降低养分的浸出率。

● 思考

　　问题 4.19　为什么养分"泵送"对养分浓度分布的影响在养分缺乏的土壤中比在养分丰富的土壤中看得更清楚，并且在气候变得更潮湿的时候看得更清楚？

4.8　难题

难题 4.1

参考表 4.1。假设：①生物量处于稳定状态；②忽略放牧；③地下年产量是年凋落物量的 70％〔注：③温带森林适用（Nadelhoffer 和 Raich，1992），但不一定适用于其他地方〕。

a. 解释为什么 NPP 在稳定状态下等于地下加地上凋落物的产量。

b. 在 y 轴上绘制相对根物质（根/总生物量）随净初级生产力（NPP）变化的图。NPP 和地下总生物量的比例之间有什么关系？

c. 气候如何影响 NPP 和相对根质量？从植物分配地上和地下能量的策略角度解释 NPP 和相对根质量之间的关系？

d. 如果气候有利于植物生长，化学土壤肥力将如何影响相对根系生物量？

e. 绘制根生物量（y 轴）与年度根凋落物（x 轴）的函数关系图，并讨论两者之间的关系。

难题 4.2

某一土壤含有 Y kg/ha 腐殖质碳。每年有 X kg/ha 的植物凋落物碳进入土壤。假设：①土壤腐殖质处于稳定状态；②每年所有新的植物凋落物以 k_f 的速度分解，剩余部分 $1-k_f$（也称腐殖化系数）直接转化为腐殖质；③腐殖质以 k_h/年的速度完全矿化。

a. 写一个形式为输入$_{腐殖质}$＝输出$_{腐殖质}$，用 Y、X、k_f 和 k_h 表示的公式。

b. 如果年投入为 $5000 kg \cdot ha^{-1} \cdot 年^{-1}$，$k_f=0.01$，$k_h=0.05$，计算腐殖质库；然后通过重新计算土壤容重为 $1.2 kg/dm^3$ 的 $0 \sim 20cm$ 表层土壤中的有机碳含量（质量分数，％）来检查您的答案是否真实。

c. 请列出至少两个原因来说明为什么这种方法过于简单。

难题 4.3

在 1970 年，松树林中的树木落叶（针叶）量达 3500kg/ha。新落叶含有 50％的碳和 0.38％的氮。在 1974 年，1970 年的落叶量的 27％仍然存在。这部分分解物质的氮含量增加到 1.2％，而碳含量仍为 50％。（Berg 和 Staaf，1981；Gosz，1981）。

a. 计算新鲜的和 4 年生的松叶凋落物的碳氮比。

b. 新鲜凋落叶中有多少氮和碳（单位 $kg \cdot ha^{-1}$）在 4 年内消失了？

c. 解释碳和氮矿化速率的差异。

难题 4.4

表 4.2 指的是在厌氧和好氧条件下苜蓿（紫花苜蓿，一种豆科植物；碳氮比＝13）禾秆分解的一项试验。假设所有产生的水溶性碳、二氧化碳和甲烷均来自添加到土壤中的苜蓿中的 500mg 碳。

表 4.2 从苜蓿秸秆培养 0.5g 碳应用于 100g 土壤中经需氧和厌氧流的氧化还原电位（Eh）、pH、矿化碳与矿化氮形式。在没有添加苜蓿的情况下，同一土壤释放的物质。摘自 Gale 和 Gilmour，1988。

天	Eh/mV	pH	矿化碳/mg			新矿化氮/mg
			水溶性碳	二氧化碳	甲烷	
需 氧						
1	—		0	25.4	—	—
2	—	6.1	0	44.1		1.3
5	—		0	69.5		
7	—	6.2	0	82.4		1.7
10	—	6.1	0	91.5		
14	—	6.0	0	95.9		2.0
22	—	6.2	0	102.9		1.5
30	—	6.2	0	110.8		4.5
厌 氧						
1	—		34	0.9		—
2	59	5.9	412	4.4		1.9
5	—		46.0	9.7		—
7	−35	6A	504	11.7		4.3
10	−105	6.7	540	15.6	0	—
14	−101	6.6	67.5	17.4	0	7.0
22	−131	6	43.4	24.9	15	6.6
30	−139	7.0	18.5	38.4	27	6.3
LSD（$p<0.05$）	23	0.1	5.5	2.5	1	0.6

a. 有氧和无氧情况下，用 X_t/X_0 表示相对于时间的曲线图。X_0 是最初添加的碳量（500mg），而 X_t 是经过两天后剩余的量（＝500mg 碳减去以 $CO_2＋CH_4＋$ 有机碳形式释放的碳）。

b. 指出需氧和厌氧分解的三个主要阶段。估算每个阶段的速率常数（天$^{-1}$）。你能解释这些不同的阶段吗？讨论好氧分解和厌氧分解的区别。

c. 将苜蓿的结果与橡树凋落物的速率常数进行比较（问题 4.7）。解释差异。

d. 比较需氧和厌氧条件下氮矿化量与碳矿化量。在厌氧和好氧条件下，苜蓿秸秆残渣的碳氮比是如何变化的？氮的初始含量由碳氮比和加入的 500mg 碳决定。为了了解分解过程中碳氮比的变化，在实验开始后的 2 天和 30 天内，通过量化残留物的组成来计算这些比值。

难题 4.5

表 4.3 显示了在艾塞尔米尔（荷兰东弗莱沃兰）开垦的土地上 3 个牧场表层土壤中有机碳的含量。土壤 1 中没有蚯蚓。土壤 2 有蚯蚓 2 年。土壤 3 有蚯蚓 8 年。

a. 根据深度绘制有机碳含量。

b. 简要解释土壤的变化与蚯蚓活跃时间的关系。

表 4.3　　东部三种草地土壤表层有机碳含量（质量分数，%）。矿化土壤顶部的
（−2~0cm）层主要由未分解的植物残体组成；这种所谓的凋落物层
在剖面 2 和剖面 3 中不存在。摘自 Hoogerkamp 等，1983。

深度/cm	剖面编号		
	1	2	3
−2~0	16.5	—	—
0~2	1.8	5.9	3.3
2~5	1.2	1.9	2.9
5~10	1.1	1.3	1.8
10~20	1.1	1.2	1.2

难题 4.6

表 4.4 显示了 4 种西非土壤表层土壤物质（0~10cm）和蠕虫铸件之间的一些物理和化学差异。S 和 W 之间的差异有统计学意义（$P < 1\%$）。

表 4.4　　四种西非土壤表层土壤（S）和蠕虫粪（W）的特性。
摘自 De Vleeschauwer 和 Lal，1981。

土系	黏土/%		有机碳/%		阳离子交换量/(mmol/kg)	
	S	W	S	W	S	W
Eketi	10.3	12.7	1.43	3.05	29	89
Ibadan	4.4	10.6	0.80	3.12	31	161
Apomu	4.3	4.8	0.50	2.83	19	122
Matako	2.4	4.3	0.70	3.15	34	155

a. 简要描述土壤物质通过蠕虫消化系统所经历的变化的性质。

b. 假设在给定土壤中，每克 S 和 W 的含量相同，计算黏土和有机碳对阳离子交换量的贡献。在蠕虫通过的过程中，改变土壤物质的阳离子交换能力的重要因素是什么：黏土含量的变化还是有机碳含量的变化？关于土壤和蠕虫粪便中有机质和黏土等效特定阳离子交换量的假设意味着蠕虫在进食时不会选择某些黏土，并且黏土和有机物的"质量"在蠕虫肠道通过期间不会发生变化。

这些假设并不完全正确，这就是你发现黏土的阳离子交换量不可能为负值的原因。

难题 4.7

陆生蚯蚓是西欧最常见的蚯蚓之一，每天消耗相当于其自身重量 10% 的土壤物质。

假设①每平方米土壤含有 200g 陆生蚯蚓，②这些蚯蚓每年活跃 300 天，③20cm 厚表层土壤的容重为 1.3kg/dm³。计算蚯蚓将 0～20cm 深的所有土壤物质转化为蚯蚓粪所需的时间。假设蚯蚓从不吃蚯蚓粪，只吃"新鲜"的土壤；当然，这是一个粗略的简化（Paton，1978；Hoeksema，1961）。

难题 4.8

以下分析（质量分数，%）指白蚁丘（A）及其周围环境（B）的土壤。根据本章的内容简要描述数据（数据来自 Leprun，1976）。

	A	B
黏粒	27	13
砂粒	25	39
有机质	3.6	0.8

4.9 答案

问题 4.1

植物根系影响土壤：①通过吸收水分和养分，土壤水分和可溶性养分含量（可在数小时至数天内测量的效果）；②对于矿物中结合的营养物，增加矿物风化的速率（几个世纪到几千年后效果显著）；③通过渗透和变厚，形成大小不同的孔（几年后可测量的效果）。

问题 4.2

a. 生物群的直接影响：①生物扰动（土壤宏观和中观动物：鼹鼠、蚯蚓、白蚁、蚂蚁）；②粉碎植物凋落物（所有有害土壤动物）；③消耗植物凋落物和土壤有机物（细菌、真菌、土壤动物）。

b. 土壤有机质的影响：①增加结构稳定性；②增加保水能力；③增加阳离子交换能力；④植物营养养分（有机氮、磷和硫）的结构储存。

问题 4.3

在干燥或贫瘠的土壤中，植物需要在地下投入较大比例的初级产品，以获得足够的养分和水分。在季节性干旱或寒冷的土壤中，植物在地下储存能量以度过不适宜生存的季节。

参 数	苔 原		云杉林	橡木林	干草原	半荒漠	亚热带阔叶林	干稀树草原	湿润热带林
	北极的	灌木条							
相对根系物质/(kg/kg)	0.8	0.82	0.23	0.24	0.9	0.875	0.20	0.41	0.18
每年地下生物量	0.7	1.4	3.5	4.9	2.8	0.7	14.7	4.9	17.5

问题 4.4

a. 初级分解者包括放线菌、腐生真菌（霉菌）、细菌、蚯蚓、蠕虫、某些线虫、千足虫、蛞蝓和蚜蛾。真菌被跳虫和螨虫啃食，细菌被原生动物和某些线虫啃食。所有较大的腐食性动物、真菌和细菌都是某些甲虫、伪蝎、蜈蚣和蚂蚁的猎物。

b. 部分营养物倾向遵循箭头，但最终营养物被不同营养水平的生物体排出体外，并通过植物根系吸收而被循环利用。能量从化学能分解为热能，热能消散，而且永远不会被循环利用！

问题 4.5

最终，微生物凋落物和腐殖质也被分解，在稳定条件下（凋落物进入土壤有机碳池＝该池中二氧化碳、水和养分的输出），净流失量为零，式（4.2）适用于所有土壤有机物质的总量。

问题 4.6

a. 每分解 100g 植物凋落物，释放 $1/50 \times 100g = 2g$ 的氮。碳同化因子为 0.2，形成 $0.2 \times 100g = 20g$ 微生物碳，包含 $1/10 \times 20g = 2g$ 的氮。所以所有的氮必须转化成微生物组织。氮同化因子为 1.0。

b. 在碳同化因子为 0.1 时，仅形成 10g 的微生物碳和 1g 的微生物氮。剩余的氮被矿化；氮同化因子为 0.5。

c. 如果碳同化因子为 0.5，则没有足够的氮将植物凋落物完全转化为微生物量。环境中存在的任何无机氮都可以用来将更多的植物凋落物转化为微生物量；氮被固定。

问题 4.7

a. 见下表。

成分	1 年后 X_t/X_0	X_t/X_0	k/年$^{-1}$	MRT/年
糖	0.01	-4.6	4.6	0.22
纤维素	0.25	-1.39	1.39	0.72
酚类	0.9	-0.105	0.105	9.5

b. 纤维素在田间的停留时间更长是因为在植物凋落物中，纤维素被与其结合的更难降解的木质素部分保护而不被分解。所以纯纤维素分解得更快。

问题 4.8

NO_3^-、锰氧化物（IV、III）、铁氧化物（III）和 SO_4^{2-}。锰和铁在大多数土壤中很常见；硝酸盐是重度施肥土壤中重要的电子受体；硫酸盐在酸性硫酸盐土壤（和含石膏土壤）中很常见。

问题 4.9

在缺氧淹水稻田中的碳同化因子比在有氧条件下低，因此更多的矿化氮可用于植物（见问题 4.6 的答案）。

问题 4.10

a. 见右图。

b. 碳基次生代谢物仅由碳组成（当然还有氧和氢）。例如苯酚和多酚。它们是营养不良地区植物的典型代谢物。相比之下，生长在养分丰富土壤的植被通常会用富含氮的代谢物，如 HCN 或尼古丁来阻止食草动物。在营养贫乏的地方使用碳基的遏制剂对植物的好处是显而易见的。

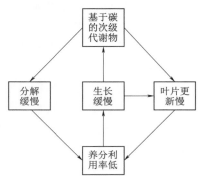

问题 4.11

森林系统中有相当规模的凋落物层，那里的净初级生产量（和年凋落物量）远远高于草本或灌木植物。因为在低温下腐烂最慢，所以在这种情况下凋落物层最厚。在热带地区，凋落物腐烂速度很快，但是每年的凋落物产量足够维持一个凋落物层。

问题 4.12

在 $X_t/X_o = -kt$。我们可以以年$^{-1}$为单位计算 k，即

$$k = \ln X_t/X_o \times 365/t$$

	X_t/X_o	在 X_t/X_o 中	t/天	k/年$^{-1}$
重的	0.6	-0.51	1000	0.19
中等	0.4	-0.92	1000	0.34
轻的	0.1	-2.30	1000	0.84
$20 \sim 150\mu m$	0.75	-0.29	6000	0.018
$<20\mu m$	0.68	-0.39	6000	0.024

问题 4.13

a. 酚类残留物可能部分原因是木质素造成的，其特征是芳香环和由长"锯齿状"碳链衍生自脂肪族聚合物的材料；在这个结构中找不到糖的残余物（因为这个模型的作者确信糖不是该"结构"的一部分）。

b. 与木质素结构单元相比，含氧量明显增加，尤其是作为-COOH 基团。

问题 4.14

有机物的阳离子交换能力（在给定的 pH 下）取决于酸性基团的解离。解离的酸性基团的相对量随着 pH 的增加而增加。

问题 4.15

图 4.9 中的碳原子数约为 280 个；其中 28 个是-COOH 基团。因此，电荷是 28mol COOH/280×12g 碳＝833cmol（－）/kg 碳。

问题 4.16

上层的生物扰动很强烈，而下层土的生物扰动要慢得多，因为穴居生物的食物（叶子和根凋落物）供应随着深度的增加而减少。

问题 4.17

①大团聚体更容易被物理扰动（耕作）破坏；②有机黏合剂分解（通常在可耕地中的补充速度不如在草地下）；③无机黏合剂可能受耕地变化的影响很小，只在最小的团聚体（重组有机碳）中起作用；如图 4.7、图 4.8 所示。

问题 4.18

在土壤贫瘠的地方，植物没有足够的养分来将它们的光合产物（基本上是碳水化合物）转化成新的组织（＝碳水化合物＋氮、磷、钾等）。因此碳水化合物"溢出"到菌根真菌中，其生长增加了植物对养分的吸收能力。

问题 4.19

在营养丰富的土壤中，例如土壤剖面中可风化矿物含量高的年轻土壤，表层土壤和底

土之间的有效养分含量差异可能很小。因此，通过养分循环向表层土壤添加养分的影响相对较小。在淋滤率高的潮湿气候中，土壤溶液非常稀，很难形成临时沉淀物（如碳酸钙，磷酸钙）。在这种情况下，储存在交换点和土壤生物中的养分最能防止淋溶流失。这种储存能力主要在"森林层"（＝O层）和地表层。

难题 4.1

a. 在稳定状态下，植物生物量每年都是恒定的，因此必须将相当于年净初级生产量的死生物量归还给土壤。

b. 见下面的图 A；地下部分的总生物量随着 NPP 的增加而减少。

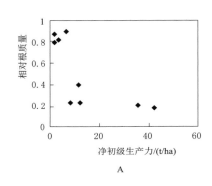

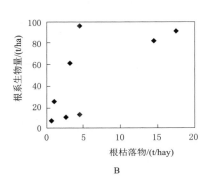

A   B

c. 随着气候变得更有利于植物生长，NPP 会增加，相对根生物量会减少。在不利的气候条件下，植物可以在地下生存；在干燥的气候中，它们需要一个庞大的根系来获得足够的水分。

d. 在贫瘠的土壤中，植物也必须寄希望于其根系以获得足够的养分。

e. 根生物量倾向随着年根量的增加而增加，但是在高产系统中，根系的年投入相对于立根生物量而言较高：显然在这种系统中根生长迅速，死亡迅速。

难题 4.2

a. 碳/氮＝$(1-k_f)X$；输出$_{腐殖质}＝k_h Y$，因此 $Y＝(1-k_f)X/k_h$。

b. $Y＝99.000$kg/ha；这将提供大约 4% 的有机碳，相当正常！

c. 并非所有的植物凋落物在一年内分解成腐殖质（腐殖化率不等于 $1-k_f$）；植物凋落物由许多不同的化合物组成，它们都以一定速度分解。其中一些转化为腐殖质，另一些主要用于呼吸。

难题 4.3

a. 每公顷新鲜凋落物碳氮比：碳：3500kg 树叶×50% 碳＝1750kg 碳

氮：3500kg 树叶×38% 氮＝13.3kg 氮，因此 C/N＝131

每公顷 4 年生树叶碳氮比：0.27×3500×50% 碳 kg＝472.5kg 碳

氮：0.27×3500×1.2% 氮＝11.34kg 氮，因此 C/N＝41.7

b. 碳氮在 4 年内消失：碳：1750－472.5＝1277.5(kg/ha)；N：13.3－11.3＝2(kg/ha)

c. 分解过程中，植物凋落物部分转化为碳氮比低得多的微生物生物量。所以氮大部分被保留，而碳大部分被损耗（以二氧化碳形式）。

难题 4.4

时间/天	喜　氧　分　解			厌　氧　分　解		
	矿化碳	X_t/X_0	$\ln X_t/X_0$	mg 矿化碳	X_t/X_0	$\ln X_t/X_0$
1	25.4	0.94①	−0.05	34＋0.9＝34.9	0.93	−0.072
2	44.1	0.91	−0.092	45.6	0.91	−0.096
5	69.5	0.86	−0.15	54.7	0.89	−0.116
7	82.4	0.83	−0.18	62.1	0.88	−0.133
10	91.5	0.817	−0.202	69.6	0.86	−0.150
14	98.3②	0.803	−0.22	84.9	0.83	−0.18
22	103	0.794	−0.23	83.3③	0.83	−0.18
30	111	0.778	−0.25	83.9	0.83	−0.18

① $(500−25.4)/500＝0.94$。

② $95.9(CO_2)＋2.4$（水溶性有机碳）$＝98.3$。

③ 包括甲烷中的 15mg 碳。

大致可以区分出三个线性阶段。这些阶段在厌氧分解中是清楚的，但在好氧分解的情况下是任意的。

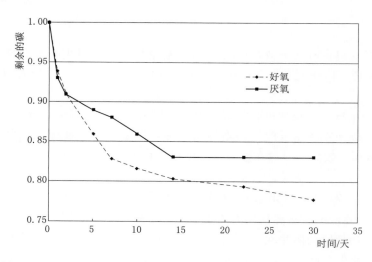

k 的计算为

$$\ln X_t/X_0＝−kt$$

一阶分解率/天$^{-1}$	第一阶段	第二阶段	第三阶段	整个过程
喜氧	0～5 天：$\ln X_t/X_0＝−0.015$，$k＝0.15/5＝0.03$	5～14 天：$\ln X_t/X_0＝−0.07$①，$k＝0.07/9＝0.008$	14～30 天：$k＝0.002$	$k＝0.008$
厌氧	0～2 天：$\ln X_t/X_0＝−0.09$，$k＝0.09/2＝0.04$	2～14 天：$\ln X_t/X_0＝−0.084$，$k＝0.064/12＝0.005$	14～30 天：$k＝0$	$k＝0.006$

① $−0.22−(−0.15)＝−0.07$。

如果 k 值确实会从较高值"跳跃"到较低值，这些值可能代表特定酶作物部分的分解。在厌氧分解的最后阶段（Ⅲ），不是原始酶作物分解（$k=0$），而是有机酸发酵成二氧化碳和甲烷。除了第一阶段，好氧分解比厌氧分解快。

c. 从每天至每年重新计算的总速率常数分别为 3 年$^{-1}$（好氧）至 2 年$^{-1}$（厌氧）。这比橡树凋落物分解要快得多，大约 0.5 年$^{-1}$。

d. 初始氮含量＝mg 碳/（碳/氮）＝38.5mg 氮。这样 2 天后，好氧分解物质的碳/氮比将为 $(500-44.1)/(38.5-1.3)=12.2$。类似的计算得出

时　间	喜氧碳氮比	厌氧碳氮比
2	12.2	12.4
30	11.4	12.9

显然，尽管碳氮比稍高，但在厌氧条件下土壤释放的氮比好氧条件下要多。

难题 4.5

碳含量随深度变化的曲线图表明，在剖面 2 和剖面 3 中，有机物逐渐与较深的土壤混合。剖面图 2 中的凋落物层已经消失。在剖面 3 中，由于混合越来越深，上层的高碳含量减少，而深层的高碳含量增加。

难题 4.6

a. 蠕虫粪中的黏土和有机物含量较高，阳离子交换量比表层土壤的更高。这可归因于蠕虫对黏土的优先消耗，以及对有机物的吸收（随后是部分消化）。

b. 假设黏土的特定阳离子交换容量（a）和有机碳（b）在蠕虫粪和土壤中是相同的，它们可以由两个方程和两个类型的未知数来计算：

$$CEC_{土壤}=a \times 黏土含量+b \times 有机质含量$$
$$=a mmol/g 黏土 \times g 黏土/g 土壤+b mmol/g 碳 \times 碳/g 土壤$$

例如，Eketi 从这两个方程中求解两个未知数。

南部的 $CEC=a \times 0.103+b \times 0.00143=0.029$

西部的 $CEC=a \times 0.127+b \times 0.0305=0.089$

土　系	Eketi	Ibadan	Apomu	Makato
a mmol（±）/g 黏土	−0.3	−0.6	−0.08	−0.03
b mmol（±）/g 有机碳	4.1	7.2	4.0	5.0

a 为负值表示蠕虫粪和块状土壤中黏土和有机碳相似性质的假设是不正确的。这很可能主要是由于有机部分的性质随着腐殖质的老化而发生了变化。无论如何，黏土对阳离子交换量的贡献很小，而对有机碳贡献很大。

难题 4.7

土壤的容重为 1.3kg/dm^3，这使得土壤剖面上部 20cm 的土壤为 260kg/m^2。以 $10/100 \times 200$g/m^2 土壤的摄取率，一次摄取所有土壤需要 13000 天。这将需要每年 13000 天/300 天或 43.3 年。

难题 4.8

白蚁丘的土壤比周围的土壤含有更多的黏土和有机物，因为白蚁会优先收集和运输优

质物质和富含有机物的土壤来筑巢。

4. 10　参考文献

Andriesse，J. P.，1987. *Monitoring project of nutrient cycling in soils used for shifting cultivation under various climatic conditions in Asia*. Final report of a Joint KIT/EEC project. No. TSD - A - 116 - NL. Royal Tropical Institute，Amsterdam.

Balesdent，J.，and A. Mariotti，1996. Measurement of soil organic matter turnover using ^{13}C natural abundance. In：T. W. Boutton anf S. Yamasaki（eds.）：*Mass Spectrometry of Soils*. Marcel Dekker，New York，pp. 81 - 111.

Berg，B.，and H. Staaf，1981. Leaching，accumulation and release of nitrogen in decom - posing forest litter. Ecological Bulletin（Stockholm），33：163 - 178.

Beyer，L.，1996. The chemical composition of soil organic matter in classical humic compounds and in bulk samples - a review. Zeitschrift für Pflanzenemährung und Bodenkunde，159：527 - 539.

Canadell，J.，R. B. Jackson，J. R. Ehleringer，H. A. Mooney，O. E. Sala，and E. D. Schulze，1996. Maximum rooting depth for vegetation types at the global scale. Oecologia，108：583 - 595.

Chapin，F. S.，1991. Effects of multiple environmental stresses on nutrient availability and use. In：H. A. Mooney，W. E. Winner and E. J. Pell（Eds.）：*Response of plants to multiple stresses*. Academic Press，San Diego，p. 67 - 88.

Darwin，C.，1881（13th thousand，1904）. *The formation of vegetable mould through the action of worms with observations on their habits*. John Murray，London. 298 p.

De Vleeschauwer，D.，and R. Lai，1981. Properties of worm casts under secondary tropical forest regrowth. Soil Science，132：175 - 181.

Dijkstra，F.，2000. *Effect of tree species on soil properties in a forest of the northeastern United States*. PhD Thesis，Wageningen University.

Dindal，D. L.，1978. Soil organisms and stabilizing wastes. Compost Science，19：8 - 11.

Engbersen，J. F. J.，and Æ. De Groot，1995. *Inleiding in de bio - organische chemie*. Wageningen Pers，Wageningen，576 pp.

Flaig，W.，H. Beutelspacher，and E. Rietz，1975. Chemical composition and physical properties of humic substances. In：J. E. Gieseking（Ed.）：*Soil components*，*Volume* 1：*Organic Components*，pp. 1 - 211. Springer Verlag，Berlin.

Gale，P. M. and J. T. Gilmour，1988. Net mineralization of carbon and nitrogen under aerobic and anaerobic conditions. Soil Science Society of America Journal，52：1006 - 1010.

Glaser，B.，1999. *Eigenschaften und Stabilität des Humuskörpers in 'lndianenschwarzerden'*. Bayreuther Bodenkundliche Berichte，Band 68.

Gosz，J. R. 1981. Nitrogen cycling in coniferous ecosystems. Ecological Bulletin（Stockholm），33：405 - 426.

Hassink，J.，1995. *Organic matter dynamics and N mineralization in grassland soils*，PhD Thesis，Wageningen Agricultural University，250 pp.

Haumaier，L.，and W. Zech，1995. Black carbon - possible source of highly aromatic components of soil humic acids. Organic Geochemistry，23：191 - 196.

Hoeksema，K. J.，1961. Bodemfauna en profielontwikkeling. p. 28 - 42 in：Voordrachten B - cursus bodemkunde 14 - 18 September 1959. Dir. Landbouwonderwijs.

Hoogerkamp, M., H. Rogaar, and H. Eijsackers, 1983. The effect of earthworms (Lumbricidae) on grassland on recently reclaimed polder soils in the Netherlands. In: J. E. Satchell (ed.) *Earth worm ecology*: 85 - 105. Chapman & Hall, London.

Johnson, D. L., D. Watson - Stegner, D. M. Johnson, and R. J. Schaetzl, 1987. Proisotropic and proanisotropic processes of pedoturbation. Soil Science, 143, 278 - 292.

Jongmans, A. G., N. Van Breemen, U. Lundström, P. A. W. van Hees, R. D. Finlay, M. Srinivasan, T. Unestam, R. Giesler, P. A. Melkerud and M. Olsson, 1997. Rock - eating fungi. Nature, 389: 682 - 683.

Kononova, M. M., 1975. Humus of virgin and cultivated soils. In: J. E. Gieseking (ed): *Soil Components. I. Organic Components*, p 475 - 526. Springer, Berlin.

Leprun, J. C., 1976. An original underground structure for the storage of water by termites in the Sahelian region of the Sudan zone of Upper Volta. Pedobiologia, 16, 451 - 456.

Nadelhoffer, K. J., and J. W. Raich, 1992. Fine root production estimates and below - ground carbon allocation in forest ecosystems. Ecology, 73: 1139 - 1147.

Paton, T. R., 1978. *The formation of soil material*. Allen & Unwin, London.

Persson, H. 1990. Methods of studying root dynamics in relation to nutrient cycling.

Schlesinger, W. H. 1977. Carbon balance in terrestrial detritus. Annual Review of Ecological Systems, 8: 51 - 81.

Schmidt, M. W. I., and A. G. Noack, 2000. Black carbon in soils and sediments: analysis, distribution, implications, and current challenges. Global Biogeochemical Cycles, 14: 777 - 793.

Schmidt, M. W. I., J. O. Skjemstad, E. Gehrt, and I. Kögel - Knabner, 1999. Charred organic carbon in German chernozemic soils. European Journal of Soil Science, 50: 351 - 365.

Schnitzer, M, 1986. Binding of humic substances by soil mineral colloids, p 77 - 101 in: P. M. Huang and M. Schnitzer (eds.): *Interactions of soil minerals with natural organics and microbes*. SSSA Special publication 17, Madison, Wise. USA.

Schulten, H. R., 1995. The three - dimensional structure of humic substances and soil organic matter studied by computational analytical chemistry. Fresenius Journal of Analytical Chemistry, 351: 62 - 73.

Tisdall, J. M. and J. M. Oades, 1982. Organic matter and water - stable aggregates in soils. Journal of Soil Science, 33: 141 - 163.

推荐阅读

Anderson, J. M., and J. S. I. Ingram, 1989. *Tropical soil biology and fertility: a handbook of methods*. C. A. B. International, Wallingford, 171 pp.

Huang, P. M., and M. Schnitzer (Eds.), 1986. *Interactions of soil minerals with natural organics and microbes*. SSSA Special Publication No. 17. Soil Science Society of America, Madison, 606 pp.

Piccolo, A. (ed.), 1996. Humic substances in terrestrial ecosystems. Elsevier, Amster - dam, 675 pp.

Swift, M. J., O. J. Heal, and J. M. Anderson, 1979. *Decomposition in terrestrial eco - systems*. Studies in Ecology, Vol. 5. Blackwell Science Publishers, 372 pp.

第三篇

土壤剖面发育

照片 I 动物洞穴或土壤管状物（B）的解剖来自几内亚比绍酸性硫酸盐土壤中一个先前形成的
黄钾铁矾堆积（J）。顶部，普通光线；底部，交叉偏振光片。注意洞穴中的条纹；
动物从左下移到右上。比例尺是 585μm。A.G. 琼格曼斯拍摄。

第5章 研究土壤剖面

5.1 概述

在第三篇中，我们将研究土壤发生层的形成，这些层被用作国际土壤分类系统（FAO - Unesco 和土壤分类学）的诊断标准。根据在第二篇中学习的土壤物理、化学和生物过程，将能够描述这些诊断层的形成，从而描述不同土壤发生类型的形成。

一个特定的土壤形成过程（由许多子过程组成）通常是形成能观察到的特定土壤发生层或一组特定遗传层的原因。

> ● 思考
>
> **问题 5.1** 列出导致一个土壤发生层形成的土壤形成过程的实例，以及导致"双"组诊断层的土壤形成过程的实例。

1. 过渡层

在同一个土壤单体中有许多组成过程下的几个不同的特定土壤形成过程发生。如 Al^{3+} 和有机物的络合作用，这种络合作用在灰化土和一些火山灰土中占主导地位，但在几乎所有酸性表层土壤中以不太极端的形式发生。又如硅酸盐风化，这是铁铝化过程中的主要土壤形成过程，但实际上发生在潮湿地区的所有土壤中。

土壤过渡层通常介于许多直接的诊断层之间（图 5.1）。由于土壤年轻或形成强度低，它通常经历了中度风化。通常，它具有一些其他诊断水平的微弱表达特征，并可能向这些特征发展。尽管它是由严格但任意的分类边界所定义，但它的性质自然地归入其他诊断层范畴。有时过渡层经历了强烈风化且非常稳定，几千年来几乎保持不变。在土壤分类学（SSS，1990）中，过渡层的排水性很差，但在 FAO（1988）和 WRB（Deckers 等，1998）中，它仅限于有氧环境中，并排除了潜育层的影响。

简而言之，这是一种废纸篓式的诊断层，而不是由一系列特定的过程引起的。因此，我们不会在单独的章节中讨论土壤过渡层。同时，在研究第三篇的物质时，你应该意识到其他土壤发生层的定义也有随机的方面。此外，在同一个土壤剖面中可以找到由于时间或空间上重叠的不同土壤形成过程而形成的土层。

在讨论各种诊断性土壤层的形成之前，应该熟悉用于识别和量化由母质形成土壤的过程中发生的物理、化学和生物变化的工具。

2. 历史方法

土壤剖面是土壤层的垂直序列，是一系列土壤形成过程的结果，这些过程已经影响了

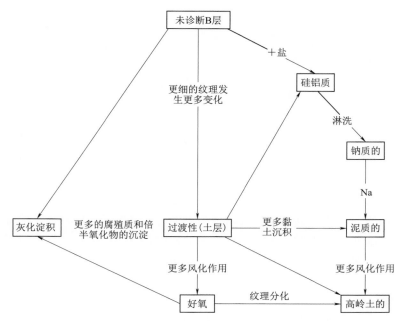

图 5.1　土壤过渡层及其相关的其他诊断层（USDA 术语）。

特定地点上的母质。土壤剖面反映了这些土壤的形成过程，因此是土壤形成过程中普遍存在的条件（＝土壤形成因子）的主要信息来源。当研究土壤剖面时，可以采取历史性方法。剖面的遗传历史并不总是反映其正在形成的土壤上。可以实时研究一些正在进行的成土过程。在学习了本章后，在原则上应该能够根据历史和"此时此地"的方法来量化土壤剖面的变化。

5.2　表征和量化土壤形成影响的历史方法

1. 母质参考状态

土壤形成的结果只能通过参考某些以前的状态来评估。这可能是土壤形成初期的同一土壤。但根本的参考是原始的、未改变的物质：母质。有几种方法可以获得关于母质或土壤形成早期阶段的信息。

有时，在过去的某个时候，土壤发育在很大程度上或完全被阻止了，因为土壤表面已经被覆盖，例如被沉积物或人造体，如堤坝或建筑物覆盖。比较这种覆盖物下面和附近的土壤，可以得到许多关于覆盖物覆盖后土壤发生的变化信息。此外，如果已知覆盖物的年龄，只要土壤发育过程不在覆盖下继续，就可以确定平均变化率。S. Matsson 在瑞典南部利用分隔农田的石墙来确定施肥和石灰处理对灰化土化学性质的影响。有时，可获得旧土样（或旧土样的分析数据，加上所用分析方法的详细描述）以及样品位置的精确数据。更常见的是，土壤科学家不得不依赖于对土壤剖面或土壤的时间序列早期阶段的假设。然后，很少或没有土壤形成迹象的 C 层是一个很好的近似母质。

> **思考**
>
> 　　**问题5.2**　根据土壤形成的迹象，列出C层能定量化母质必须满足的一系列地貌区域标准。没有上述迹象标志是否能保证C物质是母质？

2．母质同质性

对场地周围的景观和土壤剖面形态的实地观察往往能初步回答以下问题：地表附近的土壤层（受气候和生物因素的影响最大）是否与现在更深处发现的具有相同性质的物质发展而来。

某一深度的质地的急剧变化通常反映了两种不同沉积物之间的边界。为了测试土壤剖面是否由垂直同质的母质形成，我们可以使用质地、矿物学或化学线索。全新世或晚更新世沉积物上的土壤通常太年轻，无法经受硅酸盐矿物的大量风化。因此，含硅矿物的原始尺寸分布几乎没有改变，砂和粉砂部分的比例可用于测试母质的垂直均匀性。

> **思考**
>
> 　　**问题5.3**　为什么在非常古老的土壤情况下，不应该使用粒度分数比来测试母质的垂直均匀性？

在古土壤中，研究极耐风化且不易通过物理过程运输的矿物的深度分布可以测试垂直均匀性。这类矿物的例子有锆石（ZrO_2）、金红石（TiO_2）、电气石，以及除了在非常古老的土壤之外的石英。如果这种矿物的质量分数比，例如锆石/金红石，不随深度变化，则母质在垂直方向上可能是均匀的。

> **思考**
>
> 　　**问题5.4**　为什么我们要考虑两种矿物质之间的质量比，而不仅仅是其中一种矿物质的质量分数？

3．指数化合物

这些耐风化矿物的绝对质量（g）并未随时间变化，因此其他变化（如长石等耐风化矿物的损失）可参照其绝对质量进行计算。这种既不会风化也不会移动的参考化合物称为指数化合物。

4．应变

Brimhall和Dietrich（1987）提出了一种计算风化剖面质量平衡的系统方法。首先，如果一定厚度的母质（d_p）转化为厚度为d_s的土层（用任何长度单位表示d_p和d_s），他们考虑厚度的相对变化（"应变"，ε）。应变是无量纲分数，定义为

$$\varepsilon = (d_s - d_p)/d_p \tag{5.1}$$

或者
$$\varepsilon = (d_s/d_p - 1) \tag{5.1a}$$

● 思考

　　问题 5.5　如果 $\varepsilon = 0$，某一层母质的厚度会发生什么变化？如果 $\varepsilon > 0$？什么样的过程可以解释 ε 的正值，什么过程产生了负值？你认为在没有易风化矿物质，由质地优良的沉积物形成的年轻土壤中，正应变还是负应变会占优势？

我们需要一个指数化合物来计算 ε。根据定义，在土壤发育过程中，某一层母质中存在的指数化合物或元素 i 的质量分数不会随着该层的膨胀或塌陷而改变。

● 思考

　　问题 5.6　在土壤发育过程中，指标化合物的浓度（总矿物土壤的质量分数）会发生变化吗？

指数化合物的量（kg/m^2）由它的浓度（kg/kg 土壤）、土层厚度 d_s（m）和土壤容重 ρ_s（kg/m^3）决定，即
$$C_{i,s} d_s p_s = 常数 \tag{5.2}$$
从式（5.1）和式（5.2）可以看出，对于所考虑的每个土层，有
$$\varepsilon = \rho_p C_{i,p}/\rho_s C_{j,s} - 1 \tag{5.3}$$

5. 损益的计算

下标（p）代表母质，下标（s）代表源自母质的土壤。式（5.3）用于计算应变。一旦 ε 已知，我们就可以计算出，在土壤发育过程中，在 $\tau_{j,s}$ 的原始母质中添加或去除元素的比例，即
$$\tau_{j,s} = (\rho_s C_{j,s}/\rho_p C_{j,p})(\varepsilon_i + 1) - 1 \tag{5.4}$$
像 ε 一样，$\tau_{j,s}$ 是无量纲分数。

● 思考

　　问题 5.7　对于 $\tau_{j,s} = 0.5$，能说明土壤层 s 中自土壤形成开始以来元素 j 的损失量吗？

如果既知道 $\tau_{j,s}$ 和（今天）土壤层中物质的数量（$= C_{j,s} d_s \rho_s$，例如用 kg/m^2 表示），那么可以计算最初存在的 j 的数量（$x_{j,p}$），即
$$x_{j,p} + \tau_{j,s} x_{j,p} = C_j d_s p_s \tag{5.5}$$
根据每层 j 损失的质量，$\tau_{j,s} \times x_{j,p}$，将土壤剖面所有层的 $\tau_{j,s} \times x_{j,p}$ 的值相加，就可以得到每个元素的总质量通量。

ε 和 τ 的 推 导

Brimhall 和 Dietrich（1987）给出了以下公式的推导。我们用"深度"（d）代替了原来的"体积"（v），因为我们假设风化不影响任何给定剖面的表面积。

在式（5.1）~式（5.3）中，给出了应变和指数化合物浓度相对于应变的变化。如果我们把非指数化合物的损失或收益定义为通量，则风化前后元素含量之间的关系是

$$(d_p \times \rho_p \times C_p)/100 + 通量 = (d_s \times \rho_s \times C_s)/100 \tag{5.6}$$

或者

$$通量 = (d_s \times \rho_s \times C_s)/100 - (d_p \times \rho_p \times C_p)/100 \tag{5.7}$$

式（5.7）除以 d_p 得到

$$通量/d_p = (d_s \times \rho_s \times C_s/100 d_p) - (\rho_p \times C_p)/100 \tag{5.8}$$

现在用（ε+1）代替式（5.1a）中的（d_s/d_p）变成 C，即

$$通量/d_p = ((\rho_s \times C_s/100) \times (\varepsilon+1)) - (\rho_p \times C_p)/100 \tag{5.9}$$

如果通量表示为原始量的分数 τ，即

$$\tau = 100 \times 通量/(d_p \times \rho_p \times C_p) \tag{5.10}$$

求解通量，式（5.10）中的替换给出

$$\tau = (\rho_s \times C_s/\rho_p \times C_p) \times (\varepsilon+1) - 1 \tag{5.11}$$

6. 等积风化

在土壤表面以下的某个深度处，在植物根系和穴居土壤动物的活动范围之外，岩石的化学风化经常在不破坏原始岩石结构的情况下进行。在这种情况下，"腐烂岩石"的腐泥土的绝对质量转移可以通过以体积为基础表达的矿物或成分浓度来计算：研究风化作用的等体积技术（Millot，1970）。

有时人们不必担心关联情况。例如，在不含大量有机物的母质的剖面中，通常可以参照土壤无机成分的质量来计算母质中有机物含量随深度或时间的变化。

● 思考

问题 5.8　为前面的陈述提供一个论据，能提出任何无效的情况吗？

5.3 "此时此地"的方法

在"此时此地"的方法中，我们试图测量现在发生的土壤形成过程的性质和速率。这种方法的一个普遍问题是，大多数土壤形成过程进行得太慢，以至于在我们称为"现在"的几周到几个月内，它们的影响几乎无法测量。然而，一些土壤形成过程进行得相对较快，可以在几个月或几年内重复测量或观察来追踪，或所谓的"监测"。一些土壤性质可能会随季节波动。"土壤形成"中只包括随时间推移而产生净效应的振荡。

> 思考
>
> **问题 5.9** 列出几个可以被认为是"土壤形成"的过程，且可以在几个月到几年内观察到这些过程。同时列出一些可以监测但不被认为是"土壤形成"的土壤过程。

通常无法通过监测与风化矿物含量直接相关的土壤性质来实现对如硅酸盐矿物风化等缓慢过程的研究。即使在几年的风化过程中，$CaCO_3$（比大多数硅酸盐风化得更快）含量的降低通常也比 $CaCO_3$ 含量的空间变异性和分析精度小得多。因此，重复（破坏性）取样和土壤分析几乎不能提供矿物风化速率的信息。但是，可以通过研究排水成分来获得此类信息。

> 思考
>
> **问题 5.10** 从石灰质表层土壤中排出的水（容重 $10^3 \, kg/m^3$）含有 200mg/L 可溶解的碳酸钙。年排水量为 500mm。
>
> a. 脱钙率是多少（g/m^2 土壤表层/年）？
>
> b. 在 1990 年，上部 20cm 的土壤含有（20 ± 5）％（质量分数）的碳酸钙，这种不确定性是由于空间变异性和分析误差的综合作用造成的。如果想确定碳酸钙含量是否真的减少，会在什么年份回来对土壤进行取样分析？
>
> **问题 5.11** 有什么比重复的破坏性取样和分析更好的方法来量化脱钙率？
>
> **问题 5.12** 为什么问题 5.11 的方法比土壤的重复取样和分析要精确得多？

排水或土壤溶液的化学性质也能让我们了解矿物质与周围土壤溶液的平衡程度。通过热力学计算，可以确定所谓的饱和指数，该指数表明给定的矿物是溶解（风化）还是沉淀。

> 思考
>
> **问题 5.13** 一个 PCO_2 为 0.5kPa、温度为 20℃ 的石灰性土壤的土壤溶液中包含
>
> a. 50mg 的碳酸钙。
>
> b. 142mg 的碳酸钙。
>
> c. 200mg 的碳酸钙。
>
> 能确定在哪种情况下碳酸钙形成或溶解吗？参见图 3.5。

总之，我们可以通过两种方法研究土壤剖面的发育。首先，通过考虑剖面中固体土壤成分的分布，我们可以尝试获得关于在较长时间而不是较短时间尺度上从整个土壤（或进入）以及不同层位之间的质量转移的定量信息。其次，通过分析排水通量，我们可以量化

研究期间发生的质量转移。将两者进行比较也能提供有用的信息。例如，现在大多数欧洲森林土壤中溶解铝的年损失量比全新世期间的综合损失量高 10～100 倍。引起差异的原因是酸性大气沉积导致铝溶解速率大大提高。

5.4 难题

难题 5.1

表 5.1 给出了具有明显纹理 B 层的黄土的质地数据（Brinkman，1979）。问题是有多少黏土从表层土壤冲刷到结构性的 B 层。我们假设土壤剖面是由垂直均质母质发育而来的，用 C1 层表示。

表 5.1　荷兰南林堡纳特黄土中黏土沉积形成的土壤颗粒组成数据（表示为细土的质量分数＝土壤从小于 2mm 的筛子筛出）。摘自 Brinkman，1979。

深度/cm	土层	容重/(10^3 kg/m³)	砂粒	粉粒	黏粒	砂＋粉粒中的 TiO_2
			质量分数/%			
0～25	Ap	1.40	10	79	11	0.74
25～41	Bt1	1.44	7	78	15	0.75
41～80	Bt2	1.47	4	76	20	0.71
80～130	Bt2	1.56	6	73	21	0.72
130～180	Bt3	1.57	7	73	20	0.71
180～223	C1	1.47	5	76	19	0.71

a. 使用两个不同的指标计算每个层位的应变（ε）：砂加粉土的含量，和砂加粉砂大小的材料物质中存在的 TiO_2 的含量。

b. 解释用这两个指标得到的一些不同的结果。

c. 计算黏土的数量（以 kg/m² 表示），现在存在于每层和整个土壤剖面中，最初存在于每层和整个土壤剖面中，以及每层和整个土壤剖面的损失或增加。为什么整个土壤 TiO_2 的含量不如砂土和粉土中的含量合适？

d. 仅仅黏土迁移能解释 d.（"黏土平衡"）的结果？出现差异的可能原因是什么？

难题 5.2

表 5.2 给出了从哥斯达黎加大西洋地区安山岩质发育的两种土壤母质和选定土壤层的元素分析和容重（目前降雨量为 3500～5500mm/年）。假设 TiO_2 在风化和土壤发育期间不动。

a. 计算每个层位的 ε_{TiO_2} 值。

b. 计算每个水平的每个元素的 τ 值。

c. 讨论：哪些过程涉及膨胀和压实以及元素损失。

表 5.2 哥斯达黎加安山岩质材料中发育的两种土壤的选定层位的化学分析

（质量分数,%）和堆积密度（g/cm³）。摘自 Nieuwenhuyse 和

Van Breemen，1996。

深度/cm	SiO₂/%	TiO₂/%	Al₂O₃/%	MgO/%	CaO/%	ρ/(g/cm³)
	剖面 AT，75000 年，发育在沙滩山脊					
0～8	55.6	1.66	15.8	6.13	5.57	0.3
28～33	52.9	1.50	19.0	6.46	5.66	0.4
90～100	53.9	1.39	18.0	6.41	6.18	0.85
150～160（母质）	55.03	1.30	17.0	6.52	6.93	1.10
	剖面 BC，450000 年，发育在 LAVA 熔岩中					
0～5	25.3	3.41	48.8	0.17	0.02	0.92
25～35	24.0	3.44	49，9	0.11	0.00	0.99
150～160	13.1	3.89	58.1	0.09	0<00	1.14
375＋（母质）	55.5	1.17	18.1	4.01	7.82	2.60

难题 5.3

表 5.3 给出了酸性砂质森林土壤中不同深度土壤溶液中选定溶质的年排放通量（mm/年）和（通量加权）浓度，其中有（土壤 A）没有（土壤 B）钙质下层土。数值是三年平均值（Van Breemen 等，1989）。0cm 深的水从有机森林底部渗透出来。这个问题说明了利用水文数据（水通量）结合土壤溶液的化学成分来量化现今溶质转移的过程。铝从表层土壤迁移到下层土壤（土壤 A）中或完全从土壤剖面（土壤 B）中流失。铝的高迁移率是不寻常的，是受"酸雨"严重影响的砂质森林土壤典型特征。

表 5.3 荷兰两种森林砂土不同深度的土壤溶液组成和土壤水通量。

摘自 Van Breemen 等，1987。

土地	深度①/cm	pH	土壤溶液浓度/(mmol/L)					水通量/(mm/年)
			Ca²⁺	Al³⁺	NH₄⁺	NO₃⁻	HCO₃⁻	
A	0	3.6	0.24	0.03	0.38	1.0	0	551
	10	3.6	0.39	0.2	0.24	1.4	0	448
	60	4.6	1.2	0.2	0.0	2.1	0	191
	90	7.1	2.4	0.01	0.0	2.1	2.1	193
B	0	4.2	0.15	0.01	1.1	0.9	0	551
	10	3.5	0.20	0.19	0.2	1.2	0	486
	60	4.0	0.25	0.64	0.1	1.7	0	198
	90	4.0	0.23	0.71	0.0	1.4	0	206

① O 层和矿物土壤之间边界以下的深度。

a. 这些树的生根深度是多少？请注意，渗透水流量随土壤深度的变化是由根系吸水引起的。

b. 计算每个层位的每个溶质通量［溶质通量，单位为（mmol/L）·（mm/年）=

$mmol/(m^2 \cdot 年)$〕。

c. 可能会发生以下过程：①溶质的渗透；②有机质矿化为 $NH_4^+ + OH^-$ 和 $Ca^{2+} + 2OH^-$；③由 NH_4^+ 硝化为 $NO_3^- + 2H^+$；④树木吸收 NO_3^- 和 Ca^{2+}；⑤$Al(OH)_3 + 3H^+$ 溶解为 Al^{3+}；⑥Al^{3+} 沉淀为 $Al(OH)_3 + 3H^+$；⑦$CaCO_3 + H^+$ 溶解为 $Ca^{2+} + HCO_3^-$。

假设在一年多的时间里，任何一个土壤层（0 - c、10 - c、60 - c）中溶解物质的量都没有明显变化，则土壤溶液在某一个土壤层中的净释放量（或净吸收量）由其上下边界通量的差异来表示。通过比较计算出的不同深度的溶质通量，可推断出上面列出的哪种过程可能在土壤的哪个深度发生。

5.5　答案

问题 5.1

腐殖质的积累（形成 A 层）和潜育化（形成层潜育层）是一个土壤发生层形成过程的例子。灰化和垂直黏土运动中的耦合淋溶/沉积是诊断层的"双组"原因，即某些物质消耗的 E（淋溶）层，覆盖在沉积的 B 层上。

问题 5.2

没有化学风化迹象（例如，由于铁从原生硅酸盐中释放出来而呈现棕色）、无扰动的沉积分层、没有根系活动（因此也没有有机物的输入）。没有这样的迹象并不能保证 C 层是母质；C 层的上方可能存在岩性不连续。

问题 5.3

在古土壤中，可风化的砂粒和粉粒大小的矿物，例如长石，可能部分已经风化为黏土矿物，因此质地本身也受土壤形成的影响。

问题 5.4

因为其他矿物消失了，抗风化矿物的质量分数随着时间的推移而增加。两种抗风化成分的质量比不会增加。

问题 5.5

如果 $\varepsilon = 0$，则在土壤形成过程中，某一层母质的厚度没有改变。如果 $\varepsilon > 0$，某一层母质已经膨胀到更厚的土壤层，例如由于孔隙的形成或有机物的添加。如果 $\varepsilon < 0$，母质已经坍塌，例如通过去除耐风化矿物质。在所有轻度至中度风化的土壤中，孔隙度引起的体积增加大于物质的损失，因此通常 $\varepsilon > 0$。

问题 5.6

如果因风化除去其他物质，指数化合物的浓度就会增加。

问题 5.7

如果 $\tau_{j,s} = 0.5$，形成 s 的原始母质中存在的一半质量的 j 已经加入土壤形成过程。

问题 5.8

由于土壤形成或土地利用变化引起的有机质积累或损失通常相对于土壤矿物部分的变化而言是快速的，因此可以用总矿物质量作为一个指标来量化土壤有机质的变化。如果矿物质量有相当大的变化（例如方解石的积累），则总矿物质量不能作为指标。

问题 5.9

由黄铁矿氧化导致的盐碱化、潜育泥炭化和极端酸化是几年内可能产生显著变化的土壤形成的例子。土壤水分和养分含量、pH 和温度的季节性变化不被认为是"土壤形成"，然而"土壤形成"和"非土壤形成"之间的界限对于潜育、盐碱化和酸化等特性来说有些随意，这些特性可能会在季节基础上振荡。

问题 5.10

a. 每平方米土壤表面碳酸钙的年损失量为 0.5m（排水）×1m²（土壤表面）×200g（每立方米排水中溶解的碳酸钙）=100g 碳酸钙。

b. 20cm 表层土壤中的碳酸钙总量为 0.2×1（m³ 土壤）×10（kg 土壤/m³）×200（g 碳酸钙/kg 土壤）=$4×10^4$g 碳酸钙。因此，每年只有 0.25％初始存在的碳酸钙因排水而流失。鉴于碳酸钙含量的不确定性，至少 10％初始存在的碳酸钙必须消失，才能有把握地确定变化。因此，您必须等待 10％/0.25％/年=40 年才能重新采样。

为了准确地确定这一比率，需要更多的时间，或者必须采集更多（重复的）样品来确定碳酸钙含量的不确定性。

问题 5.11

问题 5.10 含蓄地给出了答案：确定年排水速率（估计降水量和年蒸散量），并测量在该年内排水中溶解的碳酸钙浓度。

问题 5.12

在大多数固－水混合物中（=大多数土壤），以固体形式存在的元素与以溶液形式存在的元素的质量之比非常大。因此，固相中元素质量的微小变化（通过沉淀或溶解）会转化为溶液中该元素浓度的巨大变化。

问题 5.13

a. 欠饱和：碳酸钙会溶解。

b. 处于平衡状态。

c. 过饱和：碳酸钙会沉淀。

难题 5.1

a. 下表为使用这两个指标的应变（ε）的计算值。但是，请注意，砂和粉粒部分中的 TiO_2 含量必须表示为任何层位中整个土壤的质量分数，然后才能作为指标。

深度 /cm	厚度 /cm	ρ /(g/cm³)	$s+s$ 土壤中的比例	$TiO_2(s+s)$ 在 $s+s$ 中的百分数	$TiO_2(s+s)$ 土壤中的比例	ε_{s+s}	ε_{TiO_2}
						通过式（5.3）	
0～25	25	14	0.89	0.74	0.0066	−0.044	−0.077
25～41	16	1.44	0.85	0.75	0.0064	−0.027	−0.079
41～80	39	1.47	0.8	0.71	0.0057	0.013	0.013
80～130	50	1.56	0.79	0.72	0.0057	−0.034	−0.047
130～180	50	1.57	0.8	0.71	0.0057	−0.052	−0.052
180～223	43	1.47	0.81	0.71	0.0058	0.000	0.000

b. 除 B2t 层外，这两个指标都显示坍塌，这归因于风化造成的矿物损失。因为风化作用的发生，$s+s$ 的含量一定发生了变化，所以 $s+s$ 不是一个合适的指标。$s+s$ 级分中矿物的风化解释了 $s+s$ 作为一个指标所指示的较低坍塌程度。

c. 见下表。

深度/cm	τ_{s+s}，黏土	τ_{TiO_2}，黏土	黏土/(kg/m^2)		
			现在	原始的	损失 [式 (5.5)]
	由式 (5.4) 推算		基于 τ_{TiO_2}		
			$C_{is}d_s\rho_s$	x_j	$\tau_{j,s}x_j$
0~25	−0.47	−0.49	39	76	38
25~41	−0.25	−0.29	35	49	14
41~80	0.07	0.07	115	108	−7
80~130	0.13	0.12	164	147	−17
130~180	0.07	0.07	157	147	−10
180~223	0.00	0.00	120	120	0
		合计	629	646	18

d. 整个土壤中的 TiO_2 包括黏土部分中存在的 TiO_2，其明显是可移动的，因此不适合作为指标。

e. 显然，从表层土壤中流失的黏土量（$38+14=52kg/m^2$）与在冲积层中获得的黏土量（$7+17+10=34kg/m^2$）并不均衡。可能的原因是 a）表层土壤中黏土的风化，或 b）排水导致细颗粒黏土的流失。a）是最可能的解释［请参阅第 7.3 章（铁溶解）］。

难题 5.2

a. 和 b. 参见下表。

深度/cm	ε_{Ti}	τ				
		SiO_2	TiO_2	Al_2O_3	MgO	CaO
		剖面 AT7，5000 年，发育在沙滩山脊				
0~8	1.87	−0.21	0.0	−0.27	−0.26	−0.37
28~33	1.38	−0.17	0.0	−0.03	−0.14	−0.29
90~100	0.21	−0.08	0.0	−0.01	−0.08	−0.17
150~160	0	0	0	0	0	0
		剖面 RC，450000 年前，发育在 LAVA 熔岩中				
0~5	−0.03	−0.84	0.0	−0.07	−1.0	−1.0
25~35	−0.10	−0.85	0.0	−0.06	−0.99	−1.0
150~160	−0.31	−0.93	0.0	−0.03	−0.99	−0.99
375+	0	0	0	0	0	0

c. AT7 土壤已经膨胀（$\varepsilon>0$），表层土壤中的钙和镁经历了一定程度的风化，而下层

土壤中的钙和镁则较少（τ 仅仅呈微小负数）。膨胀一定是由于添加了有机物和孔隙。土壤 RC 由于非常大量的风化而塌陷。

几乎所有耐风化的钙和镁矿物（完全由硅酸铝矿物组成）都消失了，大部分原本存在的硅也消失了（τ 实际上等于 -1）。存在于母质中的大部分铝和铁一样，均保留在土壤中（此处未显示数据）。

这些变化是热带地区强风化的古老土壤的典型特征。在年轻土壤的表层，$\tau_{Al_2O_3}$ 呈现相对较高的值是显著的，这可能是由于母质的不均匀性引起的。

难题 5.3

参见下表。

土壤	深度	H	Ca	Al	NH₄	NO₃	HCO₃	水
	在每个深度的流量							
A	0	138	132	16	209	551	0	551
	10	112	175	89	107	627	0	488
	60	4.8	229	38	0	401	0	191
	90	0.01	463	1.9	0	405	405	193
	每个土层的释放（＋）或吸收（－）							
	0～10	－26	43②	73⑤	－102③	76③	0	－63⑧
	60～10	－108	54	－51⑤	－107③	－226④	0	－289⑧
	90～60	－4.8	－234⑦	－36⑤	0	4	405⑦	2
	在每个深度的流量							
B	0	348	83	5.5	606	496	0	551
	10	154	97	92	97	583	0	486
	60	20	49.5	127	20	337	0	198
	90	21	47	146	0	288	0	206
	每个土层的释放（＋）或吸收（－）							
	0～10	149③	14	86⑤	－509③	87③	0	－65⑧
	60～10	－134④	－47.5④	35⑤	－77	－246④	0	－288⑧
	90～60	1	－2.5	19⑤	－20	－49④	0	2

a. 大部分根系渗透范围为 $10\sim60\,cm$：在该区域，由于蒸腾作用，水通量随着深度而减少（从 10cm 深度约 450mm 减少到 60cm 深度的约 200mm）。现场观测表明，生根深度实际上约为 50cm。

b. 通量计算：见下表。①溶质通量，单位为 $(mmol/l)\cdot(mm/年)=mmol/(m^2\cdot 年)$；②以 mm/年 为单位的水通量。

c. 将上表与以下列进行比较：①溶质的渗透（未显示，总是在通量为正的情况下）；②有机物矿化为 $Ca^{2+}+2OH^-$；③NH_4^+ 硝化为 $NO_3^-+2H^+$，部分 NH_4^+ 来自有机物质矿化为 $NH_4^++OH^-$；④树木吸收 NO_3^- 和 Ca^{2+}；⑤$Al(OH)_3+3H^+$ 溶解成 Al^{3+}；⑥Al^{3+} 沉淀为 $Al(OH)_3+3H^+$；⑦$CaCO_3+H^+$ 溶解为 Ca^{2+} 和 HCO_3^-；⑧蒸腾作用。

5.6 参考文献

Brimhall，G. H. and W. E. Dietrich，1987. Consecutive mass balance relations between chemical composition，volume，porosity，and strain in metasomatic hydrochemical systems：results on weathering and pedogenesis. Geochimica et Cosmochimica Acta，51：567 – 587.

Brinkman，R.，1979. *Ferrolysis a soil forming process in hydromorphic conditions*. Agricultural Research Reports 887：1 – 105. PUDOC，Wageningen.

Deckers，J. A.，P. O. Nachtergaele，and O. Spaargaren，1998. World Refemce Base for Soil Resources. Introduction. ISSS/ISRIC/FAO. Acco，Leuven/Amersfoort，165 pp.

Nieuwenhuyse，A.，and N. van Breemen，1996. Quantitative aspects of weathering and neoformation in volcanic soils in perhumid tropical Costa Rica. Pp 95 – 113 in A. Nieuwenhuyse：*Landscape formation and soil genesis in volcanic parent materials in humid tropical lowlands of Costa Rica*. PhD Thesis，Wageningen University.

Millot，G.，1970. *Geology of clays*. Springer Verlag，New York，429 pp.

Van Breemen，N.，W. F. J. Visser and Th. Pape，1989. *Bio geochemistry of an oak -woodland ecosystem in the Netherlands affected by acid atmospheric deposition*. Agricultural Research Reports 930：1 – 197. PUDOC，Wageningen.

照片 J　巴西米纳斯吉拉斯州的富含铁的氧化土中的非常细团聚体的 B 层物质。
团聚体可能是由于蚂蚁和白蚁引起的。硬币宽 3cm。P. 布尔曼拍摄。

第6章 有 机 表 层

6.1 概述

有机物以土壤表面的凋落物和土壤中腐烂的根、根分泌物和微生物量（死微生物、真菌菌丝）的形式进入土壤。在土壤生物的作用下，凋落物分解为二氧化碳和腐殖物质，有机物质与矿质土壤混合（第4章）。土壤中1%～5%的有机物由活的微生物组成。

Ah层和O层的有机物是有机物生产、分解和混合平衡的产物。有机物的分解和混合主要是取决于土壤中的微型和中型动物，并且由于氧和养分的良好可获得性、高温和与有机物结合的少量三价阳离子（Al^{3+}、Fe^{3+}）而得到增强。

如果在产生凋落物的环境中，这些因素中的一个或多个不是最佳的，则腐烂和混合过程会受到阻碍，导致土壤中的有机质含量会更高。

1. 泥炭和O层

在持续含水饱和的条件下，如在沼泽中，缺氧会导致有机物腐烂缓慢，并形成厚的有机沉积物：泥炭。

在排水良好的非耕作土壤中，低温和低营养状态会导致土壤表面有机层的积累。这些所谓的凋落物层，也被称为有机层或森林层，几乎完全由有机物组成。排水良好的土壤上的凋落物层在国际土壤分类系统中并不作为是一个诊断性的表层，但在森林土壤的动力学方面已经进行了详细研究（Klinka等，1981；Emmer，1995）。如果其发育良好，可以识别几个亚层位，从上到下有：

L层　由几乎未分解的凋落物（L）组成。

F层　含可辨认，但碎片化的（F）有机残留物。

H层　含腐殖化（H）有机物，其中植物残留物无法辨认。注意：这个H层不是联合国粮食及农业组织分类的泥炭H层，它是一个泥炭层。

> ● 思考
>
> **问题 6.1** a. 什么是内有机层？
>
> b. 为什么外有机层仅限于非耕地？

2. 粗腐殖质、半腐殖质和细腐殖质

富含腐殖营养真菌菌丝和较少土壤生物粪便的分层F层为厚凋落物层，表明其分解条件特别差。这类层被称作粗腐殖质层。除腐生菌（凋落物分解菌）外，外生菌根真菌在粗腐殖质中尤为常见。外生菌根真菌不分解凋落物，而是向宿主植物提供营养，以换取糖分。Gadgil 和 Gadgil（1975）提供了野外证据，证明外生菌根真菌通过与腐生菌竞争营养而抑制腐生菌的活性，从而有助于粗腐殖质的形成。

腐殖质主要由中型土壤动物的排泄物组成（图 6.1 和图 6.2），被称为半腐殖质。它是典型的排水良好的弱酸性土壤。半腐殖质既出现在 F 层和 H 层，也出现在矿质土壤中。

腐殖质与黏土矿物紧密混合并结合在一起，没有可辨认的植物残余物，被称为细腐殖质。钙饱和土壤大多含有细腐殖质，但相对肥沃的酸性土壤也可能含有细腐殖质。粗腐殖质、中腐殖质和细腐殖质是形态上的腐殖质类型，与腐殖质有机化学性质关系不大。

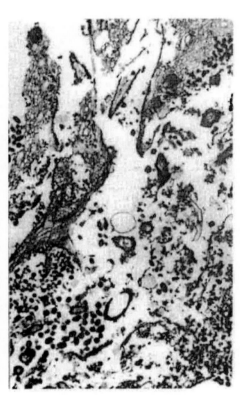

图 6.1　山毛榉下 F 层的腐烂凋落物。组织结构、半（腐熟）腐殖质颗粒，和腐烂的半（腐熟）腐殖质。图片宽度 5mm。A.G. 琼格曼斯拍摄。

图 6.2　山毛榉下的 F 层半（腐熟）腐殖质形成。注意半（腐熟）腐殖质颗粒的优势。图片宽度为 5mm。A.G. 琼格曼斯拍摄。

前面已经对地表凋落物和腐殖质以及土壤中的腐殖质进行了区分。由于后者中存在矿物化合物，这两个系统的动态完全不同。

在凋落物层中，有机物的分解几乎完全受营养状态（氮和碱性阳离子）、水分有效性和温度控制。在矿质土壤中，有各种保护有机物不腐烂的机制。

（1）固有的化学难降解性：有些成分无论如何都很难分解。例如脂肪族生物聚合物和一些芳香族化合物。

（2）如果有机物被锁定（封闭）在致密稳定的团聚体中，微生物就无法到达，并且受到物理保护以防腐烂。

（3）对微生物有毒的物质，如铝离子，在与有机物结合时会减缓分解。矿物表面可能会强烈结合部分有机物。尤其是与无定形硅酸盐（水铝英石）和黏土结合的有机物可以被强有力地保护以防腐烂。

（4）有机分子的组织方式可能会使它们具有防水性。这在黏土含量低的土壤中很常见。微生物无法接触到防水单元，因此防水单元也不会腐烂。此外，这些单元在热力学上可能极其稳定。

● 思考

问题 6.2　五种保护机制中，你认为在 a 和 b 中存在哪几种保护机制？
a. 钙质黏土。
b. 酸性砂土。

在第 4 章中，我们已经证明了凋落物的不同成分有不同的衰变率。这种差异也存在于腐殖化物质中，但时间尺度非常不同。土壤中腐殖成分的分解需要数百到数千年的时间。无论在有氧还是无氧环境中，长链脂肪族成分似乎是最稳定的。酚类化合物不太稳定，但也可以在土壤中保留相当长的时间。

6.2　腐殖质矿物层

土壤中有机质的含量和分布差异很大。我们已经讨论了导致有机物积累的因素：高产（森林、草原）和不利于分解的条件（低营养成分、低酸碱度、低温、过度潮湿和高铝含量）。图 6.3 说明了不同气候/植被组合以及由此产生的有机物分布。

● 思考

问题 6.3　从有机物生产、腐烂、生物混合和地上/地下生产的角度解释图 6.3 中的腐殖质剖面成因。在以下气候区出现的土壤：冰冻潜育土，北方气候；简育灰化土，北方和温带气候；不饱和薄层土，潮湿、温和的气候；简育淋溶土，潮湿温带气候；黑钙土，潮湿的草原气候；栗钙土，干草原气候；铁铝土和高活性强酸土，潮湿的热带气候；变性土，季风热带气候；有机土，所有潮湿的气候。

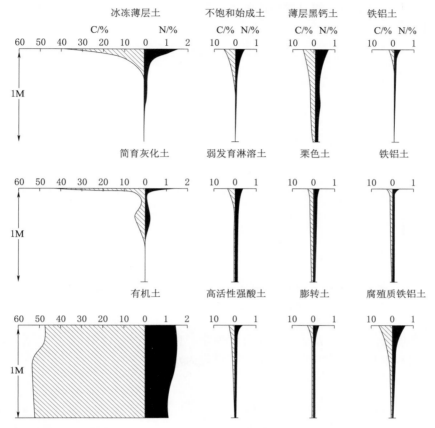

图 6.3 选定土壤的有机碳剖面。关于气候状况见问题 6.3，摘自 Parsons 和 Tinsley，1975。经海德堡斯普林格弗拉格有限公司许可使用。

6.3 表层土壤有机质的平均停留时间

土壤有机质含量反映了添加量和腐烂量之间的平衡。一个简单的模型可以描述稳定植被下土壤有机质的积累，其中每年的添加量相等，腐烂速度恒定。如果凋落物沉积量为 F_1，新鲜植物凋落物的一级分解速率为 k_f，一年后剩余的部分等于 $(1-k_f)$。假设这一部分代表被腐殖化的物质，进一步描述不同的分解速率，我们称之为 k_h。如果裸露的土壤（例如火山灰、流沙）在时间 0 时被植被入侵，并且如果凋落物的生成速率是恒定的，那么我们可以为 n 年后的库大小可以表示为

$$库大小 = F_1(1-k_f)\{1+(1-k_h)+(1-k_h)^2+\cdots+(1,k_h)^{n-1}\} \tag{6.1}$$

当 $x<1$ 且 $n \longrightarrow \infty$ 时，幂级数 $1+x+x^2+\cdots+x^n$ 等于 $1/(1-x)$。因为 k_h 总是大于零，在最终情况下为

$$库大小 = F_1(1-k_f)/k_h \tag{6.1a}$$

图 6.4 给出了两个系统的该模型的图示。每个系统的 k_f 为每年 0.9，但 k_h 分别为每年 0.005 和 0.002。

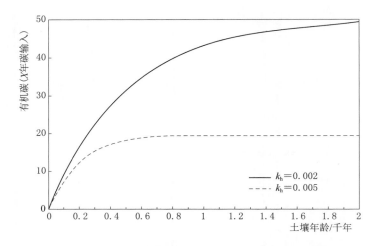

图 6.4 计算在时间 ＝ 0 时被植被入侵的土壤有机碳含量的变化。
有机碳含量以其与年投入的比率表示。

土壤中有机质的平均年龄也取决于分解速率。使用与库方程中相同的参数，将第 1 年形成的腐殖质的年龄设定为 1 年，将第 n 年设定为 n 年，下面的方程给出了 n 年时腐殖质库的平均年龄为

$$平均年龄 = F_1(1-k_f)\{1+(1-k_h)\times2+(1-k_h)^2\times3+\cdots+(1-k_h)^{n-1}\times n\}/库大小$$

$$(6.2)$$

或，在若干年后，对于 $k_h > 0$，有

$$平均年龄 = \{F_1(1-k_f)/k_h^2\}/\{F_1(1-k_f)/k_h\} = 1/k_h \qquad (6.2a)$$

● 思考

问题 6.4 对于图 6.5 中的两条曲线，估算有机质含量的平衡值，以及达到该值所需的时间。

1. 平均停留时间

图 6.5 显示了两种 k_h 值情况下，土壤有机碳的平均年龄随土壤年龄的变化。最初，有机质年龄接近土壤年龄的一半（用虚线表示）。然而，随着土壤年龄的增长，有机质年龄的增长逐渐趋于值为 $1/k_h$ 的稳定状态，即有机质（部分）的平均停留时间（MRT）。

图 6.5 显示在含有大量低 MRT 有机质的土壤中，土壤可能比有机质的 [14]C 年龄要老得多。该模型说明了腐殖质积累的几个重要方面，但当然是过于简单化了。对于腐殖物质的不同部分，其达到稳定状态所需的时间是不同的。

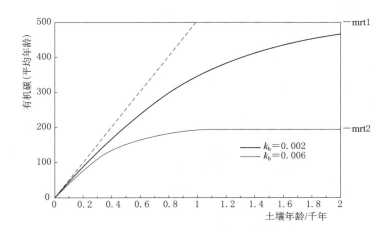

图 6.5　两个不同的 k_h 值的情况下，从时间＝0 开始，原始土壤中累积的有机质的平均年龄。每条曲线的渐近值是平均停留时间。

思考

问题 6.5　图 6.5 显示有机质部分的平均年龄低于土壤年龄。

a. 对于低 k_h（慢周转率）或高 k_h 的系统，差异是否更大？

b. 当有机物的 ^{14}C 年龄为 300 年时，在分解率为 1）0.002/年，或 2）0.006/年时，土壤的年龄是多少？

问题 6.6　图 6.4 和图 6.5 中所示的模型包含许多不切实际的假设。列出其中的三个假设，并对它们在计算中引入的错误进行评论。

---

2. 碳同位素和有机质动态

新鲜植物材料含有特定量的（放射性）^{14}C。在死有机物中，这种同位素的含量随着时间的推移因放射性衰变而减少。为了测量 ^{14}C 活性的降低，需要知道其在新鲜植物材料中的原始含量。

植物偏爱轻质碳同位素（^{12}C），而排斥较重的同位素 ^{13}C 和 ^{14}C。这种区别被称为同位素分馏。植物对两种重同位素的分馏是相等的，因此可以通过测量稳定同位素 ^{13}C 的含量来获得 ^{14}C 的原始含量。碳同位素分馏相对于大气中的碳有关，但是因为大气中的比率变化太大，所以 ^{13}C/^{12}C 比率的偏差用的发生与标准海相碳酸盐中的比率来表示。这种标准碳酸盐是来自 PeeDee 组的箭石化石 PDB 的一种箭石，但现在有一个替代指标，通常使用维也纳 PDB 标准（VPDB）。^{13}C/^{12}C 比率相对于 PDB 的相对偏差称为 δ^{13}C。

$$\delta^{13}C = \left[(^{13}C/^{12}C)_{样品} - (^{13}C/^{12}C)_{PDB} \right] \times 1000 / (^{13}C/^{12}C)_{PDB} \tag{6.3}$$

大气中 δ^{13}C 含量为 -8‰。植物的排斥取决于它们的光合途径。C-3 植物（大多数是温带气候、热带树林中的植物）具有相当强的同位素分馏（$\delta^{13}C$ 为 -25‰～-30‰），而 C-4 植物（大多数热带禾草，玉米）的分馏能力低得多（$\delta^{13}C$ 约为 -14‰）。这些值反映在土壤有机质中。

当 C4 植物取代 C3 植物时，比如砍伐森林并种植玉米，土壤腐殖质中的 ^{13}C 会适应新环境。^{13}C 适应新植物的速度使我们对腐殖质动态有了深入理解。

3. 模型和库

各种模拟模型描述了土壤有机质含量随时间、土地利用等的变化。这类模型的例子有 CENTURY（Parton 等，1987）和 Rothamsted 模型（Jenkinson，1990）。模型使用假设的有机质组分，称为"库"。库被设定大小和周转时间（MRT）以适应模型。假设库的数量从一个到五个以上不等。大多数模型库与腐殖质部分没有关系，腐殖质部分可以从土壤中化学或物理分离出来。尤其是对于"慢"（$1/k_h = 100 \sim 500$ 年）或"稳定"（$1/k_h \geqslant 1000$ 年）组分。太多的因素决定了库的 MRT。只有"快速"（短 MRT）库可以比较容易地识别：微生物有机质、游离糖、低分子量酸等。

4. 诊断表层腐殖质形式

土壤分类学中使用的四个诊断表层之间的关系如图 6.6 所示。这些层位的普遍性质表明，这种划分与土壤有机质动态间接相关。

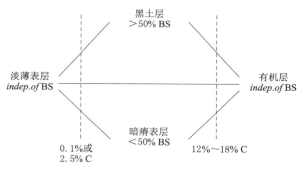

图 6.6 USDA 诊断表层之间的关系。
BS＝盐基饱和度（pH＝7）；C＝有机碳。

（1）黑土的。物理稳定的，通常是钙饱和的腐殖物质，主要由腐殖酸组成。占优势的腐殖质形态是细腐殖质，常见于钙质母质。植被通常为草本植物；而且为农地。未结合组分的 MRT 低（几十年到几百年），黏土结合组分的 MRT 高（几千年）。未固结钙质沉积物中的层位可以很深，但碳含量通常低于 10%。

（2）暗瘠的。物理稳定性较差、不饱和的或铝/铁饱和的腐殖物质，以富里酸为主。主要的腐殖质类型是半腐殖质，但在低酸碱度和寒冷气候条件下，则形成粗腐殖质。常见于所有气候条件下的长英质岩石。植被是多变的，从苔原到热带森林和贫瘠的土地。与金属结合的有机物的 MRT 可能很高，而其他部分则很低。因为生物混合不太强烈，此层位通常比黑土层浅，但可能有较高的碳含量。

（3）泥炭的。高有机物积累，通常是由于潮湿。植物残余被部分分解；分解的部分以半腐殖质和粗腐殖质为主。腐殖质的稳定性差，钙质泥炭除外。富里酸占主导地位。MRTs 很高（几千年）。植被：湿地、沼泽和泥塘群落。泥炭层可能有几米厚，干物质部分可能含有高达 60% 的有机碳。

（4）淡薄的。土层要么有机质含量太低、要么太薄或颜色太浅，而不能与其他土层区别开来。因此，淡薄层不是由发生学决定的，它几乎发生在所有气候条件下，其性质也相应地变化。淡薄层常见于侵蚀土壤或因集约耕作而耗尽有机质的土壤。

6.4　难题

难题 6.1

开垦林地和草地用于耕种对土壤有机质影响很大。在给定的土地利用条件下，有机质含量受温度和降水量变化的影响很大，但也受黏土含量变化影响很大（图 6.7）。这也说明在农业用地上有机物的数量（以及 MRT）很大程度上取决于人类无法控制的因素。

解释气候、土壤质地和土地利用对图 6.7 和图 6.8 中有机物含量的影响。"牧场"指放牧地；耕地是指玉米地。

难题 6.2

a. 说明在稳定状态下（添加等于去除），有机碳库等于 $(1-k_f)/k_h$ 乘以年凋落物输入量，最大残留时间（＝稳定状态下有机物的平均年龄）等于 $1/k_h$。

b. 证明年轻土壤中的最大残留时间接近土壤年龄的一半。

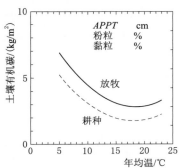

图 6.7　美国中部平原黑钙土有机质含量与温度和土地利用的关系。$APPT$＝年降雨量。摘自 Burke 等，1989。

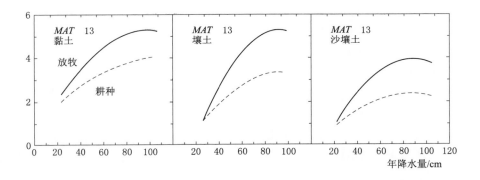

图 6.8　美国中部平原不同质地黑钙土有机质含量、土地利用和降水之间的关系。MAT＝年均温度。摘自 Burke 等，1989。

难题 6.3

假设一个有机凋落物层的容重为 $0.1\,\mathrm{g/cm^3}$，计算表 6.1 中所示每种植被类型下该层的厚度，并讨论结果（第 4 章，表 4.1）。

难题 6.4

根据凋落物输入和凋落物层数据计算植物凋落物的平均分解速率，以及表 6.1 的植被类型下该凋落物层中有机物的平均停留时间。讨论进行这些计算时涉及的一些假设，并讨论这些假设的现实性有多少。

表 6.1　　　各种植被类型的生物量、根系质量和死亡的凋落物（枯枝落叶层），
单位 10^3kg/ha，凋落物（主要是叶凋落物）的年产量，单位 10^3kg·ha^{-1}·年$^{-1}$。
物质是指有机物（约 50%C）（Kononova，1975）。

参　数	苔原		云杉林			橡树林	干草原		半荒漠	亚热带阔叶林	热带稀树草原		湿润热带森林
	1	2	3	4	5		中等干旱	干旱			干	湿	
生物量（现存量）	5	28	100	260	330	400	25	10	4	410	27	67	500
根系（现存量）	4	23	22	60	73	96	21	9	4	82	11	4	90
根系（占生物量的百分比）	70	83	22	23	22	24	82	85	87	20	4	<1	18
凋落物	1	2	4	5	6	7	11	4	1	21	7	12	25
枯枝落叶层（现存量）	4	83	30	45	36	15	6	2	—	10	—	1	2

注：1＝北极；2＝灌木；3＝针叶林北部；4＝针叶林中部；5＝针叶林南部。凋落物层相当于有机 O 层。

难题 6.5

实际土壤年龄和有机物平均停留时间之间的差异是否会影响下层泥炭层通过^{14}C 分析来确定沉积层年代的准确性？

难题 6.6

根据历史证据，800 年前沿海沉积物的深层有机物的^{14}C 年龄为 2000 年。这与图 6.5 的模型不一致，其中真实年龄总是大于放射性碳年龄。你能解释一下吗？记住沉积物在沉积时可能含有机物。

难题 6.7

在几乎所有的土壤中，有机质的^{14}C 年龄随着深度而增加。图 6.9 给出了火山灰土、灰化土和黑钙土种群随深度变化的例子。说出增长的一个或多个可能的原因。

难题 6.8

重新绘制图 6.5，说明腐殖质平均 MRT 为 200 年的土壤，在 1000 年后被平均 MRT 为 500 年的植被入侵的情况。这如何影响有机质的^{14}C 年龄和深度之间的关系？

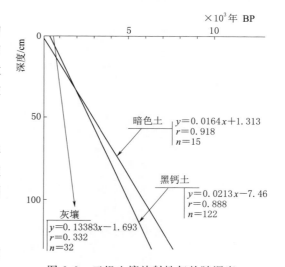

图 6.9　三组土壤放射性年龄随深度的梯度。摘自 Guillet，1987。

6.5　答案

问题 6.1

内生有机层是含有有机物的矿物层：Ah，Bh，（Ap）。因为表土是通过耕作人为混合

的，所以耕地没有外生有机层。

问题 6.2

（a）在黏性土壤中，团聚体的堵塞与黏土矿物的结合很重要。石灰性黏土中不存在铁和铝腐殖质复合体。

（b）在砂土中，疏水排列和铁、铝保护的可能性更大，但没有堵塞。

问题 6.3

从图 6.3 中可以得到以下信息：

（1）在寒冷的气候条件下，无论是在少植被（冰冻薄层土）下还是在森林（简育灰化土）下，土壤表面都会形成一个 C/N 比高的外生有机层。由于生物均化作用受到限制，有机质含量随深度急剧下降。对于灰化土，腐殖质淀积导致底土中有机碳含量较高。

（2）在不饱和始成土中，有机质随深度的减少不太明显。没有明显的外生有机层，C/N 比较低，但均质化作用的深度不是很大。

（3）在具有很强生物活性和以深根草为主要植被的土壤中，例如黑钙土、栗色土和温暖气候的土壤，均质化非常深。1m 深处的有机碳含量仍可能超过 1%，而表层的有机碳含量仅略高。有机碳含量取决于气候和植被，无论是在草地下（黑钙土）还是在原始森林下（腐殖质铁铝土）都可能很高。生物活性主要是取决于黑钙土中的蚯蚓和热带土壤中的白蚁和/或蚂蚁。在变性土中，混合到很深的部分原因是膨胀和收缩，以及有机物有时沉积成因。

（4）铁铝土（右上）是一个例外，因为它只在土壤剖面的上层几分米内含有大量的有机碳。这可能是由于浅深度的铁矿石限制了深层生根和深层生物均化。

问题 6.4

平衡值是年输入量的 20 倍和 50 倍（见难题 6.2），达到平衡的时间分别在 500 年和大于 2000 年后。

问题 6.5

（a）k_h 越大，差异越大。

（b）从图 6.5 中可以看出，在 $k_h = 0.002$ 时，MRT 大于 300 年，因此，如果测量的 ^{14}C 年龄为 300 年，则说明还没有达到平衡，而实际土壤年龄至少是 ^{14}C 年龄的 2 倍。在 $k_h = 0.006$ 时，MRT 大约是 200 年，所以 ^{14}C 年龄为 300 年是不现实的。

问题 6.6

不切实际的假设，例如：

（1）凋落物产量随时间恒定不变。正常情况下，裸露的土壤会逐渐被入侵，植被会经历不同的发展阶段。

（2）所有有机质组分的分解速率均一致。腐殖质是不均匀的，既有容易分解的部分，也有非常难分解的部分。

（3）在整个发展过程中，气候恒定。

（4）没有生物混合的影响。

难题 6.1

图 6.7 土壤有机质首先随着温度的升高而降低。这种效应可以由平衡向更快分解的转

变来解释。上升到 25℃ 有可能是因为凋落物产量增加导致的。尽管整个曲线的平均降雨量是相同的，但季节分布不太可能相同。高温下的强烈干旱期可能会大大减少表层土壤的分解。牧场和耕地之间的差异主要取决于不同的耕作方式（耕作促进分解）和凋落物堆积量（从耕地中清除作物残茬）。

图 6.8 随着降雨量的增加，有机质含量增加，这可能是因为降雨量增加时凋落物（a.o. 根）产量增加。请注意，该范围涵盖 500～1200mm 的降雨量。在牧场和耕地中，质地较粗糙的土壤有机质含量都有所下降。这将是由于后者的保护较少：团聚体中的堵塞较少，与黏土部分结合的机会较少。

难题 6.2

a. 在稳定状态下，添加等于去除。输入等于凋落物输入（F_1）乘以凋落物腐殖化分数或

$$输入 = (1 - k_f)F_1$$

分解等于 [库大小]$\times k_h$。输入＝输出，即

$(1 - k_f) \times F_1 = $[库大小]$\times (k_h)$，因此库大小为

$$[库大小] = \{(1 - k_f) * F_1\}/k_h$$

在稳定状态下，分解率等于 k_h，最终库等于 100%。这意味着总库的周转时间等于 $1/k_h$。这是 MRT。

b. 在年轻土壤中，腐殖质部分腐烂的影响仍然可以忽略，有机质库的平均年龄（在恒定输入下）等于（$1+2+3+\cdots+n)/n$。这个级数的解是 $1/2 \times n \times$（第一项＋最后一项）$/n$；这非常接近上一项（年龄）的一半。

难题 6.3

假设凋落物层的容重为 0.1kg.dm³，我们发现：

（1）在苔原 1。每公顷 4t 凋落物等于 4000kg，或 $4000/0.1 = 40.000$dm³ 的体积。1ha 的表面相当于 10^6dm²，所以凋落物层的厚度为 0.04dm。

（2）在苔原 2。厚度为 0.83dm 等。

不同系统的地上和地下生物量差异很大。在森林中，地上生物量占主导地位，在草原中，地下生物量占主导地位。大多数森林也有相当厚的凋落物层，潮湿的热带森林除外，那里由于高温分解很快。

难题 6.4

如果每个系统均处于稳定状态，MRT 等于 [库大小]/[凋落物量]。假设苔原 1 号和苔原 2 号的 MRT 分别为 4 年和 42 年。衰减率 k_h 等于 $1/MRT$，因此苔原 1 和苔原 2 的衰变率分别为 0.25 年$^{-1}$ 和 0.2 年$^{-1}$。

项　目	苔原		云杉树			橡树林	干草原		半荒漠	亚热带阔叶林	热带稀树草原		湿润热带森林
	1	2	3	4	5		中等干旱	干旱			干燥的	潮湿的	
枯枝落叶层（现存量）	4	83	30	45	36	15	6	2	—	10		1	2
凋落物（a.p.）	1	2	4	5	6	7	11	4	1	21	7	12	25
MRT/年	4	41.5	7.5	9	6	2.4	0.5	0.5	—	0.5	—	0.1	0.1

难题 6.5

因为在泥炭没有混合的情况下向上发育，顶层总是代表最近的生长。腐烂速度非常低，因此泥炭层未腐殖化顶部的 ^{14}C 可能反映了它的真实年龄，而不是它的 MRT。因此，时间是正确的。

难题 6.6

只有当有机物不是原位形成的，而是老沉积物（如古老的泥炭）的再沉积物质时，这才有可能。新鲜冲积层和海洋沉积物通常含有不同的沉积有机质。

难题 6.7

有多种过程会导致有机质年龄（或 MRT）随深度的增加：

（1）深度越深，分解速度越慢（例如，因为温度越低，氧气和速效养分越少）。

（2）在土壤的较深处，MRT 较高的难降解成分更为常见（表层土壤中添加了更多的新鲜凋落物）。

（3）新鲜组分在较大深度的混合滞后于时间。

第二个和第三个原因的综合效果反映在图 6.10 中。

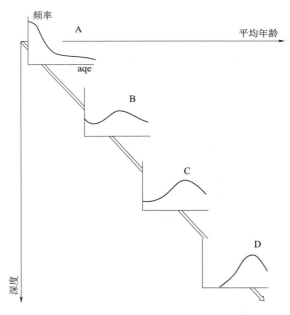

图 6.10　有机质年龄分布随深度变化的模型。摘自 Guillet，1987。

灰化土样品的相关性非常差，因为随深度积累的机制非常不同，灰化土可能具有极不相同的动力学。

难题 6.8

从被新植被入侵的那一刻起，曲线将变得更加陡峭。新的渐近值将是 MRT 等于 500 年（图 6.5）。因为新材料的混合会滞后，较深的层位可能会在一段时间内显示较短的 MRT。

6.6　参考文献

Babel，U.，1975. Micromorphology of soil organic matter. In：J. E. Gieseking（ed）：*Soil Components. I. Organic Components*，p 369 – 474. Springer，Berlin.

Bal，L.，1973. *Micromorphological analysis of soils*. PhD. Thesis，University of Utrecht，175 pp.

Burke，I. C.，C. M. Yonker，W. J. Parton，C. V. Cole，K. Rach ⅋ D. S. Schimel，1989. Texture，climate，and cultivation effects on soil organic matter content in U. S. grassland soils. Soil Science Society of America Journal，53：800 – 805.

Emmer，I. M.，1995. Humus form and soil development during a primary succession of monoculture *Pinus sylvestris* forests on poor sandy substrates. PhD Thesis，University of Amsterdam，135 pp.

FAO – Unesco，1990. FAO – UNESCO Soil map of the world，Revised Legend. FAO，Rome.

Flaig，W.，H. Beutelspacher，and E. Rietz，1975. Chemical composition and physical properties of humic substances. In：J. E. Gieseking（ed）：*Soil Components I. Organic Components*，p 1 – 211. Springer，Berlin.

Gadgil，R. L.，and P. D. Gadgil，1975. Suppression of litter decomposition by mycorrhizal roots of *Pinus radiata*. New Zealand J. of Forest Science，5：35 – 41.

Guillet，B.，1987. L'age des podzols. In：D. Righi and A. Chauvel，*Podzols et Podzolisation*，p 131 – 144. Institut National de la Recherche Agronomique.

Jenkinson，D. S.，1990. The turnover of organic carbon and nitrogen in soil. Phil. Trans. R. Soc. London，B329：361 – 368.

Klinka，K.，R. N. Greene，R. L. Towbridge，and L. E. Lowe，1981. *Taxonomic classification of humus forms in ecosystemms of British Colombia*. Province of B. C.，Ministry of Forests，54 pp.

Kononova，M. M.，1975. Humus in virgin and cultivated soils. In：J. E. Gieseking（ed）：*Soil Components. Vol. l. Organic Components*. Springer，New York，pp 475 – 526.

Parsons，J. W.，and J. Tinsley，1975. Nitrogenous substances. In：J. E. Gieseking（ed）：*Soil Components. Vol. l. Organic Components*. Springer，New York，pp 263 – 304.

Parton，W. J.，D. S. Schimel，C. V. Cole，and D. S. Ojima，1987. Analysis of factors controlling soil organic matter levels in Great Plains grasslands. Soil Science Society of America Journal，51：1173 – 1179.

Soil Survey Staff，1992. Keys to Soil Taxonomy. Soil Management Support Services Technical Monograph 19. USDA.

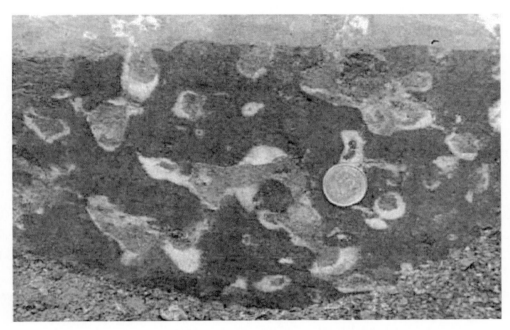

照片 K　巴西米纳斯吉拉斯氧化土深层腐泥土中动物洞穴的两个阶段。请注意，
由于优先流运动，老洞穴中的铁已经耗尽。硬币直径 3cm。P. 布尔曼拍摄。

照片 L　在法国中部一个古老的阿利厄河阶地上极其发达的白浆土（铁解作用）。
注意极度漂白的表层土（E）。在锤子头处，铁和锰的积聚强烈地突出了淀积
黏化层的前顶部。在下部，沿着裂缝发现漂白现象。P. 布尔曼拍摄。

第7章　水　成　土

7.1　概述

长期水饱和以及涝水和排水的季节性交替对土壤的化学和形态特性具有深刻的影响。水饱和度的变化会影响土壤中氧气的供应，进而影响重要元素的氧化状态。铁、锰和硫的氧化状态强烈地影响了它们的溶解度和颜色，这解释了在周期性潮湿的水成土中经常看到棕色、灰色、蓝色、黑色和黄色斑点。氧化还原过程通常涉及氢的生产或消耗，因此对土壤酸碱度也有重要影响。

在联合国粮食及农业组织—教科文组织的分类中，"潜育性"是指土壤物质由于地下水饱和而出现化学还原迹象：氧化还原电位暂时较低，存在明显浓度的溶解 Fe（Ⅱ），以及由于锰氧化物和铁氧化物而出现带有或不带有黑色或棕红色斑点的灰色土壤基质。"滞水性"来自浅层水的停滞，导致表层土壤季节性的水饱和（上层滞水面）。"潜育性"是潜育土的特征，"滞水特性"是黏磐土和其他土壤的"变性潜育阶段"，这些土壤具有季节性滞留的地下水位，例如灌溉湿地水稻。一些水成土受氧化还原过程的 pH 影响很大。例如酸性硫酸盐土壤（酸性硫酸盐冲积土壤，联合国粮食及农业组织—教科文组织，或含硫潮始成土，土壤系统分类），具有特有的酸性，黄色斑点 B 层和铁溶解土壤。由于地表水的停滞和铁溶解作用，黏磐土的表层颜色浅，且黏土和有机物含量低。灰化土中由于其具有的舌状物中存在优先的水分运动（和饱和），使得这种具有漂白的 E 层的舌状物能渗透到黏质性更高的 B 层中。

7.2　潜育土

1. 潜育土的形态

如第 3.3 章所述，当孔隙充满水时，气体扩散变得非常缓慢。因此，在涝渍土壤中，向异养微生物供应氧气比消耗氧气慢得多。这导致游离氧气的消失。在没有氧气的情况下，有机物的氧化可以在氧化的土壤成分存在的情况下继续进行，包括 Fe（Ⅲ）、Mn（Ⅳ）和 Mn（Ⅱ）。这些物质被还原成 Fe（Ⅱ）和 Mn（Ⅲ），它们比氧化后的对应物更易溶解。因此，Fe 和 Mn 在涝渍土壤中比在排水良好的土壤中更容易传输。Fe（Ⅱ）和 Mn（Ⅱ）在氧气的存在下，可以在其他地方或其他时间再次氧化和沉淀。

> ● 思考
>
> **问题 7.1**　以列表形式列出在氧化和还原土壤中可能很重要的铁和锰形式。

　　土壤永久或周期性的水饱和是引起潜育现象的氧化还原过程的起点，既可以从下面（地下水）发生，也可以从上面（雨水或灌溉水）发生。

　　"潜育性"土壤是指所谓的地下水潜育性土壤，即它们具有永久淹水（非灰化、灰色）的底土和季节性湿润（棕色和灰色斑驳）的较浅土层。"滞水性"是地表水潜育土壤的典型特征。以前这些被称为"假潜育土"。它们在通风良好的、未斑驳的底土上有季节性水饱和的、棕色和灰色斑驳的表层。地下水位可以暂时停留在一个缓慢透水的下层土壤上。泥质层位可以作为一个缓慢渗透层。在湿地水稻土中，水饱和土壤的耕作（黏闭）将表层变成（暂时的）含水的、细孔的、非常缓慢渗透的土层，而地下层变成（更持久的）物理压实的耕作或"车轨"磐层（泥泞稻田中水牛或人的"交通的"）运输。

　　图 7.1 显示了地下水和地表水潜育土壤的典型景观位置。图 7.2 说明了地表水潜育土壤和地下水潜育土壤的年代序列的土壤剖面。在地下水潜育层中，土壤结构元素的内部趋向于灰色，棕色至黑色的 Fe（Ⅲ）和 Mn（Ⅳ）氧化物集中在氧气从上方穿透的较大孔隙和裂缝的周围（照片 M、照片 O）。在地表水潜育土壤中，灰色在多孔部分占主导地位，这些部分周期性地充满水。在这里，Fe（Ⅲ）和 Mn（Ⅳ）氧化物在过渡区累积到位于季节性水饱和灰土袋的下方和附近的渗透性较低、多数情况下充气和褐色的土壤中。如果水的垂直运动受到强烈阻碍，铁的横向迁移就会占主导地位。沿着水管，铁和锰被完全去除（照片 N）。

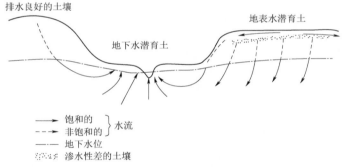

图 7.1　假设景观中地下水和地表水潜育土壤的位置。

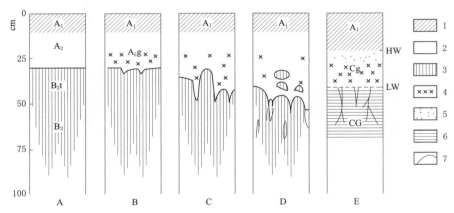

图 7.2　地表水和地下水潜育剖面。A～D 具有质地 B 层的土壤；A 排水良好；
B～D 滞水性越来越强；E 地下水潜育土壤。A2 潜代表 E 层。
摘自 Buurman，1980。经牛津布莱克威尔科学有限公司许可使用。

问题 7.2 写一个图例来解释图 7.2 中的数字 1～7。

含有游离氧化铁的需氧土壤为暖色调，从红色、棕色到黄色不等。还原土壤的颜色为冷色调：中性灰色到绿色或蓝灰色，这取决于二价铁化合物的浓度，或者黑色（暴露在空气中时迅速变成灰色），其中细小的硫化铁（四方硫铁矿）污染了土壤。黄铁矿（FeS_2）只能在还原（灰色）土壤中持续存在，但对土壤颜色没有特殊影响。只有当有少量可代谢的有机物作为能量来源时，例如，只有十分之几个百分点，红色、棕色和黄色土壤才会变成灰色。

问题 7.3 土壤含 1% 氢氧化铁的 Fe（III）。需要多少有机物（CH_2O，土壤质量分数，单位为 %C）才能将所有 Fe（III）还原为 Fe（II）？

没有有机物，厌氧、异养微生物土壤就没有活性，它们的呼吸驱动还原过程，棕色 Fe（III）斑点可以保持几个世纪到几百万年。

形成一个发育良好的潜育层可能需要几年到几十年的时间，可能需要几千年或更长的时间，才能通过从其他地方供应溶解的铁和锰，形成铁和锰绝对富集的土层。然而，通过可溶解或吸附的土壤暴露于空气中，Fe（III）氧化物斑块可以在几天内形成。

2. 潜育过程

下面一系列单独的过程解释了铁在水成土中分离成富含 Fe（III）氧化物的斑块、结核和累积带：

（1）当①有机物作为微生物的基质存在，②土壤水饱和，所以氧气的扩散减慢，③存在能够还原 Fe（III）的微生物时，固态 Fe（III）氧化物还原为溶解的二价铁离子（第3.3章）。

（2）溶解的 Fe^{2+} 通过扩散或质量流移动。扩散沿着浓度梯度发生，浓度梯度可能是由各种过程（例如氧化）产生或去除 Fe^{2+} 的速率的空间变化引起的。质量流可以由重力或毛细作用驱动。

（3）通过①固体 Fe（II）化合物的沉淀，②在黏土或 Fe（III）氧化物上的吸附，③通过游离氧气将溶解的、吸附的或固体 Fe（II）氧化成 Fe（III）氧化物，从溶液中去除溶解的 Fe^{2+}，以及④当氧进入还原的土壤并与溶解的、吸附的或固体 Fe（II）相遇时，便形成 Fe（III）氧化物。如果浸透水的土壤通过明渠对流被迅速排干，气态氧就可以通过扩散作用被输送到土壤中。

问题 7.4 用箭头绘制图 7.3 右侧面板中 O_2 和 Fe^{2+} 的移动方向，并用粗线表示 FeOOH 沉淀的区域。

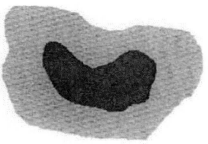

图 7.3　在湿润原先排水良好的前（左）和后（右）的土壤团聚体，导致原本充满氧气的土壤内部缺氧（黑色）。

Fe^{2+} 的运输距离可以从毫米到千米不等。在山谷的地下水沟中，可能会发生从周围地区输送的铁的绝对积累。上面列出的过程可以以各种组合方式起作用，并受到孔隙度的垂直和水平变化影响，从而产生令人困惑的各种可见潜育现象。除了物理化学过程外，土壤动物活动还会强烈影响潜育现象。例如，硬化针铁矿（砖红壤）中铁浓度的胞囊状和结节状类型都归因于白蚁活动。

锰的分离也涉及类似的过程。铁和锰引起潜育的过程基本相似，但 Fe^{2+} 氧化成 $Fe(Ⅲ)$ 氧化物的氧浓度（和氧化还原电位）比 Mn^{2+} 向 $Mn(Ⅲ，Ⅳ)$ 氧化物的转化低得多。类似地，在比 FeOOH 还原成 Fe^{2+} 更高的氧化还原电位下，二氧化锰还原成二价锰离子（问题 7.4）。因此，黑色锰氧化物通常比 FeOOH 在土壤中的更靠近氧源的地方积累，FeOOH 则在更靠近还原区形成（照片 M）。此外，铁在许多土壤中含量非常丰富，而锰的含量相对较低。因此，尽管棕色铁斑点通常存在于潜育土壤中，但是黑色锰斑点通常很少或不存在。

● 思考

问题 7.5　在图 7.3 的右部分画出相对于 FeOOH 的 $Mn(Ⅳ)$ 氧化物沉淀的区域。

3. 薄铁磐层

薄铁磐层（照片 P）是一个薄（几毫米至 1cm 厚）的铁（＋有机物和锰）胶结带，常见于灰化土、火山灰土、潜育土壤里和泥炭下，而与灰化过程本身无关。例如，当灰化土（铝铁腐殖质淀积）层变得足够致密，导致雨水停滞薄时铁磐层会形成。这种停滞导致表层土壤暂时积水。表层土中残留的铁可能会减少，并可能在与（仍然充气的）下层土的交界处积聚。

● 思考

问题 7.6　薄铁磐层可能随时间向下移动（图 7.4 中的阶段 1、阶段 2 和阶段 3）。我们相信更深的部分有变得更深的趋势，所以土层随着年龄的增长会变得更加不规则。解释这个假设的基本原理。

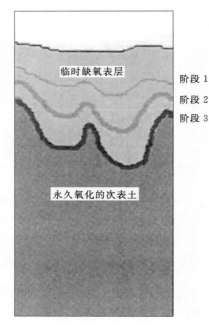

图 7.4　薄磐层发展的三个假设阶段。

7.3　铁解作用

涉及铁的氧化和还原过程不仅影响土壤剖面中铁氧化物的分布，而且在于称为铁解作用（也叫铁溶解）的土壤形成过程的根源。铁解作用在铁的交替还原和氧化影响下涉及酸化和黏土破坏。它解释了在季节性被雨水淹没的海洋或河流阶地的近水平陆地上形成灰白色、酸性、浅色的低黏土和有机质含量的表层，以及灰化土的 B 层中的浅色舌状电子物质。浅颜色、浅纹理的表面层通常满足漂白 E 层的要求，例如漂白潮湿淋溶土或黏磐土。然而，通常漂白 E 层与灰化过程非常不同。这在土壤科学文献中引起了很大的争议。Brinkman（1970）认为铁解作用是一个单独的土壤形成过程，并解决了这个问题。

1. 两个阶段过程

铁解作用是一个地表水潜育过程，其分两个阶段进行。由于还原导致溶解铁的浓度比其他阳离子高，土壤还原过程中形成的铁的一部分总是附着在交换络合物上，迫使之前吸附的其他阳离子进入土壤溶液。对于接近中性（尚未铁溶解）的土壤，被置换的阳离子是碱性阳离子：Ca^{2+}、Mg^{2+}、K^+ 和 Na^+。这些被置换的阳离子流动性很强，很容易从土壤剖面中流失，或者通过渗透，或者通过扩散到田间地表水中，然后侧向排水。

思考

问题 7.7　这些阳离子的损失代表碱度的损失，因为阳离子通常被阴离子 HCO_3^- 平衡。那为什么阴离子是 HCO_3^-？

如果其他来源（风化、洪水或灌溉水）的阳离子供应量较低，吸附复合体最终可能会耗尽碱基。碱基的损失会导致土壤 pH 的降低。当 pH 保持在 6～7 时，碱基阳离子的损耗在还原阶段并不明显（第 3.3 节）。然而，在土壤通气时，可交换的 Fe（Ⅱ）被氧化成不溶性的 Fe（Ⅲ）氧化物。在氧化过程中形成 H^+，它与剩余的碱性阳离子竞争交换位置。

思考

问题 7.8　平衡反应方程式：吸附的 Fe^{2+} 加上氧气产生 FeOOH。

2. 黏土破坏

H^+ 的形成导致黏土表面的 pH 显著降低。几天之内，不稳定的 H^+ 黏土变成了可交换 Al^{3+} 的黏土。Al^{3+} 从黏土矿物的八面体位置溶解。这部分破坏了黏土矿物，留下基本上无定形二氧化硅的板块边缘。在随后的涝渍期间，Fe（Ⅲ）被还原成 Fe^{2+}，这反过来可以取代吸附 Al^{3+}。在 Fe（Ⅲ）还原成 Fe^{2+} 的影响下，溶液的 pH 增加，因此溶解的或可交换的铝可以水解并沉淀成氢氧化铝（第 3 章）。

3. 铝—羟基层间

铝水解的中间产物，如 $\left[Al(OH)_{2.5}^{0.5+}\right]$，其中 n 可以是 6 或更多，可以在 2∶1 型黏土矿物板之间形成铝—羟基层间。吸附的铁和其他阳离子，被铝—羟基层间"黏合"在黏土矿物板之间。所得的铝层间 2∶1 型黏土矿物（"土壤绿泥石"）在润湿和干燥时具有较低的膨胀和收缩能力，并且具有较低的阳离子交换能力。图 7.5 总结了铁溶解过程中涉及的各个过程。

思考

问题 7.9　与酸性土壤相比，在接近中性的土壤中形成并附着在吸附复合体上的二价铁离子更少。

a. 为什么？

b. 这对于近中性和酸性土壤中铁解作用和铁解诱导的氯化反应的强度意味着什么？

问题 7.10　指出图 7.5 中哪些反应物和产物是循环的，哪些是消耗的、形成的或损失的。

铁解作用可能发生在平坦、相对较高的陆地表面，如全新世早期至更新世晚期的河流或海洋阶地。在这些土壤中，脱钙和脱硅作用去除了最容易风化的矿物质。此外，黏土淀

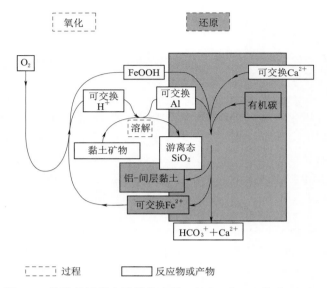

图 7.5 铁溶解过程中涉及的途径。经 Brinkman 修改，1979。

积作用经常导致有利于季节性积水（雨水）的情况。因此，铁解作用之前，黏土通常会沿土壤剖面迁移（图 7.2）。在本书第 1 版中列出了一个强铁解作用土壤的例子。在极端情况下，铁解作用可以借助灰化作用取得成功。

> **● 思考**
>
> **问题 7.11** 在一个有黏土层的土壤中，但是如果没有铁解作用，黏土平衡可能是封闭的，从表层土壤中流失的黏土量等于在黏土层中发现的额外黏土量。
>
> a. 解释对黏土平衡的研究如何帮助你区分只有黏土沉积的土壤和黏土沉积后经历铁解作用的土壤。
>
> b. 给出铁解作用土壤的 A 层和 E 层的低 CEC 的三个可能原因。
>
> c. 还有什么其他的土壤特征可以支持给定土壤已经经历了假设的铁解作用过程？
>
> **问题 7.12** 铁溶解过程中形成的层间 2:1 型黏土矿物似乎相当稳定。为什么这些黏土矿物不容易被进一步的铁解作用破坏呢？

4. 铁溶解、脱硅和灰化的区别

在易发生铁分解的土壤中，黏土矿物风化释放出的部分二氧化硅以粉粒级至砂粒级的无定形二氧化硅团聚体的形式保留下来，特别是在地表。在薄切片中，铁溶解的黏土切面出现较少的双折射，并且具有颗粒状特征。

在进行"正常脱硅"的土壤中，通常不会形成这种无定形二氧化硅。由于部分游离氧化铁的流失，黏土层和地面物质似乎已经被漂白。氧化铁集中在结核或斑点的其他地方，部分也集中在表层，但主要集中在深层。

在排水良好的酸性（pH 为 4.5~5.5）土壤中，经过脱硅但没有发生铁解作用，2∶1 型黏土矿物如蒙脱石和蛭石与铝层间或完全消失。层间在很长一段时间内不稳定，层间中的 2∶1 型黏土矿物最终转化（通过脱硅）为 1∶1 型黏土矿物高岭土。在排水良好的土壤进行特殊淋洗时，脱硅可能会进行到只有三水铝石作为风化产物留在后面的程度。相比之下，可能是因为脱硅作用不够强，铁分解过程中形成的层间 2∶1 型黏土矿物相对于高岭石是稳定的。

在灰化土的螯合淋溶作用下，黏土也会被分解。此外，漂白的残积层可能由氧化铁的损失形成，类似于铁解过程中形成的残积层。然而，在螯合淋溶过程中，铝和铁作为有机络合物被去除。灰化土 E 层中残留的（少量）黏土通常由类似贝德石的蒙脱石组成，这是一种膨胀的黏土矿物，没有铝层间，但具有较高的阳离子交换量。层间 2∶1 型黏土矿物（土壤亚氯酸盐）不存在于灰化土的白色层 E 层，但可能存在于灰化土的 B 层。因此，受螯合淋溶作用和铁解作用影响的土壤之间主要黏土矿物学差异出现在 A 层、E 层和 B 层。表 7.1 总结了脱硅、螯合淋溶和铁解作用对上层土壤黏土矿物的影响之间的差异。

表 7.1　　　　　　　　　　不同土壤过程引起的黏土矿物变化。

过　程	受影响的土层	变　化　的　性　质
脱硅作用	整体剖面	影响随深度降低。2∶1 型矿物——→高岭石——→三水铝石（缺乏强浸出的中间步骤）
螯合淋溶作用	A 和 E	大多数黏土矿物的分解：Al 层间去除——→Al-蒙脱石（第 3.2 节）。
	B	2∶1 型矿物质变成铝层间
铁解作用	A 和 E	2∶1 型矿物——→土壤绿泥石（在层间中追踪到一些铁）和二氧化硅
	B	变化不大

7.4　酸性硫酸盐土

一组特殊的水成土——酸性硫酸盐土，其强酸性已经并且一直对许多沿海地区的农民造成很大的伤害。酸性硫酸盐土从土壤矿物质中释放出溶解的 Al^{3+}，其浓度通常对植物有毒，并导致严重的磷缺乏。这个问题特别重要，因为大多数沿海地区非常适合农业，而规划者和工程师经常忽略潜在酸性硫酸盐土的存在。

1. 黄钾铁矾和硫层
问题的根源在于硫酸的强酸性质，是在氧化条件下 $S-H_2O$ 体系中硫的稳定形式。典型的酸性硫酸盐土有一个"硫层"，其 pH 小于 3.5，黄钾铁矾 $KFe_3(SO_4)_2(OH)_6$ 有明显的浅黄色斑点，由富含铁硫化物（主要是黄铁矿）的还原沉积物通气形成。

有硫层的土壤被分类为酸性硫酸盐冲积土（联合国粮食及农业组织—教科文组织）或酸性硫酸盐泞湿始成土（土壤分类学）。有些硫 pH 小于 3.5 的土壤缺乏黄钾铁矾斑点，有些土壤含有黄钾铁矾，但 pH 为 3.5~4。这两种情况都不符合酸性硫酸盐冲积土或酸性硫酸盐泞湿始成土的标准。因为所有这些情况下的过程都是相似的，所以我们将酸性硫酸盐土定义得更广泛一些：通过铁硫化物的氧化而酸化到 pH 小于 4 的土壤。

● 思考

问题 7.13　写出反应方程式说明黄铁矿氧化导致酸化：$FeS_2 + O_2 + H_2O$ 产生 SO_4^{2-}。

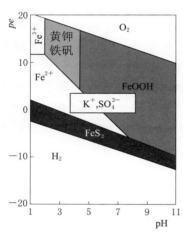

图 7.6　细粒针铁矿、黄钾铁矾和黄铁矿的近似 pe-pH 图。固相用阴影表示。固体和溶解物质之间的边界是 Fe^{2+} 的溶质浓度约为 10^{-4} M，SO_4^{2-} 为 10^{-2} M，K^+ 为 10^{-3} M。FeS_2 字段上方 SO_4^{2-} 伴随着整个区域。浓度的增加会导致黄钾铁矾和针铁矿场的扩张，以溶解的 Fe 场为代价；浓度降低会导致这些矿物的稳定区域收缩。摘自 Van Breemen，1988。

2. 硫化物

未氧化的潜在酸性硫化母质被称为"硫化物"。酸性硫酸盐土经常出现在最近的沿海平原，那里的黄铁矿潮汐沼泽沉积物在自然或人为排水后暴露在空气中。在缺乏足够的中和物质如碳酸钙的情况下，黄铁矿氧化过程中释放的硫酸可能会导致土壤 pH 降至 3～4 或更低。酸性硫酸盐风化也发生在最近沿海平原以外的黄铁矿沉积岩中，以及黄铁矿矿石中。潜在的酸性硫酸盐土和酸性硫酸盐土的形成以及它们最终转化为不含黄钾铁矾的低酸性土壤的过程可以很好地用图 7.6 所示的 pe-pH 图解释。

3. 黄铁矿形成

在大多数潜在的酸性硫酸盐土中，黄铁矿是主要的铁（Ⅱ）硫化物，其浓度约为质量的 1%～5%。黄铁矿的形成是由硫酸盐还原引发的。在硫酸盐还原过程中，细菌通过硫酸盐氧化有机物，而硫酸盐又被还原为 S（-Ⅱ）。黑色一硫化亚铁（FeS）可能首先形成，但它不稳定，最终转化为黄铁矿。黄铁矿是一种二硫化物，其中硫的氧化态［硫（-Ⅰ）］高于 H_2S 或硫化亚铁［硫（-Ⅱ）］，因此需要氧化剂将硫（-Ⅱ）转化为黄铁矿。

因此，黄铁矿的形成涉及：①通过异化硫酸盐还原菌将硫酸盐还原成硫化物；②将硫化物氧化成二硫化物，

● 思考

问题 7.14　a. 用文字描述黄钾铁矾、针铁矿、黄铁矿和可溶性 Fe^{2+} 稳定的条件（"酸""接近中性""氧化""还原"）。

b. 硫在黄铁矿矿区以外的稳定形式是什么？

c. 根据图表，在规定的浓度和其他条件下不能存在以下哪几对：Fe^{3+}-Fe^2，Fe^{3+}-FeOOH，Fe^{3+}-黄钾铁矾，Fe^{2+}-黄钾铁矾，Fe^{3+}-FeS_2，Fe^{2+}-FeS_2，FeOOH-黄钾铁矾，FeOOH-FeS_2，铁黄钾铁矾-FeS_2，Fe^{2+}-SO_4^{2-}，Fe^{3+}-SO_4^{2-}，FeOOH-SO_4^{2-}，黄钾铁矾-SO_4^{2-}，和 FeS_2-SO_4^{2-}，O_2-FeOOH，O_2-Fe^{3+}，O_2-Fe^{2+}，和 O_2-FeS_2？

● 思考

问题 7.15　编写反应方程式：

a. 形成等摩尔的 FeS 和 FeS_2 的混合物，加 FeOOH 和 H_2S 的水。

b. FeS_2 的形成来自有 FeOOH、H_2S 的和 O_2 的水。这些反应中的还原剂和氧化剂是什么？使用这些方程表明 O_2（或其他氧化剂）对于 H_2S 沉积铁的完全黄铁化是必要的。

以及硫化物和二硫化物与铁矿物的反应。如果 Fe_2O_3 代表铁源，黄铁矿的形成可以用反应方程式来描述

$$Fe_2O_3 + 4SO_4^{2-} + 8CH_2O + 1/2O_2 \longrightarrow 2FeS_2 + 8HCO_3^- + 4H_2O \qquad (7.1)$$

其中 CH_2O 代表有机物。因此，黄铁矿形成的基本成分是硫酸盐、含铁矿物、可代谢有机物、硫酸盐还原菌，在时间或空间上呈现交替厌氧性，有限的通气。在淡水沉积环境中，硫酸盐浓度过低，无法形成可观的黄铁矿。在潮汐沼泽，特别是那些有红树林植被的沼泽，硫酸盐（来自海水）和有机物（来自红树林）的供应都很丰富。红树林土壤的高渗透性有助于硫酸盐和氧气的供应，这是由于螃蟹、树根和腐烂有机物的大量生物矿石造成的。在这种情况下，大多数可用于黄铁化的铁［细粒度的 Fe（Ⅲ）氧化物］最终转化为黄铁矿。

黄铁矿通常以树莓状团聚体的形式出现，即直径为 $2 \sim 40 \mu m$ 的莓球粒，或直径为 $0.1 \sim 5 \mu m$ 的单个细晶粒晶体。它在红树林和微咸水芦苇沼泽中形成相对较快（几年到几十年内可形成百分之几的 FeS_2 质量分数），由于许多潮汐溪流的存在，这些沼泽具有强烈的潮汐影响。在有死水的沉积物中，黄铁矿的形成要慢得多，例如在潮涌停止的深度以下，或者在潮沟较少的地区。潮涌增加了黄铁矿化率增加了 Fe（Ⅲ）氧化物完全黄铁矿化所必需的氧气的供应，并且有助于硫酸盐还原过程中形成的碳酸氢盐的去除［式 (7.1)］。去除 HCO_3^- 会减小 pH（从 8 降到 6 左右），从而大大加快黄铁矿的形成。硫酸盐的可用性限制了淡水系统中黄铁矿的形成（例如石膏沉积物或氧化的海洋黏土）。

4. 黄铁矿的氧化

从图 7.6 中可以看出，黄铁矿在氧气存在的情况下是不稳定的。其有可能转化为可溶解的 Fe^{2+} 和 SO_4^{2-}、黄钾铁矾或针铁矿，但不管最终产物是什么，黄铁矿氧化都会产生 H^+。然而，只有当生成的 H^+ 没有被中和物质如碳酸钙完全中和时，pH 只会下降。没有足够酸缓冲能力的黄铁矿物质被称为"潜在酸"。

● 思考

问题 7.16　a. 黄铁矿在何种条件下被氧化成各个阶段：①可溶解的 Fe^{2+} 和 SO_4^{2-}；②黄钾铁矾；③针铁矿？

b. 通过适当的反应方程式，说明 H^+ 的形成在黄铁矿氧化成溶解的硫酸 Fe（Ⅱ）的过程。

在没有酸缓冲的情况下，黄铁矿土壤物质的 pH 通常在曝气开始后几周内从接近中性下降到低于 3.5。尽管黄铁矿氧化过程不需要微生物的帮助，但化学自养硫细菌（硫杆菌属）大大加快了反应速度。

> **思考**
>
> **问题 7.17** "化能自养的"是什么意思？

无论在哪里发生黄铁矿氧化过程，这些细菌似乎总是活跃的，有些细菌能忍受 pH 低于 1。在它们的存在下，氧气扩散速率限制了黄铁矿的氧化速率。

> **思考**
>
> **问题 7.18** 为什么沿着运河和沟渠的黄铁矿物质直接暴露在大气氧气中，其酸化速度比土壤中某一深度的黄铁矿物质酸化快得多？

一些黄铁矿的暂时氧化可能发生在黄铁矿实际形成的许多环境中，例如低潮时的潮汐湿地。这不会产生太多的酸，对土壤的 pH 影响很小或没有影响。但是当潜在的酸性土壤被充气数周或数月后，可能会发生剧烈的酸化。在最初出现溶解的硫酸盐和 Fe(Ⅲ) 的褐色斑点后，pH 可能降至 3 以下，并可能形成浅黄色黄钾铁矾斑点。

长期的通风需要持续降低地下水位。在红树林湿地中，这只有在潮汐作用停止的情况下才有可能，例如通过开发土地，或者更慢地通过减少海岸沉积造成的潮汐影响。

> **思考**
>
> **问题 7.19** 为什么潮汐活动在红树林湿地转变为酸性硫酸盐土前需停止？

虽然浅黄色黄钾铁矾斑点表明存在酸性硫酸盐土，但并非所有酸性硫酸盐土都有黄钾铁矾。在 pH 小于 4 时，且当 pe 保持相对较低时，如在赤道地区的高度有机、非常潮湿的酸性硫酸盐土壤中，黄钾铁矾不会形成，例如印度尼西亚。

在这些条件下，来自氧化黄铁矿的铁以溶解 Fe^{2+} 的形式保留下来。这种 Fe^{2+} 可以从土壤中浸出，最终进入沟渠和小溪，在那里被氧化成棕色氧化铁沉淀。由于这一过程，这种酸性硫酸盐土的铁含量低，这对其实际应用具有重要影响。

> **思考**
>
> **问题 7.20** 请参考图 7.6，解释湿润区许多酸性硫酸盐土中缺乏黄钾铁矾的原因。

5. 酸度缓冲−酸中和能力

如果黄铁矿形式的潜在酸度超过中和物质的量，就会形成酸性硫酸盐土。组成所谓酸中和能力（ANC）的中和物质是碳酸钙、可交换阳离子和可风化硅酸盐矿物。任何存在的碳酸钙都能迅速中和硫酸，产生二氧化碳（大部分消失在空气中）和溶解的硫酸钙。碳酸钙被硫酸溶解的速度比黄铁矿氧化形成硫酸的速度快。然而，硅酸盐矿物的风化中和作用通常比黄铁矿氧化作用慢得多。酸形成和缓冲的相对速率的差异影响酸化过程。

> ● 思考
>
> **问题 7.21**　酸中和能力（ANC）超过潜在酸度的黄铁矿土壤样品暴露在实验室烧杯中的空气中（无浸出）。请预计以下三种样品的 pH 会发生什么变化？
> a. 如果 ANC 仅由碳酸钙组成。
> b. 如果 ANC 是碳酸钙加上可交换的碱阳离子。
> c. 如果 ANC 仅由"可风化性硅酸盐"组成。

6. 可交换的 H^+ 和 Al^{3+}

如果形成硫酸的量超过任何存在的碳酸钙提供的 ANC，任何存在的可交换阳离子将被交换为 H^+，并且 pH 将降至 6 以下。如果形成足够的酸来将土壤的 pH 降低到约 5 以下，黏土矿物就会被酸侵蚀，而 H^+ 会通过从黏土结构中除去阳离子（主要是 Al^{3+}、Mg^{2+} 和 K^+）而被中和。Al^{3+} 在很大程度上取代了可交换的 H^+ 离子，而从黏土中溶解的 Mg^{2+}、K^+ 和二氧化硅出现在了土壤溶液中。如果 pH 降到 4 以下，溶液中也会有相当数量的 Al^{3+}。在降雨量过多期或淹水期间，碱性阳离子如 Ca^{2+} 或 K^+ 以硫酸盐的形式从土壤中去除，同时一部分溶解的 Al^{3+} 随着渗透水向下或通过扩散向上到淹水中。在非常干燥的时期，铁、铝和碱性阳离子的可溶性硫酸盐会在土壤自然结构体表面和土壤表面风化。

如果地表层中的所有黄铁矿都被氧化，酸性硫酸盐土的 pH 在几十年内会增加。这是由于黏土矿物和其他硅酸盐矿物在风化过程中游离酸的浸出和缓慢的酸中和作用。随着 pH 的升高，黄钾铁矾变得不稳定并被水解，产生针铁矿和一些硫酸。在水解过程中，黄色黄钾铁矾斑点逐渐变成棕色。这种混合颜色的斑点，与纯黄色形成对比，表明土壤酸度已经下降。

> ● 思考
>
> **问题 7.22**　写一个反应方程式，描述黄钾铁矾加水转化为 $FeOOH$，SO_4^{2-} 和 K^+。

7. 土壤剖面发展

黄钾铁矾倾向聚集在黄铁矿层上方的一个不同的土层中（图 7.7）。黄钾铁矾层和黄铁矿下层之间的过渡带呈酸性，但其氧化程度不足以形成黄钾铁矾。由于黄铁矿底层上边

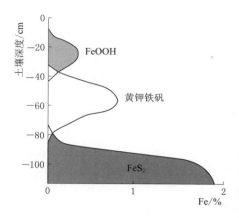

图 7.7　黄铁矿、黄钾铁矾和针铁矿在泰国酸性硫酸盐土中的分布与土壤深度（cm）有关，土壤越发育（一年中相当长时间深排水），黄铁矿底层和两个累积层就越深。

界的硫铁矿氧化，黄钾铁矾层下边界的向下延伸和黄钾铁矾层上部的黄钾铁矾水解为针铁矿，使得黄铁矿下层和黄钾铁矾层的深度随着土壤年龄的增加而逐渐增加。这些过程通常沿着垂直裂缝和通道发生在更深的地方，因此上层似乎沿着这些区域伸入相邻的下层。

持续排水后，所有黄铁矿最终被氧化，所有黄钾铁矾被水解。黄钾铁矾的完全去除需要几年到几个世纪，这取决于淋洗的强度。因此，酸性硫酸盐土总是年轻的土壤，并最终失去大部分酸性。

8. 湿地水稻酸性硫酸盐土壤

沿海低地是重要的水稻种植区，通常有酸性硫酸盐土壤。水稻和酸性硫酸盐土相处如何？不错。大多数湿地水稻土的 pH 在洪水暴发的几周到几个月内上升到接近中性的值，这抵消了铝的毒性和其他与低 pH 相关的问题。

洪水时 pH 的上升，这是为什么种植水稻是使用湿地酸性硫酸盐土壤的好方法的原因之一。在许多非常年轻的酸性硫酸盐土壤中，pH 确实从 3～3.5 迅速增加到 5.5～6，而溶解的铁也急剧上升。然而，在大多数较老的酸性硫酸盐土壤中，pH 在水浸后增长非常缓慢，有时升高不会超过 5.5。

思考

问题 7.23　黄钾铁矾和黄铁矿如何在同一深度出现（图 7.7），尽管理论上它们不能共存（图 7.6)？

pH 的缓慢上升可归因于：①还原速度缓慢，可能是由于缺乏容易分解的有机物；②在缺乏无机可还原物质的情况下发生了显著的还原（发酵），例如缺乏 Fe（Ⅲ）氧化物。在①情况下，洪水过后，pe 和 pH 都不会有太大变化。在②情况下，pe 会下降，但 pH 不会随之增加。通常观察到还原速度缓慢降低，这归因于可代谢有机物含量低和 pH 低、铝溶解度高和营养状况差对微生物活性的不利影响。非常年轻的酸性硫酸盐土在淹水后，pH 的变化表明，原始（红树林）植被中相对未分解的有机物的存在，以及高化学肥力对大幅降低 pH 可能比低 pH 更为重要。

加里曼丹（印度尼西亚）的酸性硫酸盐土随着洪水还原后，pH 几乎没有增加。

这是由于相对于土壤的碱中和能力（主要是与有机物相关的可交换酸性），Fe（Ⅲ）氧化物的含量较低（Konsten 等，1994）。显然，高有机母质和湿度气候的结合限制了 Fe（Ⅱ）的氧化和大量 Fe（Ⅲ）氧化物和黄钾铁矾的积累，并导致曾经存在于黄铁矿中的大部分铁浸出。

9. 复垦酸性硫酸盐土

潜在的或实际的酸性硫酸盐土的复垦可应用于土壤发生。对所涉及的土壤形成过程有一个很好的理解，这将非常有助于改善这类土壤的农业用途，或者限制垦荒对环境的不利影响（例如对地表水质量）。

抑制黄铁矿氧化的唯一可靠的方法是缩成氧气的供应，例如保持土壤淹水。一旦形成，土壤酸度可以通过过滤或中和来去除。中和可以通过加入酸中和物质来完成，通常是石灰（CaCO₃），或者通过所谓的"自生石灰"，利用 Fe(III) 氧化物在洪水时还原的酸中和作用。

在施用改良剂或肥料之前，应通过淋洗尽可能去除可溶性和可交换性的酸。原则上，用淡水淋洗可有效去除游离硫酸和可溶性铁和铝盐。通过用盐或微咸水淋洗，可交换铝能被钠、钙和镁代替。除其他外，淋洗的可行性取决于土壤结构。水可能很容易通过高渗透性的土壤，并绕过土壤团聚体的内部，这往往会降低淋洗效率。可以通过积水、搅打和地表排水来增加淋洗水与土壤的接触。虽然淋洗是一种相对便宜和有效的改良土壤的措施，但它也从土壤中去除养分，并污染地表水。

每百分之一氧化硫产生的酸性中和所需要的碱量，需要容重为 1kg/dm³ 的 10cm 土壤中约 30t 的碳酸钙。根据黏土含量和矿物，可交换性阳离子提供相当于 3～30t 的碳酸钙的中和能力。大部分可氧化的硫超过这一数量必须通过淋洗或石灰去除。考虑到氧化硫的含量通常为 1%～5%，这说明酸性硫酸盐土的再生依赖于大量的石灰。实际上，石灰只有在大部分水溶性酸度被浸出后才是有效的。就低地水稻而言，在淋洗酸性硫酸盐土上施用 2～10t/ha 碳酸钙通常具有明显的效果，而大剂量施用很少是经济的。

7.5　难题

难题 7.1

图 7.8 显示了日本圩田土壤中游离氧化铁的年代序列。土地被排干，地下水位通常全年保持在地表以下 0.5～1m。夏天，湿地水稻生长，田地被淹没，形成一个栖息的地下

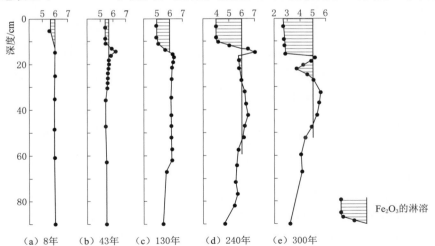

图 7.8　日本水稻土游离铁氧化物含量随深度的时间序列分布。摘自 Kawaguch 和 Matsuo，1975。

水位。

a. 描述和解释随着土壤变老，铁氧化物浓度随深度的变化（注意假定的母质中的 Fe_2O_3 含量有所变化，介于 5%～6%）。

b. 请预计锰在哪里累积？

难题 7.2

如图 7.8 所示，日本水稻田的人工滞育土壤有时在季节性淹水表层土壤中几乎失去了所有铁氧化物。他们往往导致水稻产量低。这些"退化的潜水土壤"通常是酸性的，在洪水后往往保持酸性，而非退化的土壤在洪水后的酸碱度通常会上升到 6.5～7。产量低是由于有机酸和硫化氢的毒性，其在低 pH 下可能会达到高浓度。传统地，农民通过增加高地的"红土"来改良这种土壤。请解释为什么洪水过后，"退化的潜水土壤"的 pH 仍然很低。通过添加红土来改良这些土壤的原因是什么？

难题 7.3

图 7.9 是荷兰阿克特尔霍克两个低洼地下水潜育土壤（＊，o）不同深度土壤样品中黏土含量与游离 Fe_2O_3 含量的曲线图。母质只含有总铁的百分之几。

a. 什么过程可以解释 Fe_2O_3 的高含量？

b. 解释黏土含量和单个样品中氧化铁含量之间的正相关关系。

难题 7.4

图 7.10 解释了湿地水稻的淹水土壤非常薄的表层中氧化还原条件随时间和深度的变化。

a. 讨论锰、铁、硫的区别，还原速度以及锰、铁、硫还原的深度。

b. 在几周到几个月内土壤表面形成薄的锰氧化物和 Fe（Ⅲ）氧化物"迷你层"。请画出这些迷你层的位置。

c. 这些迷你层能被诊断性地用于季节性涝渍土壤的分类吗？

难题 7.5

表 7.2 中的数据涉及孟加拉国的地表水潜育土。假设整个土壤剖面的土壤容重为 $1kg/dm^3$。

a. 请根据氧化还原过程解释游离 Fe_2O_3 的概况。

b. 基于（砂粒加粉粒）的 ε 作为指标（因此计算每个层位的 $\tau_{黏粒}$）计算剖面的黏土平衡。解释黏土的过剩或不足。

c. 假设这两个层位之间没有差异，计算黏土部分（$mmol_c/kg$）和有机碳部分（$mmol_c/kg$）的特定阳离子交换容量在 Apgl 和 Apg2 土层中。接下来，假设有机部分的特定阳离子交换系数不随深度变化，计算所有层位的黏土部分的特定阳离子交换系数。用深度解释 CEC_{clay} 的变化。

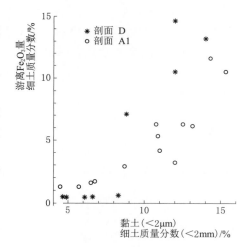

图 7.9　荷兰瓦姆维尔德附近上升流地下水影响下，两种地下水潜育土斑点层黏土与游离 Fe（Ⅲ）含量的关系图。摘自 Van Breemen 等，1987。

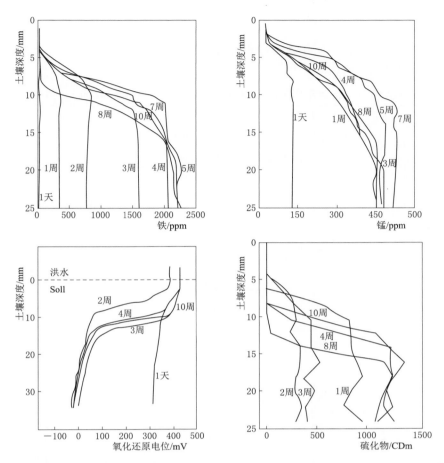

图 7.10　不同时间还原电位和乙酸钠可萃取 Mn（Ⅱ）、Fe（Ⅱ）和总 S（-Ⅱ）在还原（浸水的）
土壤上部 25mm 的分布。用乙酸钠（pH＝2.8）提取的铁和锰包括固体加上还原后形成的
溶解锰和铁。摘自 Patrick 和 Delaune，1972。

表 7.2　孟加拉国 Chhiata 系列剖面的黏土含量和化学数据。摘自 Brinkman，1977。

经阿姆斯特丹爱思唯尔科学公司许可使用。　　　　　　　　　单位：mmol/kg

土层	深度 /cm	黏粒 /%	pH 溶液	有机碳 /%	Ca	Mg	K	Al	CEC	游离 Fe₂O₃/%
Apg1	0～8	12.5	4.9	0.65	22	0	3	13	40	0.9
Apg2	8～13	25.1	5.0	0.42	38	4	3	3	63	1.7
Eg1	13～18	27.1	5.0	0.46	55	6	1	4	79	1.5
Eg2	18～30	29.7	4.9	0.24	51	5	2	4	66	2.5
Eg3	30～41	33.3	4.9	0.12	81	9	3	9	87	2.3
ECG	41～58	41.6	5.1	0.02	101	19	3	6	114	1.7
Cg1	58～97	42.1	5.3	0.02	112	25	2	1	138	1.8
Cg2	97～127	42.9	5.6	n.d.	130	30	3	1	156	1.5
Cg3	127～152	44.2	5.8	0.18	141	31	3	0	173	1.6

难题 7.6

表 7.3 包含泰国两种不同年龄酸性硫酸盐土壤的分析数据。这两种土壤都是由含有少量黄铁矿的相似母质发育而来的。

表 7.3 泰国酸性硫酸盐土壤剖面中的酸碱度和硫部分。摘自 Van Breemen，1976。

深度/cm	pH		硫百分比/%		容重/(kg/dm³)
	在田间	分解 3 周后	二硫化铁	黄钾铁矾	
年轻土壤，最深地下水位 40cm					
0～10	4.5	4.8	0.0	0.1	1.1
10～18	3.3	3.2	0.1	0.1	0.9
18～30	3.6	2.1	0.6	0.0	0.7
30～40	4.5	2.5	2.0	0.0	0.6
40～60	6.1	3.1	2.3	0.0	0.6
年老土壤，最深地下水位 150cm					
0～25	4.2	4.2	0.0	0.0	1.4
25～38	3.9	4.0	0.0	0.0	1.3
38～58	3.6	3.6	0.0	0.1	1.2
58～130	3.6	3.6	0.0	0.4	1.0
130～140	3.7	3.6	0.1	0.2	0.9
150～200	4.5	2.9	1.0	0.0	0.9

a. 解释曝气前后的 pH 分布。

b. 如果原始黄铁矿含量始终为 1.0%（S），那么在老土壤中会形成多少酸（kmol/ha）？

c. 如果这些酸没有被中和，所有的酸都留在土壤中，那么现在土壤的 pH 是多少（假设老土壤的体积含水量是 50%）。解释实际和计算的 pH 之间的差异。

d. 如果 1% 黄铁矿氧化产生的所有酸都被高岭石或蒙脱石风化完全中和（最终产物包括 Al^{3+} 和氢氧化硅），这些黏土矿物（g 黏土/kg 土壤）将消耗多少？如果原始黏土含量为 50%，高岭石和蒙脱石含量相等，这会对土壤的黏土矿物组成或黏土含量产生很大影响吗？

难题 7.7

问题 7.6 中的土壤有约 300mmol/kg 的阳离子交换量，并且在 pH 大于 6 时具有 100% 的碱基饱和度。需要至少氧化多少黄铁矿（以土壤中硫的百分比计）才能使碱基饱和度降低到 40%。

7.6 答案

问题 7.1

在氧化土壤中：FeOOH（针铁矿）、Fe_2O_3（赤铁矿）、$Fe_2O_3 \cdot nH_2O$（水铁矿）、

MnO_2（钠水锰矿）、$MnOOH$（锰矿）。

在还原土壤中：可溶和可交换的 Fe^{2+} 和 Mn^{2+}、绿锈〔混合 Fe（Ⅱ）、Fe（Ⅲ）氧化物〕、$FeCO_3$（菱铁矿）、FeS（四方硫铁矿）和黄铁矿（FeS_2）。

问题 7.2

$1＝A_h$ 层，$2＝E$ 层，在黏土是低的，$3＝B_t$ 层，有沉积黏土，$4＝Fe(Ⅲ)$ 氧化物斑点，$5＝$锰氧化物斑点，$6＝$永久还原的碳层，在最低地下水位以下，$7＝$在氧化带（此处为 B_t 层）和季节性缺氧带（此处为 E 层）之间的界面处累积的 $Fe(Ⅲ)$ 氧化物。

问题 7.3

根据问题 3.32，需要 $0.25mol$ 可代谢碳（以"CH_2O"表示）来减少 $1mol$ 氢氧化铁。因此，$0.25×12g$ 碳可以还原 $1×56g Fe(Ⅲ)$。为了减少 1% 的 $Fe(Ⅲ)$，$0.25×12/56＝0.054\%$ 的碳就足够了。

问题 7.4

当然，Fe^{2+} 和氧气向各个方向放射状移动。好氧区和缺氧区之间的边界线代表 $FeOOH$ 沉淀，如图 7.11 所示。

问题 7.5

锰（Ⅳ）氧化物积聚将位于 $FeOOH$ 积聚区外，因此处于较高的 pe 或氧气分压区。

问题 7.6

初始薄磐层进一步抑制排水，因此促进了地表土层的水记录。薄磐层上部的 Fe（Ⅲ）将还原成 Fe^{2+}，部分铁通过孔隙和裂缝扩散到薄磐层底部，在那里氧化成 Fe（Ⅲ）后再沉淀。溶解最常见于薄磐层上的小洼地中，这些洼地变得更加饱和，因此比更高的部分下降得更快。

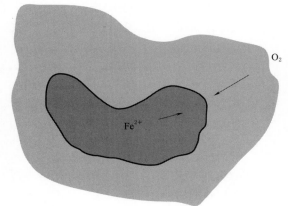

问题 7.7

通常 HCO_3^- 是与溶解的 Fe^{2+} 一起形成的阴离子（例如问题 3.3 的答案），并且在交换络合物中仍然是与 Fe^{2+} 交换的阳离子的抗衡离子。

问题 7.8

$$adsFe^{2+}＋1/4O_2＋3/2H_2O \longrightarrow 2adsH^+＋FeOOH$$

问题 7.9

a. 在有氧条件下接近中性的土壤还原后交换性 Fe^{2+} 很少。①它们富含 Fe^{2+}，与竞争的碱性阳离子交换位置；②Fe（Ⅱ）化合物在较高的 pH 值下溶解度较低。在还原的酸性土壤中，因为铝由于 pH 的增加而以氢氧化物的形式沉淀，使得可交换性铝经历了强制交换。

b. 由于初始酸性还原土壤中的黏土交换复合体具有相当高的 Fe^{2+} 饱和度，所以随着 pH 在铁解作用下降低，铁解的强度可以预期开始增加。

问题 7.10

循环：$FeOOH$ 和 Fe^{2+}；消耗：O_2、有机碳、可交换的 Ca^{2+} 和 2∶1 型黏土矿物；形成：可交换性 Al、Al 夹层黏土、不规则的 SiO_2、Ca^{2+} 加 HCO_3^-。根据该图，只有最后两个从土壤中消失了。事实上，部分 $FeOOH$ 和 SiO_2 也在流失，至少是从表层土壤中流失，前者是通过将铁转移到氧化的 B 层，也许是转移到排水中。

问题 7.11

a. 铁溶解的土壤将具有逆黏土平衡：从表层流失的黏性（由于淋溶加上黏土的破坏）比沉积到 B 层的黏土多（例如问题 5.1 中的土壤）。然而，第 8 章将进行介绍，黏土的表面流失可能涉及许多其他过程。

b. A 层和 E 层阳离子交换量较低的原因：①黏土淋溶；②黏土破坏；③铝羟基夹层阻挡了部分负电荷。

c. 具有漂白层的地表水潜育形态（第 7.2 节）。

问题 7.12

层间的 2∶1 型黏土矿物的阳离子交换量非常低，因此通过进一步的铁解作用会更缓慢地破坏它们，进而在还原阶段不能吸附太多的 Fe^{2+}，在氧化阶段不能吸附太多的 H^+。

问题 7.13

$$FeS_2 + 15/4O_2 + 5/2H_2O \longrightarrow FeOOH + 4H^+ + 2SO_4^{2-}$$

问题 7.14

a. 从图 7.6 中可以看出黄钾铁矾在酸性和含氧条件下出现；针铁矿在轻微酸性至碱性、缺氧至含氧条件下出现；黄铁矿在酸性至强碱性缺氧条件下出现。

b. 硫酸盐。

c. 在 pe-pH 图说明的条件下，不稳定对是具有不相邻稳定场的：Fe^{3+}-$FeOOH$，Fe^{3+}-FeS_2、黄钾铁矾-FeS_2，O_2-Fe^{3+}，和 O_2-FeS_2。

问题 7.15

　　—氧化剂—　　　　　　　　　—还原剂—

a. $2FeOOH$　　　　　　　　$+3H_2S \longrightarrow FeS + FeS_2 + 4H_2O$

b. $FeOOH + 1/4O_2$　　　　$+2H_2S \longrightarrow FeS_2 + 2\frac{1}{2}H_2O$

因此，在没有氧气的情况下，只有一半的硫化铁可以转化为黄铁矿，另一半仍然是（黑色）硫化亚铁。事实上，大多数硫化潮汐沉积物是黄铁矿，不是黑色的，表明氧气的部分氧化在黄铁矿的形成中起作用。

问题 7.16

a. 从图 7.6 中可以看出黄铁矿被氧化了：

＊在非常低的 pH 和高的 pe，或在中等的 pH 和中等的 pe 下可溶解的 Fe（Ⅱ）硫化物，

＊黄钾铁矾（在高 pe 和 pH 小于 4 下，通过 Fe^{2+} 和 SO_4^{2-}），和

＊针铁矿，pH＞4。

b. $FeS_2 + 7/2O_2 + H_2O \longrightarrow Fe^{2+} + 2H^+ + 2SO_4^{2-}$

问题 7.17

化学自养生物利用化学能将二氧化碳转化为细胞物质。产硫酸杆菌利用还原硫化合物和（如果是氧化亚铁硫杆菌）Fe（Ⅱ）氧化过程中释放的能量。

问题 7.18

（通常是湿的）土壤中氧气的缓慢扩散阻碍了黄铁矿颗粒的原位供应，从而降低了（细菌）黄铁矿氧化的速率。黄铁矿废料更直接暴露在空气中的氧气中。

问题 7.19

由于每天（或每天两次）的涨潮，受潮汐作用的土壤或沉积物仍然保持非常潮湿，并且大部分是缺氧的。

问题 7.20

在非常潮湿的条件下或存在大量有机物（泥炭土）的情况下，土壤有充分的氧气足以将黄铁矿转化为 Fe^{2+} 和 SO_4^{2-}（问题 7.16），但不足以将溶解的 $FeSO_4$ 进一步氧化为黄钾铁矾（或针铁矿）。图 7.6 中 $pe-pH$ 条件是 Fe^{2+} 区域的条件。

问题 7.21

a. 由于 $CaCO_3$ 超过 H_2SO_4，pH 将保持接近中性，

b. 由于离子交换足够快，能跟上酸的生成速度，pH 将保持接近中性，

c. 由于酸的形成速度快于中和速度，土壤 pH 最初会降低；然而，如果培养足够长的时间（几个月或几年），则所有的酸都将被硅酸盐矿物的风化而被中和，并且 pH 应该再次上升至接近中性。

问题 7.22

$$KFe_3(SO_4)_2(OH)_6 \longrightarrow 3FeOOH + K^+ + 2SO_4^{2-} + 3H^+ \quad 无电子转移!$$

问题 7.23

黄钾铁矾和黄铁矿发生在同一个深度，但它们在空间上是分开的：黄钾铁矾沿着垂直裂缝出现，在垂直裂缝中 pe 值可能比相邻的细孔潮湿土壤自然结构体高得多，在那里黄铁矿可以存活更长时间。

难题 7.1

a. 在人工淹没和积水的表层土壤（0～15cm 深）中，水停滞在积水层和正在发展的交通盘上：上层滞水面。Fe（Ⅲ）氧化物季节性地被还原成 Fe^{2+}，其通过质量流和扩散移动到含氧更大的地下土壤，在那里被氧化并沉淀为 FeOOH。表层的 Fe（Ⅲ）氧化物逐渐减少，铁积累层随着土壤年龄的增长而表现得更加明显。然而，请注意，较老的土壤似乎已经从整个剖面中失去了铁，可能是因为排水去除了 Fe^{2+}。Fe（Ⅲ）含量下降到 60cm 以下可能反映了冬季地下水位下降的影响，而最古老土壤中铁的少量积累可能反映了地下水的积累。

b. 因为这是一个地表水潜育系统，锰将在铁之下积累。

难题 7.2

淹水和土壤还原后的 pH 增加主要是由于 Fe（Ⅱ）氧化物还原过程中氢的消耗（通过还原产生"自生石灰"）。当被洪水淹没时，Fe（Ⅲ）氧化物少的土壤不再"自生石灰"。红土富含 Fe（Ⅲ）氧化物。

难题 7.3

a. 土壤中游离的 Fe_2O_3-Fe 含量高于母质中的总铁含量，这意味着来自其他地方的供应而绝对积累了铁。在这些低洼的潜育土壤中，铁可能与从较高地区流出的地下水一起从低洼处涌上来。

b. Fe_2O_3 与黏土含量呈正相关，说明 Fe^{2+} 在强上升流期间地下水位较浅时（例如冬季）被吸附在黏土上，随后在夏季地下水位较低时，交换性铁氧化为 Fe_2O_3。同时形成的可交换 H^+ 被每年冬天随溶解的 Fe^{2+} 补给的碱性（钙和镁—氢氧化钙）中和。

难题 7.4

a. 锰还原在一周内达到最大值，比铁（Ⅱ）和硫（Ⅱ-）（8周）快。还原锰在剖面中出现得最高，然后是铁，然后是硫。这反映出锰（Ⅱ）、铁（Ⅱ）和硫（Ⅱ-）可以存在的 pe 或 P_{O_2} 值逐渐降低。氧化表层的增厚（氧气通过洪水从大气中不断扩散到土壤中）反映了厌氧生物消耗的还原能力的降低〔锰（Ⅱ）、铁（Ⅱ）、硫（Ⅱ）和可代谢有机物〕，其被厌氧生物消耗。

b. 锰（Ⅳ）氧化物的聚集区可能在上部的 5mm 内，铁（Ⅲ）氧化物聚集区在 5～10mm。随着时间的推移，这些区域变得越来越厚（深）。

c. 地表非常薄的堆积带很容易受到干扰，因此对分类没有任何用处。然而，它们每年都会形成，如果能观察到，也指示早期有涝灾。

难题 7.5

a. 参见难题 7.1 的答案。

b. 黏土平衡见下表。很明显，黏土从整个剖面中消失了。可能的原因是几个世纪以来（稻田）洪水和填洼（湿土壤耕作）之后悬浮黏土的横向移动，以及铁解作用。Apg1 层总CEC 由黏土部分和土壤有机碳的贡献组成，即

0.125（kg 黏土/kg 土壤）× a（mmol$_c$/kg/黏土）＋ 0.0065（kg 有机碳/kg 土壤）× b（mmol$_c$/kg/有机碳）＝40mmol$_c$/kg 土壤

Apg2 层一个相似的方程，有两个未知数的两个方程。这产量生 $a=217$mmol$_c$/kg 黏土，$b=1975$mmol$_c$/kg 有机碳。在每个土层的类似方程中，用特定的碳当量浓度值代替有机碳馏分，得到黏土馏分特定碳当量浓度（mmol$_c$/kg/黏土）：

土层	Apg1	Apg2	Eg1	Eg2	Eg3	Ecg	Cg1	Cg2	Cg3
CEC黏土	217	217	258	206	254	274	328	362	391

黏土具体的 CEC 在表层明显较低，这可以用铁解造成羟基铝夹层来解释。

	厚度	黏粒%	s＋s,%	ε	τ	黏粒 kg/m^2		
						现在	原始	流失
Apg1	8.00	12.50	87.50	−0.36	−0.82	10.00	55.45	45.45
Apg2	5.00	25.00	75.00	−0.26	−0.58	12.50	29.70	17.20
Eg1	5.00	27.10	72.90	−0.23	−0.53	13.55	28.87	15.32
Eg2	12.00	29.70	70.30	−0.21	−0.47	35.64	66.82	31.18
Eg3	11.00	33.30	66.70	−0.16	−0.37	36.63	58.12	21.49

续表

	厚度	黏粒%	s+s,%	ε	τ	现在	原始	流失
						黏粒 kg/m²		
ECg	17.00	41.60	58.40	−0.04	−0.10	70.72	78.64	7.92
Cg1	3.90	42.10	57.90	−0.04	−0.08	164.19	178.87	14.67
Cg2	30.00	42.90	57.10	−0.02	−0.05	128.70	135.69	6.99
Cg3	25.00	44.20	55.80	0.00	0.00	110.50	110.50	0.00
							合计	160.23

难题 7.6

a. 黄铁矿底土通气时，黄铁矿氧化降低了土壤 pH（年轻土壤中低于 18cm，年老土壤中低于 140cm），而不含黄铁矿的较浅土层受通气影响很小。

b. 根据容重数据，0～140cm 层包含 15.7×10^6 kg 土壤，或 $0.01 \times 1.57 \times 10^6 = 1.57 \times 10^4$ kg 硫。1kmol 硫（$=32$kg）最多产生 2kmol H^+，因此最大产酸量为 $2 \times 1.57 \times 10^4$ kg $\times 1/32$kmol/kg $= 9.8 \times 10^3$ kmol H^+。

c. 如果所有酸都保留在溶液中（总体积为 $0.5 \times 10^4 \times 1.4 = 7 \times 10^3$ m³），且没有被中和或淋洗，则 pH 为 $-\lg(9.8/7) = -0.15$。实际上 pH 为 4，表明几乎所有形成的 H^+ 都被缓冲和/或淋洗。

d. 1mol 高岭石或蒙脱石恰当的溶解会中和 6mol 的 H^+。因此 9.8×10^3 kmol H^+ 被 1.63×10^3 kmol 高岭石或蒙脱石中和。1kmol 高岭石质量为 258kg，1kmol 蒙脱石质量为 367kg，因此 4.2×10^5 kg 高岭石或 6×10^5 kg 蒙脱石可被释放的酸溶解。1ha$\times$140cm 深度的蒙脱石或高岭石总量为 $0.5 \times 0.5 \times 15.7 \times 10^6$ kg/ha $= 3.92 \times 10^6$ kg/ha。因此，最多可溶解 10% 至 15% 的原始黏土。

难题 7.7

碱基饱和度的降低等于 $(1-0.4) \times 300$ mmol($+$)/kg 土壤，相当于 240mmol H^+ 或 120mmol 硫。120mmol 硫的质量为 32mg/mmol$\times$120 $= 3.84$g 硫。因此 0.38% 的硫化铁的氧化可以将碱基饱和度从 100% 降低到 40%。这也意味着大多数具有相当高的阳离子交换量（对许多热带海洋沉积物来说是正常的）的黏土可以含有高达 0.4% 的黄铁矿—硫，而没有很大的强酸化风险。

7.7　参考文献

Brinkman，R.，1970. Ferrolysis, a hydromorphic soil forming process. Geoderma，3：199 – 206.

Brinkman，R.，1977. Surface – water gley soils in Bangladesh：genesis. Geoderma，17：111 – 144.

Brinkman，R.，1979. *Ferrolysis, a soil forming process in hydromorphic conditions*. Agricultural Research Reports 887：vi+106 pp.，PUDOC，Wageningen.

Buurman，P.，1980. Palaeosols in the Reading Beds（Paleocene）of Alum Bay，Isle of Wight，U. K. Sedimentology，27：593 – 606.

Kawaguchi，K.，and Y. Matsuo，1957. Reinvestigation of active and inactive oxides along soil profiles in time series of dry rice fields in polder lands of Kojima basin, Okayama prefecture, Japan. Soil Plant Food, 3: 29 - 35.

Konsten, C. J. M., N. van Breemen, Supardo Suping, and J. E. Groenenberg, 1994. Effects of flooding on pH of rice - producing acid sulphate soils in Indonesia Soil Science Society of America Journal, 58, 871 - 883.

Patrick Jr., W. H. and R. D. Delaune, 1972. Characterization of the oxidized and reduced zone in flooded soil. Soil Science Society of America Proceedings, 36: 573 - 576.

Van Breemen, N., 1976. *Genesis and solution chemistry of acid sulfate soils in Thailand*. Agricultural Research Reports 848, 263 pp. PUDOC, Wageningen.

Van Breemen, N., 1988. Redox processes of iron and sulfur involved in the formation of acid sulfate soils, p. 825 - 841 in J. W. Stucki et al. (eds): *Iron in Soils and Clay Minerals*. D. Reidel Publ. Co., Dordrecht. The Netherlands, 893 pp.

Van Breemen, N., W. F. J. Visser, and Th. Pape, 1987. *Biogeochemistry of an oak - woodland ecosystem in the Netherlands, affected by acid atmospheric deposition*. Agricultural Research Reports 930, 197 pp. PUDOC, Wageningen.

Van Mensvoort, M. E. F. and Le Quang Tri, 1988. Morphology and genesis of actual acid sulphate soils without jarosite in the Ha Tien Plain, Mekong Delta, Viet Nam. p. 11 - 15 in: Dost, H. (ed.): *Selected Papers of the Dakar Symposium on Acid Sulphate Soils*, Dakar, Senegal, January 1986, ILRI Publication 44.

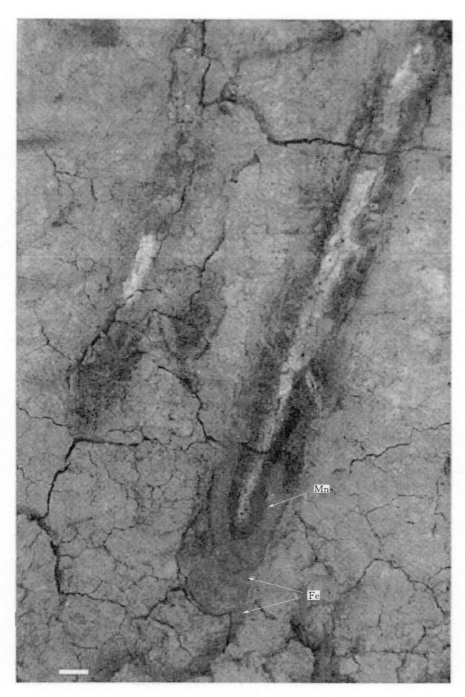

照片 M　铁（Fe）和锰（Mn）氧化物在黏性潜育土壤中沿原根系通道的积累。比例尺是 1cm。
西班牙南部的更新世黏土，P. 布尔曼拍摄。

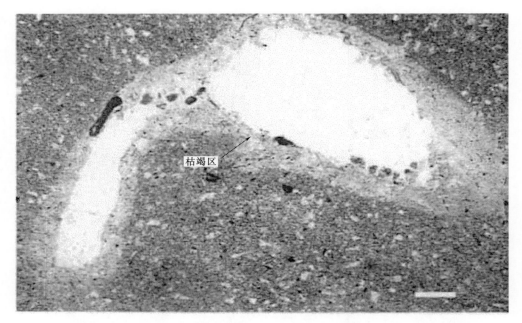

照片 N　沿孔隙去除铁。地表水潜育。普通光线。比例尺是 $215\mu m$。A.G. 琼格曼斯拍摄。

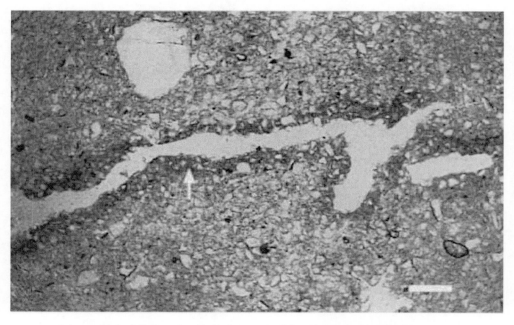

照片 O　沿孔隙铁的积聚（箭头）。地下水潜育。普通光线。比例尺为 $215\mu m$。
A.G. 琼格曼斯拍摄。

照片 P　荷兰两个砂质不同沉积物之间接触处的薄铁盘（箭头）。上方为总体视图；下方为
细节图。左侧为腐殖质灰化土－B层。注意薄腐殖质带（B）。P. 布尔曼拍摄。

第8章 质 地 分 化

8.1 概述

所有气候下的土壤中，母质、表层土和下层土之间普遍存在着土质差异。有时，这种差异是从底层基质而来的（例如沉积物的质地变化）。然而，这些差异往往是由于土壤形成过程造成的。质地分化导致表层和下层土比母质更细或更粗。导致质地分化至少要经历以下8个过程。

（1）母质的物理和化学风化。

（2）通过生物活动向上垂直运输细小组分。

（3）悬浮在渗滤土壤水中的黏土向下输送。

（4）通过侵蚀表面除去黏土而没有发生淀积。

（5）湿地水稻农业中因耕作而产生的黏土的表面剥离（捣成泥浆）。

（6）通过溶液沉淀在下层土中形成黏土。

（7）黏土的风化/溶解。

（8）土壤（基质）物质的垂直运动。

在土壤分类系统中，（3）是重点，但在特定情况下，质地分化的其他原因可能更重要。质地分化可参考 Buurman（1990）等撰写的相关资料。

8.2 质地分化过程及其特征

本书第2章讨论了由温度差异引起的物理风化和冰的形成减小了岩石碎片和矿物颗粒的尺寸。这种物理风化在表层土壤中最强烈，而且那里的温差最显著。物理风化减小了砾石、沙粒和粉粒的尺寸，但是几乎不产生任何黏粒大小的物质。轻度的化学风化会导致尺寸减小，例如云母的剥落。其他地方讨论了与不同土壤形成过程相关的强化学风化过程。

1. 生物活性

穴居动物不能直接移动远远超过自身大小的土壤颗粒。然而，通过将细小物质带到表面，它们将间接导致较粗颗粒的向下输送。慢慢地，较粗的颗粒下沉到动物活动的下限。这在细基质中含有明显粗粒部分的土壤中尤其明显，如砾石。这个过程的例子有很多。

（1）北美的地松鼠（囊地鼠）会埋藏相对较大的石头，同时将粗糙的砾石土壤均匀化。

（2）蚯蚓在土壤表面以铸件的形式沉积了一部分质地细密的摄入物质。粗糙的碎片不会被咽下并下沉。这一点在英格兰罗马别墅的废墟中得到了完美的体现。这种结构的墙体基础可能仍然存在，而基础之间的瓷砖地板位于原始表面以下 20～50cm 处，完全被暗表层土壤覆盖。移除土壤后，蚯蚓再次将它们的粪便堆积在瓷砖上（Darwin，1881）。

（3）在热带地区，白蚁会在土壤中筑巢，或者在土壤顶部建大土堆。巢穴和土堆主要由黏土和粉土建造。巢穴会随着时间的推移而再次腐烂，导致表层土壤质地变得更细。粗糙的物质不会被打捞起，可能沉入表面以下超过 2m 的深度处，形成明显的石线。此外，筑土堆的白蚁将精细物质从周围环境带到土堆遗址，不仅造成垂直差异，还造成精细物质含量的水平差异（Wielemaker，1984）。

2. 悬浮黏土向下运移（淋溶和淀积）

土壤中黏土的淋溶（去除）和淀积（添加）取决于许多条件。在干燥的土壤中，所有的黏土都被絮凝并黏结在团聚体或颗粒表面。干燥土壤的突然湿润可能会破坏团聚体，并通过空气爆炸来移动黏土。空气爆炸是干燥结构元件被浸湿时突然分解：水分通过毛细作用力进入孔隙，截留的空气会积聚足够的压力将团聚体吹散。为了使空气爆裂有效，土壤必须干燥。这意味着，有明显的干旱期（在此期间土壤变干），随后是高强度降雨的气候，有利于黏土淀积。

空气爆炸发生在所有周期性干燥的土壤中，但它不会自动使黏土颗粒悬浮。如第 3 章所述，当双电层膨胀时，黏土颗粒将分解并保持悬浮状态。①低电解质浓度；②高浓度的单价离子（Na^+）有利于这种膨胀。膨胀受到二价和三价离子的阻碍，譬如在交换复合体上的 Ca^{2+}、Mg^{2+} 和 Al^{3+}。

溶液中的 Fe^{3+} 浓度通常过低，以至于不会影响阳离子交换络合物的组成，但是细分的羟基氧化铁，因为它们在土壤 pH 下表面带正电荷，往往会使黏土保持絮凝。人们对有机分子的影响，知之甚少：一些有机分子增加了分散性，而另一些分子则会与黏土形成难以分散的非常稳定的复合物（问题 8.1）。在土壤中，絮凝条件与 pH 和 pH 相关的性质有关，如图 8.1 所示。

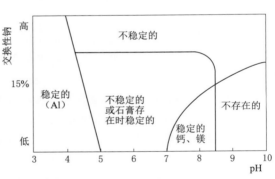

图 8.1　黏土团聚体的稳定性取决于 pH 和吸附的钠。

● 思考

　　问题 8.1　a. 图 8.1 解释黏土团聚体的稳定性是 pH 的函数。

　　b. 为什么石膏的存在（对酸碱度没有影响）会增加接近中性酸碱度范围内的稳定性？

一旦悬浮，黏土就可能会随着渗透水一起移动。黏土的运动通常涉及最细的黏土颗粒（小于 $0.2\mu m$）。悬浮黏土主要在水通量足够高的非毛管孔隙中移动。黏土停止运动的 3 种主要机制。

（1）在质地优良、潮湿的土壤中，渗透到大孔隙中的水通过毛细管抽回基质的方式横向排出。悬浮的黏土颗粒靠着非毛细管孔的壁被过滤掉，细黏土用平行于孔隙壁的板来定向自身。这种定向黏土的厚堆积在偏光显微镜下具有特定的双折射（图8.2）。

图 8.2　俄罗斯灰化淋溶土孔隙中的层状黏土覆盖层。A. G. Jongmans 拍摄。

当铁含量低时，这种堆积物被称为黏粒胶膜，当铁被氧化铁染成棕色或红色时，称为亚铁黏粒胶膜。

（2）当水停止运动时，黏土运动也停止。这是在蓄水能力有限的砂质土壤中，造成黏土沉积的主要原因。细孔突然变粗时，水也会停滞不前，例如当细质地层覆盖在较粗的土层时（第2章）。停滞的水蒸发后，所有悬浮物质都会留在这种接触点的正上方。黏土片晶倾向在砂粒周围和孔隙中形成平行排列，这可能会导致双折射覆盖层。

（3）当土壤溶液的电解质浓度增加时，悬浮黏土可能絮凝，例如与含碳酸盐的次表土接触时。因为这种絮凝可能不会引起黏土板的平行取向，所以产生的堆积可能不具有前两种机制典型的双折射。

淀积黏土常存在于干旱地区富含碳酸盐的土壤中。这可以用土壤形成的两个后续阶段来解释：黏土移动的阶段（在非石灰性或盐渍土壤中），随后是碳酸盐积累的阶段。

> ● 思考
>
> **问题 8.2**　黏粒运动为什么会先于碳酸盐的累积？

3. 黏土淀积的识别

在有黏土淋溶和淀积作用的土壤中，表层土细黏粒耗尽。带有淀积黏土的下层土具有以下特性：

（1）它包含沿孔隙和结构元素上的黏土质。在野外，只能在不太潮湿的土壤中用放大镜识别黏土胶膜。黏土胶膜通常有光滑的表面。它们表面上类似于"擦痕面"，光滑的压力面是由膨胀和收缩的蒙脱石黏土中的滑动结构元素形成的，但缺少光滑面典型的条纹（线性图案）。许多黏土胶膜比基质暗，不含粗颗粒。在薄片上，泥质岩的微观形貌最容易被识别（图 8.2）。然而，一些黏土矿物是由溶液中黏土矿物的化学沉淀形成的，但这些通常不局限于沿孔隙和土壤自然结构体的膜。

（2）与上覆层和下覆层相比，它具有更高的黏土含量和更高的细黏土/黏土比。细黏土部分（$<0.5\mu m$ 或 $<0.2\mu m$）优先输送，因此冲积层具有相对较高的细黏土含量。如果母质分层，堆积层中的黏土含量不一定高于其下覆层。

（3）它的阳离子交换的黏土高于上覆和下覆层。因为细黏土比粗黏土具有更大的比表面积，所以每单位质量的黏土也具有更高的阳离子交换量。这反映在混合矿物学土壤中的沉积层相对较高的阳离子交换量的黏土中。

（4）它的黏土部分比上覆和下覆层含有更多的蒙脱石，因为最细的黏土部分通常主要是蒙脱石。

尽管沉积黏土最初是以强烈平行取向的物质沉积在胶膜中，但这些黏土不会永远存在。部分胶膜将穿过吞食土壤动物的肠道，最终形成小块独立的定向黏土，称为"丘疹"。给定足够的时间，这个方向可能会完全消失。

4. 通过侵蚀对黏土表面去除（淘洗）

在许多景观中坡面流是一个常见的过程，例如在热带雨林中。这种坡面流可能不会产生通常我们认为的侵蚀特征，例如冲沟或片状侵蚀，因为它一次只覆盖很短的距离，而水又被土壤吸收。然而，从长远来看，地表径流可能会导致表层土壤中细粒部分的大量流失；淘洗（Eng）或贫瘠化（Fr）的过程。

树冠滴水（雨水通过树叶形式或树木结构聚集，导致局部滴水而不是均匀分布）通常会增加黏土在滴水区域的分散，其部分原因是水滴较大。在地表流动期间，悬浮黏土随着径流在土壤表面移动，直到水渗入土壤。最终，这一过程会导致细粒物质从地表进入排水系统。生物均化将表面去除的效果扩散到均化层的深度（通常是 Ah 层）。Ah 层和下伏层之间黏土含量的对比可能相当明显。

土壤动物进一步刺激从表层土壤中优先去除细颗粒部分，因为它们将相对细的物质带到表层（例如蚯蚓粪、白蚁山丘）。在老的、稳定的陆地表面，这可能导致厚的所谓动物地幔（Johnson，1990），由 $1\sim2m$ 厚的中等质地土壤组成，没有非常细和非常粗的土壤颗粒。在这个动物群地幔中，Ah 层可能再次明显的变得质地较轻。

● 思考

问题 8.3　a. 黏土的表面去除特征不同于黏土淀积的特征。如何识别表面去除？（考虑黏土质、细/粗黏土比、黏土和粉粒运动、黏土平衡和 $CEC_{黏土}$）。b. 为什么"动物地慢"缺少非常粗糙的土壤颗粒？

5. 搅拌导致的质地分化

在潮湿的热带地区种植湿稻非常普遍。这种做法要求在种植水稻幼苗之前，先翻耕涝渍土地，降低下土层的渗透性，使土壤软化。如果像许多灌溉系统（如印度尼西亚、菲律宾）一样，水不断从一个田地流向下一个田地，那么这种所谓的搅拌会导致表层土壤中黏土的流失。流水带走了所有悬浮物，主要是黏土。长期效果是从搅拌层中明显去除黏土。

> ● **思考**
>
> **问题 8.4**　通过调查土壤剖面，如何区分搅拌和淋溶造成的损失？

6．黏土形成

黏土的形成都伴随着风化，几乎所有的土壤中都含有风化矿物。虽然风化作用通常在浅层最强，但 B 层黏土的形成通常比 A 层强。原因可能是：①地层中黏土的形成可能受到有机物的抑制（第 3.2 节）；②溶质从 A 层输送到 B 层，在那里它们的浓度可能会因蒸发而增加，从而导致次生（黏土）矿物更强的过饱和。这导致 B 层比上面的 A 层有更多的黏土。黏土的形成量取决于母质以及风化过程的时间和强度。强风化的土壤，如铁铝土，可能有高达 90％ 的黏土，主要因为是新形成的。

> ● **思考**
>
> **问题 8.5**　以下两个因素对风化形成的黏土量有什么影响？
> a. 母质中风化矿物含量低。
> b. 年轻的土壤年龄。

通过从土壤溶液中结晶形成的黏土可能是强定向的。在这种情况下，很难将其与淀积覆盖层区分开来。然而，淀积覆盖层往往具有分区结构（图 8.2），带有稍粗颗粒的薄带，这在黏土沉淀物中是不存在的（图 8.3）。

由于黏土的移位，铁铝土中水铝英石和伊毛缟石的重结晶可能导致黏土覆盖层非常类似于（铁）黏土。因为火山灰土通常具有高铝活性，并且因为页硅酸盐含量很少，所以在这种土壤中观察到的"黏土质"通常应归因于重结晶或黏土形成（Buurman 和 Jongmans，1987；Jongmans 等，1994）。

层状母质中黏土形成的差异（不同粒度大小、不同数量的风化矿物）是常见的来源差异，但不是质地分化。风化矿物含量较高的土层通常会形成较高的黏土含量。这是层状火山沉积物中非常常见的特征。当有详细的粒度分析或砂矿物学资料时，很容易发现这种分层也反映在砂和粉粒组成中。如果表层土中遇到粗质地层，与下层土的差异通常（错误地）归因于黏土运动。

7．通过黏土分解进行的质地分化

第 7 章详细讨论了酸性土壤中伴随地表水潜育的黏土风化。这种分解通常会增强已经存在的质地分化，这些差异要么是由淀积形成的，要么是由母质的分层造成的。

8．基质物质的运动

"整个土壤"物质（通常是细粉粒、有机物和黏粒）的向下运动在结构稳定性低的表

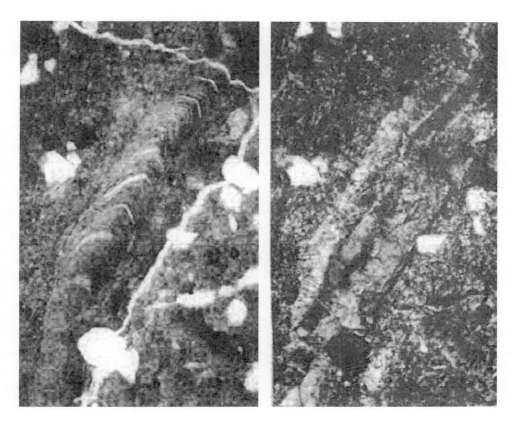

图 8.3　化学沉淀导致的定向黏粒孔隙完全被黏土填满了。注意图 8.2
覆盖层的双折射差异。A.G. 琼格曼斯拍摄。

层土壤中很常见。在这种土壤中，未分类的细覆盖层可以在孔隙的垂直壁上找到，或者在砂质物质中，如作为砂粒顶部的盖层。基质物质的迁移优先发生在大雨期间刚犁过的土壤上。这一过程是纯粹的悬浮输送，当水停止在较大的孔隙中流动时结束。

8.3　黏土淀积造成质地分化的强度和表达

土运动是一个纯粹的机械过程，如果条件是最佳的，它可能相对较快。在少于 200 年的冰川暴露的沉积物中已经证明了黏粒淀积。然而，一般来说，形成一个明显的淀积层需要 1000 多年。

强风化土壤中的黏土淀积历史可能超过 10000 年。在德国南部的黄土中，黏土移动似乎开始于 5500 年前，结束于 2800 年前，这表明在该地区的黏土迁移是一个化石过程（Slage 和 Van de Wetering，1977）。

将当前的环境条件与导致黏土淀积的条件进行比较，往往表明这种淀积是一种化石过程。在西欧，具有这个黏土移动的大多数土壤都在落叶森林之下，一小部分在针叶林或草地下。在热带地区，热带草原比雨林更常见。

思考

问题 8.6　下表列出了导致质地分化的八个过程。指出每个过程对表土和底土质地的影响。使用术语"更细""更粗"和"不变"。在第四列中添加附加特征。

过　程	表土	次表土	备注
1. 物理风化			
2. 生物活动			
3. 黏土淀积			
4. 黏粒侵蚀			
5. 黏闭			
6. 黏土形成			
7. 黏土破碎			
8. 基质传导			

思考

问题 8.7　在雨林下黏土淀积（8.2 节和问题 8.6）不可能涉及哪一个（子）过程？

黏土移动的表现随土壤质地的变化而强烈变化。在砂质土壤中，黏粒仅占百分之几，淀积黏土通常集中在一系列不连续的、或多或少水平的、波状带或薄片中。在荷兰，这种黏粒淀积在古老的表层土中很常见，在那里黏粒在沙粒之间形成桥梁。薄片随时间向上生长 （Van Reeuwijk 和 De Villier，1985）。

淋溶层和淀积层在壤土中表现最为明显，例如黄土或冲积壤土。淀积层通常是连续的，有几分米厚。它通常比上伏层和下伏层更暗。可以用放大镜清晰识别土壤自然结构体表面和生物孔隙上的黏土覆盖层。淀积层通常具有强烈的块状结构，而淋溶层则是无结构或扁平状。随着时间的推移，淀积层倾向向上生长，而黏土含量增加，其上边界变得更加尖 （图 8.4）。

在富含碳酸盐的母质上的残余土壤中，定向黏粒的含量往往非常高。这可能是因为黏粒从碳酸盐岩中释放的数量很少，而且靠近碳酸盐母岩的黏粒运动受到了极大限制。

在高黏粒含量的土壤中，质地分化变得较少，定向黏粒也不太丰富。在潮湿热带的高岭土质土壤中，定向黏粒的覆盖层实际上可能不存在，但不清楚这是由于没有淀积还是强烈的生物均匀化作用造成的。由于较大的降雨量（较深渗透）和热带土壤形成时间较长，导致在热带气候的土壤剖面比温带气候中趋于更深。

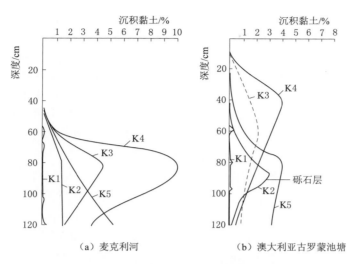

图 8.4　在河流阶地中的黏粒淋溶阶段。
K1 至 K5 是连续的发展阶段。摘自 Brewer，1972。
经澳大利亚地质学会许可使用。

在黏粒膨胀和收缩的土壤中，强大的物理运动可能足以消除黏土运动的影响。此外，定向黏土在压力结构主导的基质中是不可见的。

许多具有黏粒运动的剖面也有其他过程的较新的印迹，如灰化、地表水潜育、均质化。

8.4　具有黏粒淋溶和淀积的土壤中的黏土矿物

细粒黏土矿物，如蒙脱石、蛭石和伊利石，似乎比相对粗粒的高岭石更易移动。这可能导致淋溶层和淀积层的矿物分异。

具有黏粒移动的土壤的风化和黏土矿物组合是可变的。在温带地区，冲积层中的黏土矿物组合通常类似于母质，但蒙脱石矿物含量较高。在热带地区，黏粒移动的剖面可以被强烈风化，非常类似于氧化土。在这些土壤中，高岭石是主要的（有时是唯一的）黏土矿物。热带地区许多质地对比鲜明的土壤都是酸性的，且具有高含量的可交换吸附铝。在这种土壤中，很少有人从微观形态上进行研究，也不确定淀积或淋溶作用在导致垂直质地分化中起了主导作用。

> ● 思考
>
> **问题 8.8**　为什么富含交换性 Al^{3+} 土壤中淋溶黏土的存在表明黏粒运动在这些土壤中不是一个活跃的过程？

在温带地区，风化作用受到更大的限制，例如淀积层中伊利石形成蛭石，以及伊利石层间形成土壤绿泥石（第 3.2 节）。

8.5 土壤分类中基于质地的诊断层

土壤剖面结构的变化可能主导土壤形成过程，并影响农业上重要的土壤性质，如可生根性，水的可利用性和水的渗透。由于这些原因，在土壤分类中使用了质地的变化。由于黏土的移动或损耗造成的质地分化在 USDA 和 FAO 的淀积黏化的和钠质的（B）以及 USDA 的高岭土层中进行了量化（SSS，1987）。USDA 的淀积层是由于基质的传导。

泥质层和钠质层都应该有一定量的淀积黏土，或者通过粒度分析表明，或者对薄层上的定向黏粒的认知。这些诊断层的概念基于黏粒淋溶和淀积，但它们的定义不一定排除以不同方式形成的质地分化。

许多热带土壤的表土质地相对较轻，但在较细的 B 层中没有明显的黏土淀积胶膜。这种土壤不会有淀积黏化层。高岭土不形成双折射薄膜的理论通常解释了薄膜缺失的现象。为了适应这种土壤，创造了高岭层（来自高岭石，1：1 型黏土的通用术语）。高岭土层的定义为：它的上边界，不是土层自身的性质；它的顶部应该有黏土含量的急剧增加，但不需要有黏粒沉积的证据。从化学和矿物角度来看，高岭层与氧化层相似。

尽管温带和热带气候只有一个淀积黏化层，但分类确实考虑到了淀积黏化层的风化状态（黏土部分的基准饱和度和阳离子交换量）。在温带地区，沉积层通常轻度欠饱和，pH 为 5～7，除非它们受到铁解作用的影响（第 7 章）。铁溶解的 B 层在可交换碱和强风化条件下会被强烈耗尽，并且具有较低的酸碱度。

在热带地区，淀积黏化层在可交换基底中往往较低，并且风化程度较强。黏土矿物组合以高岭石为主，但一些可风化的矿物可能残留在淤泥和砂粒中。颜色通常比温带地区更红（第 3 章）。在潮湿的热带地区，土壤不会随季节性干燥，土壤很少显示突出的淀积黏土，淀积黏化层也是稀少的。如果质地上的比较是充分的，则土层被归类为高岭土。

钠层是可交换性钠含量高的淀积黏化层。它的特点是棱镜显示典型的圆形顶部（第 9 章）。这些土层可能是在盐渍土壤分解时形成的。当富含氯化钠的土壤被分离时，电解质的稀释导致钠黏土的胶凝。分散的黏土被向下输送，在那里它可能填充孔隙系统并降低渗透性（第 7 章）。因为钠的吸附也破坏了土壤有机质的构象结构（第 4 章），黏土淀积经常伴随着有机质的淀积。

在稳定的陆地表面上，黏土淋溶和淀积的土壤有淋溶层（E）和淀积层（Bt；淀积黏化的）。E 层的特征通常是轻质地和颜色比上层和下层更浅，但它不够白，不足以成为漂白层。漂白层在黏粒运动的土壤中表现得很明显，黏土运动也会周期性地使水滞留在 B 层，导致铁溶解（第 7 章）。在侵蚀土壤中，E 层已经消失，而 Ah 层可能直接覆盖在 Bt 层上。

8.6 难题

难题 8.1

图 8.5 和图 8.6 说明了与电解质浓度（$CaCl_2$）有关的有机酸和黏土之间的一些可能的相互作用。黄腐酸（第 4.5 节）、对羟基苯甲酸和水杨酸被用作有机物溶解的替代物。

浊度是悬浮液中物质含量的一种量度。

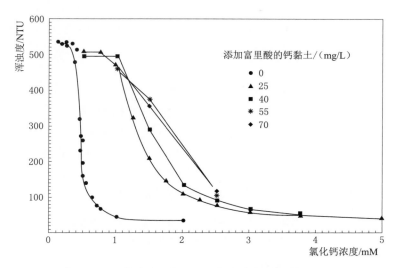

图 8.5　添加黄腐酸对钙黏土悬浮液氯化钙浓度的影响。
摘自 Van den Broek，1989。

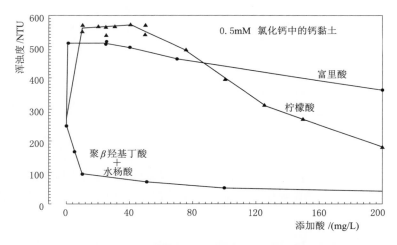

图 8.6　在恒定电解质浓度下添加有机酸对钙黏土悬浮液絮凝的影响。
摘自 Van den Broek，1989。

a. 讨论电解质浓度对絮凝作用的影响，其与黄腐酸添加量的函数关系（图 8.5）。

b. 在图 8.5 中绘制图 8.6 的初始情况。

c. 讨论黄腐酸、柠檬酸和对羟基苯甲酸（phb）/水杨酸对悬浮液絮凝的影响（图 8.6）。

难题 8.2

以下哪种情况有利于黏土颗粒的悬浮，哪种情况有利于在大孔隙中输送：①潮湿土壤上的暴雨；②干燥土壤上的中雨；③潮湿土壤顶部的潜水位；④潮湿土壤上持续的低降雨量？

难题 8.3

在图 8.4 中，黏土最大淀积值看起来在土壤剖面中首先向上移动（K1～K4），但在最古老（表达最多）的阶段中的深度更大。土壤形成过程的顺序是否可以解释这些观察结果？

难题 8.4

表 8.1 显示了荷兰南部黄土中淀积黏化层的数据。

（a）计算表面积 $1m^2$ 和深度 $3.27m$ 的土壤中定向黏土的体积。

（b）计算从 A 和 E 层移除的黏土量和在较低层累积的黏土量，假设以下条件：①剖面中没有黏土层；②沙子＋粉粒组分保持不变；③黏土和非黏土的比重为 $2500kg/m^3$，各层位的容重为 $1.4g/cm$；④土壤中原始黏土含量为 15%。

（c）解释（a）和（b）之间的区别，不考虑容重的变化。

表 8.1　　　　　　　　土壤剖面 Heerlerheide 中的黏土含量和定向黏土。

摘自 Van Schuylenborgh 等，1970。

土层	深度 /cm	黏粒（质量比）/%	定向黏土（体积）/%		
			总计	原地 ferri－arg	丘疹状结核
Ah	0～13	13.2	n. d.	n. d.	n. d.
E	13～21	13.6	0.3	0.0	0.3
Bt1	21～33	15.5	2.2	1.1	1.1
Bt2	33～92	21.5	4.1	2.3	1.8
Bt3	92～123	22.2	2.8	2.3	0.5
BC	123～307	19.2	1.2	1.0	0.2
C	307～327	15.0	0.3	0.3	0.0

难题 8.5

图 8.7 和 8.8 给出了印度尼西亚西加里曼丹一些土壤剖面的质地剖面图和细黏土与黏土的比例。哪些过程可能是导致质地分化的原因？假设每种情况下，较低土层代表 C 层。

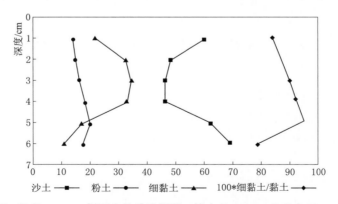

图 8.7　Kalimantanu 剖面 2 的质地概况。摘自 Buurman 和 Subagjo，1980。

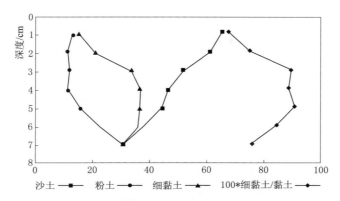

图 8.8　加里曼丹 3 号剖面的质地概况。摘自 Buurman 和 Subagjo，1980。

8.7　答案

问题 8.1

a. pH 在 5 以下的稳定场是由溶液中的 Al^{3+} 引起的，由于钙（和镁）碳酸盐的存在，使得 pH 在 8 附近形成稳定场，这导致溶液中二价阳离子的存在以及这些阳离子足够高的浓度使黏土保持絮凝。

b. 石膏（$CaSO_4 \cdot 2H_2O$）的存在对 pH 没有影响。它比方解石更易溶解，因此可以用可交换的 Ca^{2+} 稳定黏土。

问题 8.2

土壤形成过程发生重大变化的主要原因是气候变化。在目前的情况下，它应该是一个从相当潮湿到干燥的气候变化。

问题 8.3

a. 无积垢的黏土表面清除可通过以下特征发现：

①缺少淀积黏化。剖面中在 B 层或剖面更深处没有淀积黏土层。②表层土中黏土含量和细黏土含量较低，而下层土中细黏土/黏土比率和细黏土含量也不高，细黏土与黏土的比例应随深度或多或少保持恒定。③表层土壤中细泥沙的轻微流失。当有详细的粒度分析时，可以测量这种影响，黏土淀积和黏土去除得到的模式非常不同。④逆黏土平衡：从表层土壤中去除黏土，在 B 层增加。⑤下层土中阳离子交换量没有增加。如果没有细黏土的堆积，黏土部分的阳离子交换量不受影响。

b. 仅将相对较细的土壤材料带到土壤表面会导致所有较粗物质向下移动。这往往会积累在动物活动区（石线）以下。

问题 8.4

这种去除与淀积造成的黏土损失和获得的特征与淘洗相似。过程基本相同。

问题 8.5

少量风化矿物导致形成黏土的可能性较小。在年轻土壤中，黏土的形成还没有达到最大限度的发展。

问题 8.6

过程	表层土	次表土	备　　注
1. 物理风化	更细	未变的	少黏粒形成
2. 生物活动	更细	（更粗）	形成的石线
3. 黏土淀积	更粗	更细	细黏土、阳离子交换量、涂料
4. 黏粒侵蚀	更粗	未变的	粉粒也流失
5. 黏闭	更粗	未变的	粉粒也流失
6. 黏土形成	未变的	更细	
7. 黏土破碎	更粗	未变的	铁溶解
8. 基质传导	更粗	更细	耕种

问题 8.7

空气爆炸需要干团聚体的存在。这在永久潮湿的环境中是不可能的。

问题 8.8

大量的可交换 Al^{3+} 会稳定黏土并防止胶溶。这表明黏粒移动不是一个活跃的过程，而是在剖面酸化前发生的。

难题 8.1

a. 在所有情况下，$CaCl_2$ 的加入都会刺激黏土/有机物悬浮液的絮凝，这是由于溶液中可交换二价阳离子浓度的增加和电解质浓度的增加。而黄腐酸的加入降低了絮凝作用。当添加更多黄腐酸时，絮凝发生在较高的 $CaCl_2$ 浓度下。这可以用部分钙与黄腐酸的结合来解释。

b. 第二张图的起始位置在图 8.5 的零黄腐酸点上，其中该图为 $0.5M\ CaCl_2$ 浓度。

c. 即使在低添加量下 PHBA 和水杨酸也能显著增加絮凝作用，而黄腐酸和柠檬酸的高添加量是引起絮凝作用的必要条件。我们无法解释这些差异，但是与黄腐酸相比，PHBA 和水杨酸的分子大小较低，也可能起作用。

难题 8.2

中等降雨量落在干燥土壤上的情况最有利于黏土运输，因为它会引起空气爆炸和运输。如果土壤已经湿润，空气爆炸就不会发生。如果降雨量太小，就没有通过大孔隙的水输送。

难题 8.3

不同深度的黏粒淀积始于降雨渗透和/或质地变化。黏粒积聚在某一层的事实增加了该层的质地对比和水滞留。这将解释 Bt 层的上升。在最后一个阶段，Bt 层的顶部似乎在向下移动。该阶段 B 层的突变上边界表明，由于 Bt 上的水滞留，黏土通过铁分解而分解。

难题 8.4

a. 表面积为 $1m^2$ 和深度为 327cm 的土壤中定向黏土的总体积是通过将不同层位的值相加来计算的。根据每个土层来计算总体积。这个体积乘以定向黏粒的分数。对于 Bt2 土层的计算为

土层体积： (0.92－0.33)m×1 m^2

定向黏土的部分： 0.041

定向黏土总体积： 0.59×0.041m^3＝0.024m^3

这样，计算整个剖面的定向黏土总体积为 0.058m^3。

深度/cm		容重 /(kg/m^3)	黏粒 /(质量%)	定向黏粒 /(体积%)	土层体积 /m^3	土层定向黏粒 /m^3
顶端	底部					
0	13	1400	13.2		0.13	0
13	21	1400	13.6	0.3	0.08	0.000
21	33	1400	15.5	2.2	0.12	0.003
33	92	1400	21.5	4.1	0.59	0.024
92	123	1400	22.2	2.8	0.31	0.009
123	307	1400	19.2	1.2	1.84	0.022
307	327	1400	15	0.3	0.2	0.001
					总体积（m^3）	0.058

b. 为了计算黏土的流失或流失量，需要一种参考物质。因为沙子和粉粒部分应该是不变的，可以用这些部分的总和作为参考。

在 C 层中有 15%的黏粒和 85%（砂＋粉粒）。黏粒和粉粒部分的应变和黏土部分的 τ 计算见下表。

深度/cm		容重 /(kg/m^3)	黏粒 /(质量%)	沙＋粉 (组分)	应变沙＋ 粉粒	现在黏粒量 /kg	τ [式(5.4)]	原始黏粒 [式(5.5)] /(kg/m^2)	黏粒流失 /(kg/m^2)
顶端	底部								
0	13	1400	13.2	0.868	－0.021	24.0	－0.14	27.9	3.9
13	21	1400	13.6	0.864	－0.016	15.2	－0.11	17.1	1.8
21	33	1400	15，5	0.845	0.006	26.0	0.04	25.1	－1.0
33	92	1400	21.5	0.785	0.083	177.6	0.55	114.4	－63.2
92	123	1400	22.2	0.778	0.093	96.3	0.62	59.6	－36.8
123	307	1400	19.2	0.808	0.052	494.6	0.35	367.3	－127.3
307	327	1400	15	0.85	0.000	42	0	42	0
								合计	222.50

c. 定向黏土的体积小于 B 层黏土增量的三分之一。这可以解释为土壤食性动物对定向黏土区域的破坏。

难题 8.5

a. 图 8.7 在 3～5 层的黏土明显增加，这主要被砂含量的变化抵消。表层土壤粉粒不会流失。这些土层中的黏土淀积也应具有降低粉粒含量的作用。细黏土/黏土比随深度增加而增加，但其最大值低于黏土最大值。这种结合表明黏土是由粉粒大小的矿物形成的，也许还伴随着下层土中的黏土淀积。表面似乎没有侵蚀。

　　b. 图 8.8 显示，在顶部的砂粒成分增加，细黏土和粉粒成分减少。这些都表明表面侵蚀会造成细颗粒部分的损失。细黏土/黏土比似乎表明 3～5 层处存在黏土淀积，这可能是表面侵蚀和黏土淀积共同作用的结果。

8.8　参考文献

Brewer，R. ，1972. Use of macro – and micromorphological data in soil stratigraphy to elucidate surficial geology and soil genesis. Journal of the Geological Society of Australia，19（3）：331 – 344.

Buurman，P. ，and A. G. Jongmans，1987. Amorphous clay coatings in a lowland Oxisol and other andesitic soils of West Java，Indonesia. Pemberitaan Penelitian Tanah dan Pupuk，No. 7：31 – 40.

Buurman，P. ，and Subagjo，1980. Soil formation on granodiorites near Pontianak（West Kalimantan）. In：P. Buurman（ed）：*Red soils in Indonesia*，106 – 118. Agricultural Research Reports 889，Pudoc，Wageningen.

Buurman，P. ，1990. Soil catenas of Sumatran landscapes. Soil Data Base Management Project，Miscellaneous Papers No. 13：97 – 109.

Darwin，C. H. ，1881. The formation of vegetable mould through the action of worms，with observations on their habits. John Murray，London，298 pp.

Johnson，D. L. ，1990. Biomantle evolution and the redistribution of earth materials and artifacts. Soil Science，149：84 – 102.

Jongmans， A. G. ， F. Van Oort， P. Buurman， and A. M. Jaunet， 1994. Micromoiphology and submicroscopy of isotropic and anisotropic Al/Si coatings in a Quaternary Allier terrace，France. In：A. J. Ringrose and G. S. Humphreys（eds. ）：*Soil Micromorphology：studies in management and genetics*，pp. 285 – 291. Developments in Soil Science 22，Elsevier，Amsterdam.

Slager，S. ，and H. T. J. van de Wetering，1977. Soil formation in archeological pits and adjacent loess soils in Southern Germany. Journal of Archeological Science 4：259 – 267.

Soil Survey Staff， 1975. *Soil Taxonomy*. Agriculture Handbook No. 436. Soil Conservation Service，USDA，Washington

Soil Survey Staff，1990. *Keys to Soil Taxonomy*. Soil Management Support Services Technical Monograph 19. Blacksburg，Virginia.

Van den Broek，T. M. W. ，1989. *Clay dispersion and pedogenesis of soils with an abrupt contrast in texture – a hydrochemical approach on subcatchment scale*. PhD Thesis，University of Amsterdam，1 – 109.

Van Reeuwijk，L. P. ，and J. M. de Villiers，1985. The origin of textural lamellae in Quaternary coast sands of Natal. South African Journal of Plant and Soil，2：38 – 44.

Van Schuylenborgh， J. ， S. Slager and A. G. Jongmans， 1970. On soil genesis in temperate humid climate. VIII. The formation of a 'Udalfic' Eutrochrept. Nether – lands Journal of Agricultural Science，18：207 – 214.

Wielemaker，W. G. ，1984. *Soil formation by termites – a study in the Kisii area，Kenya*. PhD Thesis，University of Wageningen；132 pp.

照片 Q 西班牙南部河流阶地中的大量方解石白垩（箭头）。
风化卵石（P）由蛇纹岩组成。硬币的直径是 3cm。P. 布尔曼拍摄。

第 9 章　钙质、石膏质和盐渍土壤的形成

9.1　概述

在降雨量少的地区，许多土壤积累了相对可溶的矿物质，如碳酸盐、硫酸盐和 Ca、Mg、Na 的氯化物。这些强烈地影响了土壤的特性以及生长在那里的植物和庄稼。碳酸盐的存在使土壤 pH 维持在 8 以上。高浓度的可溶性盐会增加土壤溶液的渗透压，从而降低植物获得水的能力。方解石、石膏和更易溶解的盐，如镁、钾和钠的氯化物和硫酸盐，以及钠和钾的碳酸盐，这些在某些沉积岩和土壤中很常见，但在原生（火成岩）岩石中不常见。阳离子组成存在于常见的成岩硅酸盐中。硫在岩浆矿床（硫化物）中很常见。硫和氯在火山气体中很常见，而大气通常会提供二氧化碳。

碳酸钙和碳酸镁 [$CaCO_3$，方解石和霰石；$CaMg(CO_3)_2$，白云石]，石膏和硬石膏（$CaSO_4 \cdot 2H_2O$ 和 $CaSO_4$）、岩盐（$NaCl$）和钾盐（KCl）是海洋和干旱环境沉积物的常见成分。例如当海水蒸发时会形成这种盐。"标准"的海水的成分见表 9.1。

表 9.1　　　　　　　　　海水的平均组成。摘自 Garrels 和 Christ，1965。

阳离子	含量/($mmol_c/L$)	阴离子	含量/($mmol_c/L$)
Na^+	475	Cl^{-1}	555
Mg^{2+}	108	SO_4^{2-}	57
Ca^{2+}	21	HCO_3^-	2.7
K^+	10		
合计	614		615

当海水蒸发时，一部分钙首先沉淀成碳酸钙，其余部分沉淀成石膏。其他阳离子主要形成氯化物和硫酸盐。由于碳酸氢盐不足，所以不能形成一价离子的碳酸盐。

在硅酸盐岩石中，钙、镁、钠和钾离子通常以硅酸盐形式存在。当 pH<10，溶液中的二氧化硅以不带电荷的 H_4SiO_4 形式存在，因此，硅酸盐风化时必须提供不同的离子。这种离子通常是 HCO_3^-，从大气中提取二氧化碳溶解于水中作为风化剂。碳酸钙是溶解度最小的一种盐类，如果这种溶液蒸发失水，通常会形成沉淀。这就是当风化产物不能通过渗透去除时，几乎所有土壤都含有碳酸钙的原因。在干燥条件下，当氯化氢或硫酸作为风化剂时，溶解的氯化物和硫酸盐会发生沉淀。

> **● 思考**
>
> **问题 9.1**　用反应方程式说明在斜长石（$CaAl_2Si_2O_8$）风化过程中碳酸氢钙土壤溶液是如何形成的，以及通过土壤溶液的蒸发如何形成碳酸钙的。

大多数碳酸盐、硫酸盐和卤化物比硅酸盐矿物更易溶于水。这意味着无论是在剖面还是在景观中，它们都很容易溶解在渗透的雨水中，并随流动的地下水一起运输和再分配。因此，这种可溶性化合物在土壤中的出现取决于当前来源、年降水量和蒸散量之间的差异、土壤的孔隙度和地下水的移动。我们可以区分三大类可溶性化合物。

（1）碳酸钙和碳酸镁。这些溶液的溶解度相对较低。它们的发生受 Ca^{2+}、Mg^{2+}、HCO_3^-、CO_2 浓度和 pH 的影响。

（2）石膏（$CaSO_4 \cdot 2H_2O$）和硬石膏（$CaSO_4$）。这些都是中等溶解度的化合物。硬石膏只能在极度干燥的条件下形成。石膏的存在是由 Ca^{2+} 和 SO_4^{2-} 的浓度决定的。

（3）可溶性盐。这些包括钠和钾的碳酸盐，钙、镁、钠和钾的氯化物和硫酸盐，以及这些离子的混合盐。

> **● 思考**
>
> **问题 9.2**　通过反应方程式表明方解石的溶解度取决于 pH，而石膏的溶解度则不取决于 pH。

这三组之间溶解度的差异导致积累的可溶性化合物与过量的蒸发蒸腾之间有很强的关系。在降雨量远远超过蒸发蒸腾的潮湿地区，方解石和更多可溶性的成分最终会被去除。在一些干燥的气候条件下，过量蒸发蒸腾相对较小，碳酸钙通常会持续存在，甚至积累，但更多可溶性化合物会被去除。极溶性盐只能存在于有强烈过量蒸发蒸腾作用的干旱气候的土壤中。只有含有这种盐的土壤才被称为盐渍土。盐渍土除了有更多的可溶性盐外，几乎总是有碳酸钙和/或石膏的积累。

本书分开讨论方解石和石膏的积累过程与"盐渍土"的积累过程。

9.2　碳酸钙和石膏

1. 碳酸钙

在根系呼吸和分解有机物质（细菌呼吸），提供相对高的二氧化碳压力的影响下，碳酸钙很容易溶解在潮湿的表层土壤中。

当 P_{CO_2} 下降和/或溶质浓度增加超过方解石溶度（第 3 章）时，碳酸钙会再次淀积。

方解石的过饱和或欠饱和程度在毫米至厘米间变化，这取决于根和孔隙引起的 P_{CO_2} 变化。这可能导致复杂的沉淀和溶解模式。在适度干燥的气候条件下，表层土壤缓慢脱钙，次生碳酸钙在一定深度积累。根区以下二氧化碳产量的减少和根系吸收渗透水导致溶质浓度的增加可能导致碳酸钙在一定深度沉淀。

碳酸钙累积的实际深度随着降水量的增加而增加（图 9.1、图 9.2）。累积深度取决于单次降水事件的平均渗透深度。在干燥的气候中，因为干燥的土壤吸收了浅深度的大部分暴雨，故渗透深度很浅。因为土壤变得不太干燥，故随着降雨量的增加，平均渗透深度也增加。当降雨量超过一定限度（如图 9.2 所示约 900mm），下层土很少变干，但当土壤变干时，溶质通过地下水排出而不是随降水排出。

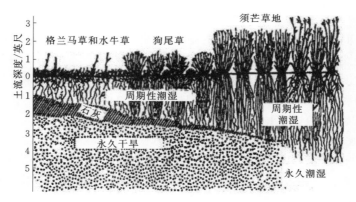

图 9.1　在热带草原序列中碳酸钙（石灰）积累深度与降雨量的关系（左：低；右：高）。
1 英尺＝30cm。摘自 Jenny，1941。经麦格劳希尔出版公司许可重印。

● 思考

问题 9.3　在图 9.2 中，为什么方解石的量（由堆积层的厚度显示）随着降雨量的增加而减少？假设不管年降雨量，碳酸钙的源材料量是相同的。

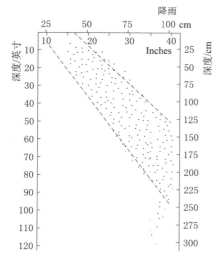

图 9.2　美国黄土中方解石出现深度与年平均降雨量的关系。Jenny，1941 年，经麦格劳希尔出版公司许可使用。

2. 积累阶段

次生碳酸钙的积累或多或少遵循一个固定的过程，从形态学上可以分为 4 个阶段。

（1）方解石在较小的生物孔隙中以小的、线状形式堆积。在土壤剖面中，这种线状堆积被描述为"伪菌丝体"（图 9.3）。同时，在孔隙中可能形成小方解石晶体和薄覆盖层。在粗沉积物中，方解石聚集在单个鹅卵石的底部。

（2）持续积累导致形成坚硬或柔软方解石结核。根据孔隙系统的几何形状，它们可以排列成垂直的大孔或分散在基质中。

（3）进一步聚集后，结核聚结，最终形成方解石库（所谓的"岩石钙层"）（图 9.4，照片 Q）。

（4）当硬化方解石堆积阻碍垂直水流时，在结节带顶部出现形成大量层状方解石堆积。

　　这种描述适用在浅层地下水缺乏的情况。在地下水较浅的干旱土壤中，当方解石因地下水蒸发沉淀而形成层状方解石堆积，而地下水通常充满碳酸钙。

图 9.3　巴巴多斯土壤中的假菌丝体。摘自 Esteban 和 Klappa，1983。

图 9.4　石化钙质层。上部有胶结结核，下部有垂直排列的结核。高度：2.5m。摘自 Esteban 和 Klappa，1983。

> **● 思考**
>
> 　　**问题 9.4**　在粗颗粒沉积物中，为什么方解石的堆积始于卵石的底部（照片 R）？

　　在方解石堆积发育良好的剖面中可以发现这 4 个阶段是相互叠加的。图 9.5 给出了这样一个模型剖面。

> **● 思考**
>
> 　　**问题 9.5**　图 9.5 表明方解石的堆积阶段Ⅰ、Ⅱ和Ⅲ，在块状层流区的上方和下方顺序相反。解释在含有适度钙质的沉积物上发育的土壤的垂直序列的形成（Ⅰ-Ⅱ-Ⅲ；Ⅲ-Ⅱ-Ⅰ）。

　　在薄的部分，方解石堆积物表现出多种形式。其中一些可以在不同的环境中形成，但另一些是针对特定的降水环境的。后者可用于重建土壤发生（Freytet 和 Plaziat，1982；PiPujol 和 Buurman，1997）。

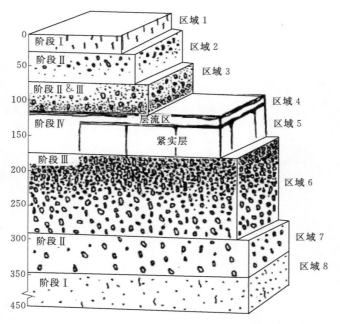

图 9.5　美国新墨西哥州的方解石在土壤中积累的阶段。
摘自 Monger 等，1991。

3. 次生碳酸钙（石灰华）

流动的地下水可能会远距离输送溶解的碳酸钙。在水流接触大气或水生植物的地方可能发生沉淀。与二氧化碳浓度较低的大气接触会导致可溶性二氧化碳的减少。这导致碳酸钙的沉淀。生长在水中的植物去除二氧化碳能力更强。在水生植被中的沉淀会导致典型的多孔方解石沉淀，其中含有大量植物残骸和淡水软体动物。这种方解石堆积称为石灰华。如果通过与大气接触脱气导致沉淀，就会形成层状和无孔的沉淀物，例如在火山爆发后的方解石阶地中。

● 思考

问题 **9.6**　解释为什么在二氧化碳排气后方解石沉淀出现在富含 Ca（HCO$_3$）$_2$ 的地下水中？为什么水生植物会进一步刺激方解石沉淀？

4. 石膏堆积

石膏（CaSO$_4$·2H$_2$O）是古代海生蒸发岩的常见成分。这种矿床常见于二叠纪、三叠纪和中新世。在最近的沉积物中，石膏是钙质沉积物中黄铁矿的风化产物（第 7 章），但这很少发生显著的堆积。土壤中大量石膏的积累通常是由于地下水蒸发和含石膏沉积物中的再分布造成的。石膏比碳酸钙（在纯水中为 2.6g/L）更易溶解，因此流动性更好。

当温度超过 40℃时，石膏脱水成烧石膏（CaSO$_4$·1/2H$_2$O），由于它在加水后能迅速复水，被用于商业石膏。脱水成烧石膏是很快的，但是因为土壤很少升温到 40℃以上，故烧石膏不是土壤的常见成分。烧石膏进一步脱水为硬石膏（CaSO$_4$）需要更高的温度，这在土壤中几乎不会发生，但在较老的变质沉积物中很常见。由于其较高的溶解度，因此与碳酸钙相比，石膏可以通过渗透水或毛细水传输到更远的距离。

> **思考**
>
> 　　**问题 9.7**　排水和地下水蒸发良好的土壤中，石膏和方解石在累积层的相对垂直位置是如何分布的？

石膏堆积的阶段与方解石相似。大量层状沉积物是由于地下水蒸发造成的。石膏通常以透镜状晶体的形式存在，高浓度时以纤维状团聚体或透镜状晶体的团聚体形式存在。在干旱的土壤中，石膏总是与方解石结合在一起，而且经常与可溶性盐结合在一起。纯石膏质土壤很少见，只存在于古老的蒸发沉积物中。

由于石膏的高溶解度和钙含量，它能强烈稳定土壤结构（第 2 章；图 8.1）。因此，纯石膏有时被用于低有机质含量土壤（如氧化土、极育土）和碱土的结构改良（图 9.3）。

5. 诊断层

如果土壤中次生碳酸钙的积累足够强，则在土壤分类中被认为是钙质层或石化钙积层。石化钙积层是一个胶结的钙质层。这种土层也被称为钙质结砾岩或钙质层。

在石膏积聚的情况下，诊断层为石膏岩和岩石膏岩。术语石膏（gypsite）一词有时用于此类堆积，但应避免使用，因为它可能与三水铝石 $[Al(OH)_3]$ 混淆。

9.3　可溶性盐

比石膏更易溶解的盐叫作可溶性盐。这些通常是阳离子 Ca^{2+}、Mg^{2+}、Na^+、K^+ 以及阴离子 CO_3^{2-}、SO_4^{2-}、Cl^- 和 NO_3^- 和水的组合。不同数量的这些离子会导致大量可能的组合。溶解度的差异见表 9.2。

表 9.2　　　　　一些常见简单盐的溶解物。摘自 Vergouwen，1981。　　　　　单位：mol/L

化学公式	矿物名称	在 10℃时溶解度	在 30℃时溶解度
$CaCl_2 \cdot 6H_2O$（10℃）或 $4H_2O$（30℃）		5.9	9.2
$NaCl$	岩盐	6.1	6.3
$MgCl_2 \cdot 6H_2O$		5.6	5.9
KCl	钾盐	4.2	5.0
$MgSO_4 \cdot 7H_2O$	泻利盐	2.4	3.3
$Na_2CO_3 \cdot 10H_2O$		1.2	4.1
$Na_2SO_4 \cdot 10H_2O$	芒硝	0.66	3.0
$NaHCO_3$	苏打石	0.96	1.3
K_2SO_4	单钾芒硝	0.52	0.74
$CaSO_4 \cdot 2H_2O$	石膏	11.10^{-3}	11.10^{-3}
$CaCO_3$	方解石		14.10^{-5}

如果蒸发/蒸发蒸腾超过或等于有效降雨量（渗入土壤的降雨量）时，就会发生盐碱化，即土壤中可溶性盐的积累。可溶性盐的来源是当地的岩石和沉积物、海水淹没、灌溉水、所谓"循环盐"（通过海水喷雾蒸发而空气传播的盐）的大气沉积和灰尘沉积。显然，由灰尘或大气沉积引起的盐碱化是缓慢的，而被海水淹没以及地下水和灌溉水的蒸发可能会导致快速的盐碱化。盐碱化是干旱和半干旱地区的一个常见过程，但也可能在局部较潮湿的气候中发生。

思考

问题9.8　在相对潮湿的气候中，你认为哪种可溶性盐的来源对导致盐碱化最重要？

不同的盐矿物主要分布在半湿润和干旱地区。最易溶解的盐，如氯化镁和氯化钙，只能在最干旱的条件下找到；硫酸镁、硫酸钠和氯化钠在干旱和半干旱环境中都很常见。随着湿度的增加，最易溶解的盐消失，仅发现石膏，最后只发现碳酸钙。通过蒸发浓缩的盐溶液中的沉淀以相反的方向进行，溶解性最小的盐最先沉淀。对于只有简单盐类的系统，可以从这些盐的相对溶解度来预测沉淀顺序。

干旱土壤中的盐矿物		
碳酸盐	公式	丰富度
方解石	$CaCO_3$	*
霰石	$CaCO_3$	
水碳镁石	$MgCO_3 \cdot 3H_2O$	
白云石	$CaMg(CO_3)_2$	
水碱	$NaCO_3 \cdot H_2O$	* *
苏打石	$NaHCO_3$	
天然碱	$NaHCO_3 \cdot Na_2CO_3 \cdot 2H_2O$	* * *
钙水碱	$Na_2Ca(CO_3)_2 \cdot 2H_2O$	
斜碳钠钙石	$Na_2CO_3 \cdot CaCO_3 \cdot 5H_2O$	*
硫酸盐		
石膏	$CaSO_4 \cdot 2H_2O$	* *
单钾芒硝	K_2SO_4	
德纳第石	Na_2SO_4	
四水泻盐	$MgSO_4 \cdot 4H_2O$	
六水泻盐	$MgSO_4 \cdot 6H_2O$	*
泻利盐	$MgSO_4 \cdot 7H_2O$	

硫酸盐	公式	丰富度
芒硝	$MgSO_4 \cdot 10H_2O$	
aphtithalite	$K_3Na(SO_4)_2$	*
白钠镁矾	$Na_2Mg(SO_4)_2 \cdot 4H_2O$	* *
五水镁钠矾	$Na_2Mg(SO_4)_2 \cdot 5H_2O$	
正长岩	$K_2Mg(SO_4)_2 \cdot 6H_2O$	
钙芒硝	$Na_3Ca(SO_4)_2$	*
丁香酚盐	$Na_4Ca(SO_4)_3 \cdot 2H_2O$	*
钠镁矾	$Na1_2Mg_7(SO_4)_{13} \cdot 15H_2O$	
卤化物		
岩盐	$NaCl$	* * *
钾盐	$KC1$	
硝酸盐		
硝酸钠	KNO_3	
苏打石	$NaNO_3$	
混合阴离子		
碳酸钠矾	$Na_6(CO_3)(SO_4)_2$	*
钠硝矾	$Na_3(NO_3)(SO_4) \cdot H_2O$	
钾盐镁矾	$KMgClSO_4 \cdot 3H_2O$	
氯碳酸钠镁石	$Na_6Mg_2Cl_2(CO_3)_4$	

肯尼亚和土耳其 85 个地点土壤表面的相对丰度：
* * * 30 倍以上；* * 15~30 倍；* 5~15 倍。数据来自 Vergouwen, 1981。

假设水只含有（必要地）相同浓度的 Ca^{2+} 和 SO_4^{2-}。如果这种水蒸发，浓度将增加，直到石膏达到饱和（$K_{so} = 10^{-4.6}$）。进一步蒸发会导致石膏沉淀，但溶液中的浓度保持不变。这一系列事件如图 9.6 路径 1 所示。

如果溶液除钙外还含有第二种阳离子，例如 Na^+，硫酸盐的浓度将大于钙的浓度，蒸发后，浓度将根据途径 2 变化。当达到石膏的饱和浓度时，必须保持离子活性产物 $(Ca^{2+}) \times (SO_4^{2-}) = 10^{-4.6}$ 的稳定性。过量的硫酸盐浓度继续增加，而钙的浓度会下降。进一步蒸发会沉淀更多石膏，直到达到更易溶解的硫酸钠的平衡浓度，而硫酸钠就会发生沉淀。或者，含 Ca^{2+}、SO_4^{2-} 和 Cl^- 的溶液将首先产生石膏，然后从实际上不含硫酸盐的高浓度溶液中沉淀氯化钙。图 9.7 显示了 Ca^{2+}、Na^+、CO_3^{2-}、SO_4^{2-} 和 Cl^- 含量不相等的溶液中简化的沉淀路径。

● 思考

问题 9.9　在图 9.6 中画出只含 Ca^{2+}、SO_4^{2-} 和 Cl^- 溶液的组成路径。并在图表中指出氯化钙沉淀的大致位置（表 9.2）。

● 思考

　　问题 9.10　为什么当氯化钙开始沉淀时硫酸盐实际上已经消失（表 9.2，附录 2）。

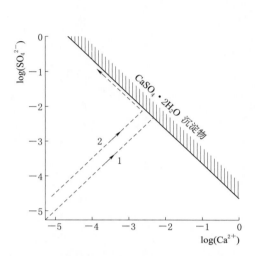

图 9.6　蒸发作用下 Ca^{2+} 和 SO_4^{2-} 浓度的
变化。1：$(Ca)=(SO_4)$；2：$(Ca)<(SO_4)$。

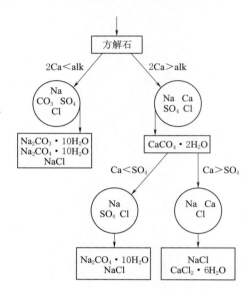

图 9.7　含有 Ca^{2+}、Na^+、CO_3^{2-}、SO_4^{2-} 和 Cl^- 的
溶液蒸发过程中有不同的沉淀途径。"Aik"代表碱度，
定义为$(HCO_3^-)+2(CO_3^{2-})+(OH^-)-(H^+)$。
在 pH<9.5 时，"alk"非常接近 HCO_3^-
的浓度。摘自 Vergouwen，1981。

　　图 9.7 的沉淀模型没有考虑复杂盐的存在。盐的列表清楚地说明了许多盐具有复杂的组成，并且其沉淀途径是复杂的。此外，哪些盐沉淀不仅取决于水的成分，还取决于土壤表面的温度（表 9.2）。

　　盐积聚的位置取决于降雨的渗透深度，如果是地下水供水，则取决于毛细上升。在地下水较浅的干旱地区，土壤表面会形成盐壳。

● 思考

　　问题 9.11　相对于图 9.1 中的钙层，预计可溶性盐在哪里？在有浅层地下水的干旱土壤中，钙层和盐层的相对位置如何？

　　钠盐的积累导致溶液和吸附复合物中钠与二价阳离子的比例增加，这种积累称为土壤钠质化作用，钠占据交换复合物 15％以上的土壤称为钠质土壤。碱化可能伴随着 pH 的强烈上升。在早期的文献中，碱化和碱性土壤表明 pH 很高。这是一种误导，因为钠化不一定有高 pH。实际上钠化非常重要，因为高钠水平和高 pH 都对作物有害。此外，高比例的可交换钠可能导致黏土更容易胶溶。这会导致结构稳定性下降，导致物理性土壤退化。

● 思考

问题 9.12 高盐度或低盐度对钠饱和黏土胶溶有什么影响？

钠质土壤可以通过两种不同的过程形成：硫酸钠或氯化物的积累，以及含有 HCO_3^- 超过 Ca^{2+} 和 Mg^{2+} 的稀溶液浓度。

1. 钠盐的积累

通过地下水向低钠土壤供应溶解的氯化钠或硫酸钠，由于溶液中钠离子增加，导致可交换钠离子的直接增加，并且钠离子与吸附络合物上的其他阳离子发生交换。以这种方式形成的钠质土壤 pH 通常在 8.5 左右。

这种类型的碱化有时会导致由于 Na_2SO_4 累积的盐湖（季节性盐湖）中的 pH＞8.5。在存在有机物和季节性积水的情况下，硫酸盐会减少。这导致碳酸钠的形成。如果土壤中没有保留还原的硫（例如，作为硫化亚铁），而是作为气态 H_2S 离开系统（Van Breemen，1987），那么 Na_2CO_3 的持续存在会导致永久性碱化。

● 思考

问题 9.13 除非还原硫消失，否则为什么碳酸钠不能在季节性淹水土壤中持续存在？

2. 碳酸钠稀释溶液的浓度

通过蒸发钙浓度低于 HCO_3^- 浓度的溶液，几乎所有的 Ca^{2+} 都以方解石的形式沉淀出来。剩下的溶液主要是 HCO_3^-，通常以 Na^+ 作为负荷离子。进一步蒸发后，溶解的 Na^+ 和碳酸氢盐的浓度增加（图 9.7）。与方解石平衡时，可溶的 HCO_3^- 的增加降低了 Ca^{2+} 的浓度。进一步蒸发时，可溶解 Ca^{2+} 的降低导致其被钠进一步置换（强制交换），方解石沉淀为

$$Ca_{(ex)}^{2+} + 2Na_{(aq)}^+ + 2HCO_{3(aq)}^- \longrightarrow CaCO_{3(s)} + CO_2 + H_2O + 2Na_{(ex)}^+ \tag{9.1}$$

由于碳酸钠的溶解度比方解石高得多，二氧化碳的浓度可能会大幅增加，导致 pH 的升高，根据

$$CO_3^{2-} + H_2O \longrightarrow HCO_3^- + OH^- \tag{9.2}$$

在这个系统中，pH 超过 10 是可能的。

3. 盐土、碱土、脱碱土

只要盐浓度高，即使在可交换钠含量高的情况下，黏土也会保持絮凝状态（图8.1）。因此，土壤结构的稳定性高。这种积累了可溶性盐，但碳酸氢盐含量不超过钙＋镁的土壤

被称为盐土。这包括最近从海洋沉积物中回收的土壤。

然而，当土壤溶液被雨水稀释时，钠饱和黏土很容易分散。这可能导致黏土淋溶，并形成钠饱和度高的结构性 B 层，这是典型的碱土。这种 B 层的特征是具有圆形顶部（柱状结构）的明显棱柱形单元。如第 8 章所述，有机物在高钠饱和度下也是可移动的，并且它随黏土一起移动。最终，大多数交换性钠将在溶解的二氧化碳的影响下从表层土壤中浸出。其计算公式为

$$Na_{(ex)}^+ + H_2O + CO_2 \longrightarrow H_{(ex)}^+ + Na^+ + 2HCO_3^- \tag{9.3}$$

这导致酸性表层土黏土含量相对较低，下面是 Btn 层。这就是所谓退化的碱土的特征，被称为脱碱土。

在弗里斯兰省（荷兰北部）海洋黏土区发现了致密的非钠质土壤。这种所谓的"knip"黏土可能在盐渍环境中沉积，由于脱盐和土壤结构的不稳定，黏土变得非常致密。尽管这些土壤因钙和镁的缓慢置换而失去了高水平的可交换性钠，但它们通常仍然非常致密，并且具有较低的导水率。排水系统的改善增加了蚯蚓的活动，从而改善了它们的结构。

在含有大量方解石和一些黄铁矿的盐渍海洋土壤的地方，开发导致黄铁矿氧化。氧化产生的硫酸可以溶解方解石，从而向土壤溶液中提供大量 Ca^{2+}。这种土壤从未变得钠质化。在高酸性土壤中（pH＜4.5；大量黄铁矿和不足以缓冲的方解石），交换复合体的相当一部分被铝饱和，这也导致了稳定的结构。因此，钠质土壤 15％交换性钠的常规限制，在酸性滨海土壤中没有实际意义。许多盐碱土都是由人类活动形成的。干旱和半干旱地区数百万公顷的潜在肥沃土地曾经通过灌溉获得生产力，但最终变成了盐沙漠。即使使用的水含盐量很低，灌溉也不可避免地导致盐碱化和钠化，除非过量的水（超过蒸发需求）通过排水得到供应和去除。

> ● **思考**
>
> **问题 9.14**　在图 8.1 中，为什么右下角区域（高 pH，低可交换 Na^+）被标记为"不存在的"？

4. 盐和电导率

土壤中可溶性盐的积累导致土壤溶液电导率和渗透压的增加（图 9.8 和图 9.9）。渗透压的增加降低了植物的水分利用率。因为在野外很容易测量电导率，所以该参数通常用于盐渍土的分类。当电导率超过 2dS/m（2mmho/cm）时，已经影响最敏感的植物。

5. 诊断层

以下诊断层与盐化和碱化相关：

（1）钠层：可交换钠含量大于 15％且为柱状结构的黏土淀积层。

（2）盐积层：比石膏更易溶解的盐的堆积层，电导率（1∶1 提取物）＞30dS/m。

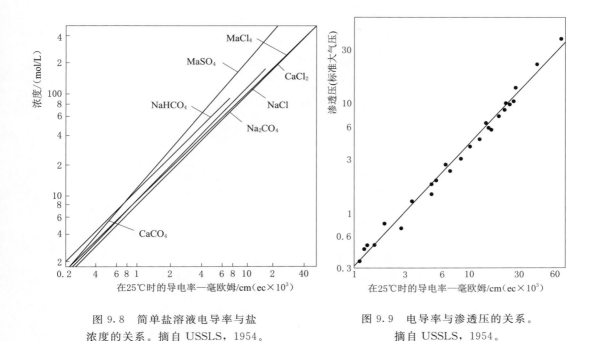

图 9.8　简单盐溶液电导率与盐
浓度的关系。摘自 USSLS，1954。

图 9.9　电导率与渗透压的关系。
摘自 USSLS，1954。

9.4　干旱土壤特有的黏土矿物

干旱地区土壤的地下水和孔隙水通常含有高浓度的 Mg^{2+} 和 H_4SiO_4，这可能会导致特定黏土矿物的形成。根据铝的活性，可以形成镁蒙脱石、坡缕石或海泡石。坡缕石和海泡石类似于 2∶1 型片状硅酸盐，但不同之处是四面体层在特定数量的原子后反转（图 9.10）。通常可溶性二氧化硅和 Mg^{2+} 在上游较潮湿地区风化而释放出来，并从这些地区排入干旱盆地的地下水和地表水。景观关系表明，蒙脱石形成于最靠近风化带的地方，而在较高的溶质浓度和较低的铝可利用性，海泡石形成于更远的地方。尚不清楚到底是什么决定了镁蒙脱石或坡缕石的形成。在化石环境中，它们在很小的空间和时间范围内交替出现。坡缕石是（石油）钙质层和榴辉岩的常见成分，镁蒙脱石在湖泊环境中似乎更为常见。因为海泡石和坡缕石晶体结构中通道的尺寸是固定的，因此它们在工业用分子筛中十分重要。

● 思考

　　问题 9.15　在图 9.10 中显示了四面体和八面体层。通过完成/添加八面体和四面体来扩展图形。

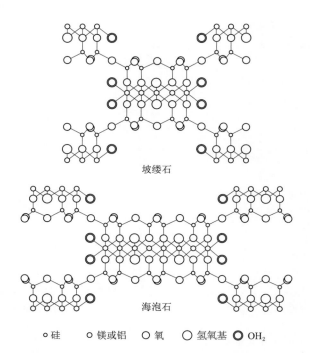

坡缕石

海泡石

○ 硅　　○ 镁或铝　　◯ 氧　　◯ 氢氧基　◎ OH₂

图 9.10　坡缕石（凹凸棒石）和海泡石的结构。摘自 Millot，1970。
经海德堡斯普林格·沃拉格有限公司许可重印。

9.5　难题

难题 9.1

在容重为 1.4kg/dm³ 的 50cm 厚土壤层中，通过蒸发蒸腾作用（全年，5mm/天），每升含有 100mg $CaCO_3$ 的浅层地下水 100 年累积的 $CaCO_3$ 量（质量分数，%）。

难题 9.2

预计表 9.3 中的盐蒸发会导致什么样的盐沉淀？哪种水样蒸发可能造成高 pH 的钠土壤？

表 9.3　　　　　　　　　各 种 盐 的 水 样。

水样序号	等价摩尔浓度（+/-）/m³				
	Na^+	Ca^{2+}	HCO_3^-	Cl^-	SO_4^{2-}
1	5	1	3	1	2
2	2	4	3	1	2
3	3	3	2	0	4

难题 9.3

图 9.11 显示了土耳其科尼亚流域（图 9.12）中三种土壤的剖面（每 10cm 土壤层的水饱和土壤样品的水提取物分析）。6 号场地排水良好，7 号和 8 号场地地下水水位浅。7 号和 8 号地点盐剖面下方的柱状图指的是地下水的成分。注意不同的浓度等级。

a. 阳离子和阴离子的浓度已累计绘制在 O 一线的左右两侧。为什么这些图是对称的？

b. 从本章处理的盐碱化方面讨论数据。讨论 CO_3^{2-} 和 HCO_3^-，或 SO_4^{2-} 和 Cl^{-1} 中哪种阴离子最易移动？

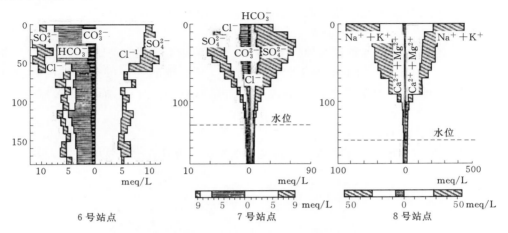

图 9.11　科尼亚三种土壤盐度的剖面分布。摘自 Driessen，1970。

难题 9.4

乍得湖是世界上最大的封闭蒸发盆地之一。图 9.13 显示了蒸发过程中乍得湖水中主要溶质的浓度变化。纵轴显示（摩尔浓度）对数，横轴显示浓度因子的对数。观察到的次生矿物包括镁蒙脱石、碳酸钙和无定形二氧化硅。

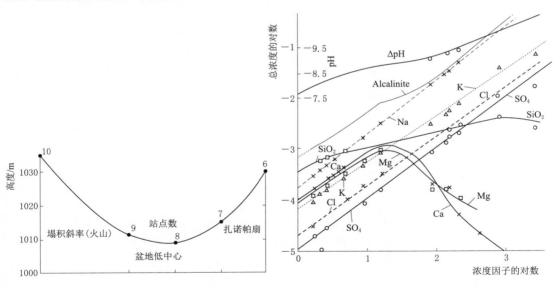

图 9.12　图 9.11 剖面之间的地形关系曲线。
摘自 Driessen，1970。

图 9.13　乍得湖水蒸发后溶质浓度的变化。
画线连接测量。摘自 Al-Droubi，1976。

a. 解释在水浓缩过程中碱度的变化，以及钙、镁和 SiO_2 浓度的变化。镁蒙脱石和碳酸钙在哪个 pH 下沉淀？

b. 在本书描述的两种碱化过程中，用查里河水灌溉，哪一种会发生在干旱地区土壤中？

难题 9.5

写出土壤通过细菌将硫酸盐从硫酸钠还原为硫化氢的碱化反应的方程式。

难题 9.6

图 9.14 显示了 1979 年种植两种树木后，碱土的某些土壤性质是如何变化的。原始粉质表层土壤（0～15cm）的 pH 为 10.5，含有 0.7% 的碳酸钙，可交换钠的百分比为 96%。1982—1984 年，桉树的平均产量为 $1.1 \times 10^3 kg/(ha \cdot 年)$，而金合欢树为 $3.7 \times 10^3 kg/(ha \cdot 年)$。

a. 解释土壤性质的变化。

b. 这些数据有力地证明了这些树木对这片钠质土是否具有改善效果？

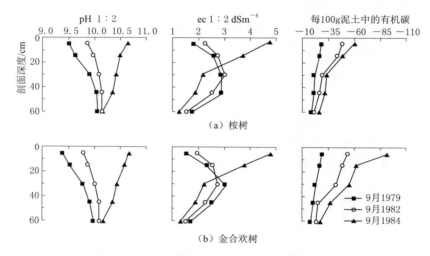

图 9.14　种植桉树和金合欢树的土壤中 pH、可溶性盐和有机碳随时间的变化。
摘自 Gill 和 Abrol，1986。

9.6　答案

问题 9.1
$$CaAl_2Si_2O_8 + 3H_2O + 2CO_2 \longrightarrow Ca^{2+} + 2HCO_3^- + Al_2Si_2O_5(OH)_4$$
蒸发时，Ca^{2+} 和 HCO_3^- 浓度都增加，方解石由
$$Ca^{2+} + HCO_3^- \longrightarrow CaCO_3 + CO_2 + H_2O$$

问题 9.2

$CaCO_3$、HCO_3^- 和 CO_2 之间的平衡已在第 3 章进行了描述。从 $CaCO_3 + 2H^+ \longrightarrow Ca^{2+} + H_2O + CO_2$ 的反应中可以清楚地看出对 pH 的依赖性。$CaSO_4$ 的沉淀描述为 $Ca^{2+} + SO_4^{2-} + 2H_2O \longrightarrow CaSO_4 \cdot 2H_2O$。这个反应实际上与 pH 无关，因为硫酸在正常土壤 pH（大于 2）下是完全分解的。

问题 9.3

渗透到碳酸盐堆积层以下的降雨事件的频率可能随着年降雨量的增加而增加。在每一次这样的事件中，都有少量方解石从土壤剖面中流失。

问题 9.4

在粗糙的材料中，如果卵石底部没有接触到其他土壤颗粒，水就会四处流动，并在卵石底部积聚。每当水在滴落之前变干，溶质就会在鹅卵石的底部沉淀。如果是一般的方解石，则首先形成沉淀。

问题 9.5

淋溶导致上层重新分布，但是没有足够的方解石形成结核（或者时间太短）。表层土的逐渐流失导致方解石含量从顶部到最大堆积层的梯度。在底土中，只是偶尔发生很深的渗透，因此方解石堆积的强度降低到最大堆积区（即平均降雨渗透深度区）以下。

问题 9.6

与大气接触，特别是通过植物的光合作用，可以从地下水中消除二氧化碳。二氧化碳的消除导致方解石沉淀［（式 9.2）］。

问题 9.7

在排水良好的土壤中，石膏可以沿剖面进一步运移，因为渗透水蒸发过程中比方解石的蒸发过程更难以达到饱和状态。这意味着它可以在比碳酸钙更干燥的气候中从土壤中消除。图 9.1 中，石膏堆积层将位于石灰层以下，并且会更早消失。

在有地下水的土壤中，毛细上升会比方解石向上传输更多的石膏，石膏会在方解石堆积之上。

问题 9.8

在相对潮湿的气候中，海水的淹没是最可能导致盐碱化的原因。化石盐矿床也可能起作用。

问题 9.9

如果 $Ca^{2+} > SO_4^{2-}$，则反应路径的第一部分是平行于右侧 $Ca^{2+} < SO_4^{2-}$ 的反应路径。当石膏开始沉淀时，SO_4^{2-} 耗尽，而 Ca^{2+} 浓度增加，因此路径沿着石膏线向右下角移动。当氯化钙开始沉淀时（在 30℃ 时），Ca^{2+} 浓度的大致位置可以从氯化钙的溶解度中获知。氯化钙溶解度为 9mol/L，Ca^{2+} 的浓度为 9mol/L，所以 $\lg(Ca^{2+})$ 接近 1。

问题 9.10

在 Ca^{2+} 浓度为 9 mol/L 时，SO_4^{2-} 浓度可由石膏的溶度得出：$(Ca^{2+}) \times (SO_4^{2-}) = 3.4 \times 10^{-5}$（附录 2）。如果 $(Ca^{2+}) = 9$，(SO_4^{2-}) 约为 7×10^{-6} mol/L（忽略活动校正）。

问题 9.11

可溶性盐的积累将发生在图 9.1 中方解石（和石膏）累积的下方。当沉淀比方解石更低时，它就会从溶液中消失。在地下水蒸发的情况下，可溶性盐的积累高于方解石的积累。

问题 9.12

黏土在低盐度水平下容易分散（膨胀双层），在高盐度水平下容易絮凝（压缩双层）。

问题 9.13

如果还原硫留在土壤中，它将在下一个旱季氧化成 H_2SO_4，将 Na_2CO_3 转化为 Na_2SO_4，即

$$Na_2CO_3 + H_2SO_4 \longrightarrow Na_2SO_4 + H_2O + CO_2。$$

问题 9.14

图 8.1 右下角的情况是不太可能的，因为高 pH 通常是由碳酸氢钠的存在引起的，且碳酸氢钠的存在会自动产生高百分比的可交换性 Na^+。

问题 9.15

四面体片包括二氧化硅原子和周围的氧。八面体片由镁原子和周围的氧和羟基组成。在展开图中，整个四面体片应该每隔 4 个（坡缕石）或 6 个（海泡石）硅原子翻转一次，这样就形成了一个管状网络。

难题 9.1

在 $1dm^3$ 的表面上蒸发 $5mm/d$，在 100 年中，得到的总蒸发量为 $0.05 \times 365 \times 100L = 1825L$

这包括 $1825 \times 100mg\ CaCO_3 = 182.5g\ CaCO_3$。

深度为 50cm、表面为 $1dm^2$ 的柱子质量等于 $5 \times 1.4kg = 7.0kg$。

因此，100 年间 $CaCO_3$ 的总添加量为 $0.1825/7.0 \times 100\% = 2.6\%$。

难题 9.2

为了解决这个问题，可以采用图 9.7 所示的决策树。最难溶解的盐最早结晶。浓度是电荷当量，所以 $CaCO_3$ 是由 1 个 Ca^{2+} 和 1 个 HCO_3^- 形成的。

在方解石沉淀后（在 1 号水样中为 1mol，在 2 号水样中为 3mol，在 3 号水样中为 2mol），水组成为

水样序号	当量浓度 mol_c/m^3				
	Na^+	Ca^{2+}	Na^+	Cl^-	SO_4^{2-}
1	5	0	2	1	2
2	2	1	0	1	2
3	3	1	0	0	4

剩余的 Ca^{2+} 沉淀为石膏（分别为 0mol、1mol 和 1mol）后，溶液为

水样序号	当量浓度 mol_c/m^3				
	Na^+	Ca^{2+}	HCO_3^-	Cl^-	SO_4^{2-}
1	5	0	2	1	2
2	2	0	0	1	1
3	3	0	0	0	3

下一个沉淀物是碳酸氢钠（2mol、0mol、0mol），之后溶液为

水样序号	当量浓度 mol_c/m^3				
	Na^+	Ca^{2+}	HCO_3^-	Cl^-	SO_4^{2-}
1	3	0	0	1	2
2	2	0	0	1	1
3	3	0	0	0	3

下一组分是 $Na_2SO_4 \cdot 10H_2O$（2mol、1mol、3mol），其余溶液为

水样序号	当量浓度 mol_c/m^3				
	Na^+	Ca^{2+}	HCO_3^-	Cl^-	SO_4^{2-}
1	1	0	0	1	0
2	1	0	0	1	0
3	0	0	0	0	0

最后，氯化钠从 1 号水样和 2 号水样中结晶出来。只有 1 号水样可以导致高浓度的可溶性碳酸氢钠，因此 pH 高。

难题 9.3

a. 因为阳离子和阴离子电荷必须平衡，且 OH^- 和 H^+ 的浓度可以忽略不计，因此这些图是对称的。

b. 在地下水位无法触及的 6 号地点，有一些可溶性盐向下迁移，而方解石主要集中在地表。氯化物积累发生在 $50\sim60cm$ 深度，石膏略高（$30\sim40cm$）。在 7 号地点，地下水蒸发和轻微向下输送与降水相结合。氯化物积累在 10cm
以下。土壤主要由氯化钠和硫酸钠组成，同时土壤碱度似乎有一些过高。

在 8 号地点，地下水蒸发占主导地位，而在土壤表面积累最强。这种土壤没有过高的碱度。

难题 9.4

a. 当浓度系数在 $10\sim100$ 时，碱度的增加会暂时减缓，这意味着含有 HCO_3^- 的化合物会沉淀出来。因为 Ca^{2+} 和 Mg^{2+} 的浓度从这一点开始下降，所以镁和钙碳酸盐的沉淀是可能的。这些碳酸盐沉淀后，碱度继续增加，剩余的碳酸氢盐更易溶解。

二氧化硅浓度首先随浓度因子的增加而增加，但在 $\log[$浓度因子$]=0.5$ 时，增加幅度较小。因为此时没有其他成分受到影响，二氧化硅（蛋白石）的沉淀是可能发生的（Al-Droubi 表明存在生物缓冲机制）。二氧化硅的浓度进一步增加，①因为蛋白石沉淀是一个相对缓慢的过程，它涉及强水合的凝胶状；②因为硅酸的离解。硅浓度降低到浓度因子 3 以上，标志着镁蒙脱石沉淀的开始。这时，pH 是属于强碱性的。

b. 用查里河水灌溉会因 Na^+ 和 HCO_3^- 含量超过 Ca^{2+} 和 Mg^{2+} 而导致碱化，从而导致高 pH 的碱土。

难题 9.5

$$Na_2SO_4 + 2CH_2O \longrightarrow H_2S + 2Na^+ + 2HCO_3^-$$

难题 9.6

a. 在这两种情况下，观察到整个剖面有机碳的增加。表层土壤的 EC 减少了，但在下

层土壤中增加。这表明可溶性盐是向下迁移而不是去除。pH 的下降可能是由根呼吸和植物凋落物分解引起 P_{CO_2} 增加导致的。这将增加碳酸钙的溶解度（在高 pH 下非常低），并降低可交换钠的百分比。在最高电导率的土层中钠饱和度可能会增加。

　　b. 因为没有未经处理的对照样地（在没有树木的情况下显示了 1979 年、1982 年和 1984 年的 pH、EC 和有机碳的剖面图），因此无法证明土壤变化是由树木引起的。

9.7　参考文献

Al – Droubi，A.，1976. *Géochimie des sels et des solutions concentrés par évaporation. Modèls thermodynamique de simulation. Applications aux sols salés du Tchad.* Mém. No. 46，Univ. Louis Pasteur de Strasbourg，Inst，de Géologic.

Bocquier，G.，1973. *Genèse et évolution de deux toposéquences de sols tropicaux du Chad.* Mém. ORSTOM. No. 62，350 pp. ORSTOM，Paris.

Driessen，P. M.，1970. *Soil salinity and alkalinity in the Great Konya Basin，Turkey.* PhD Thesis，Wageningen，99 pp.

Freytet，P.，and J. C. Plaziat，1982. *Continental carbonate sedimentation and pedogenesis.* Contr. Sediment.，12. Schweizerbart'sche Verlag，Stuttgart，213. pp.

Garrels，R. M.，and C. L. Christ，1965. *Solutions，minerals and equilibria.* Harper and Row，New York，450 pp.

Gill，H. S.，and I. P. Abrol，1986. Salt affected soils and their amelioration through afforestation. In：R. T. Prinsley and M J. Swift（eds）：*Amelioration of soil by trees，a review of current concepts and practices.* Commonwealth Scientific Council，London，pp 43 – 53.

Jenny，H.，1941. *Factors of soil formation.* McGraw – Hill，New York，281 pp.

Millot，G.，1970. *Geology of clays – weathering，sedimentology，geochemistry.* Springer，New York，429 pp.

Monger，H. C.，L. A. Daugherty，and L. H. Gile，1991. A microscopic examination of pedogenic calcite in an Aridisol of southern New Mexico. In：W. D. Nettleton（ed.）：*Occurrence，characteristics，and genesis of carbonate，gypsum，and silica accumulations in soils.* SSSA Special Publication No. 26，pp. 37 – 60. Soil Science Society of America，Madison.

Pipujol，M. D.，and P. Buurman，1997. Dynamics of iron and calcium carbonate redistribution and water regime in Middle Eocene alluvial paleosols of the SE Ebro Basin margin（Catalonia，NE Spain）. Palaeogeography，Palaeoclimatology，Palaeoecology，134：87 – 107.

USSLS（United States Salinity Laboratory Staff），1954. *Diagnosis and improvement of saline and alkali soils.* USDA Agriculture Handbook No.，60，160 pp.

Van Breemen，N.，1987. Effects of redox processes on soil acidity. Netherlands Journal of Agricultural Science，35：275 – 279. Vergouwen，L.，1981. *Salt minerals and water from soils in Konya and Kenya.* PhD. Thesis，Wageningen，140 pp.

Vergouwen，L.，1981. *Salt minerals and water from soils in Konya and Kenya.* PhD Thesis，Wageningen，140pp.

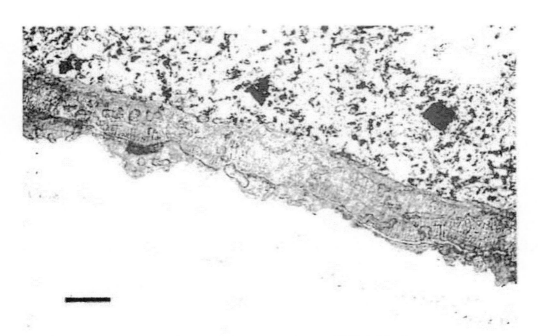

照片 R 一块玄武岩卵石底部的铁孔状方解石。顶部：普通光线；底部：交叉偏振光片。注意，卵石表面方解石晶体的强烈双折射和垂直生长。产地：法国。比例尺为 $215\mu m$。A.G. 琼格曼斯拍摄。

第 10 章　变 性 土 形 成

10.1　概述

在强烈的季节性气候中发现以蒙脱石黏土矿物为主的土壤，通常具有"垂直特性"。垂直特性是：①干燥时的深度裂纹（图 10.1）；②底土中相交的光滑面（抛光和开槽的有光泽表面，由一团土壤滑过另一团产生）；③地下土壤（25～100cm 深）中的楔形结构团聚体；④土壤表面坚固的坚果状结构的组合。通常，这些土壤显示出所谓的草丘微地形：圆形土丘和洼地或一系列山脊和山脊间洼地，高低之间的距离为 2～8m，垂直差异为 15～50cm。这些特性的结合是变性土的特征。本章将讨论与变性土成因相关的两组过程：蒙脱石黏土的形成和典型物理特性的发展过程。

图 10.1　特立尼达岛上变性土的裂缝。摘自 Ahmad，1983。经阿姆斯特丹爱思唯尔科学公司许可使用。

10.2　蒙脱石黏土的形成

蒙脱石是 2∶1 型黏土矿物，具有相对较小的类质同晶取代，导致较低的层电荷（每个晶胞 0.2～0.6，第 3.2 节）。因为黏土板只是松散地结合在一起，所以水可以进入夹层空间，并且导致体积与干黏土相比增加超过 100%（第 2 章）。

● **思考**

　　问题 10.1　交换复合体的组成如何影响膨胀能力？（第 2 章）。

蒙脱石黏土在土壤溶液中由相对高浓度的阳离子（镁蒙脱石）和二氧化硅形成。当富碱硅酸铝矿物在中等浸出条件下风化时，会出现有利于蒙脱石形成的条件。在半干旱和地中海气候中，通常镁铁质和中间岩石在风化作用下产生蒙脱石。蒙脱石也形成于地下水中含有较高浓度 Mg^{2+} 和 H_4SiO_4 的区域，排水聚集在较低的区域，而蒸发使其更加集中。这在热带季风区很常见，在该地区较高部分的强烈风化伴随着较低部分的蒙脱石形成。伴随着蒙脱石的形成，河流侵蚀了上游地区，所以热带低洼地的许多冲积矿床也富含蒙脱石。

● **思考**

　　问题 10.2　哪些因素可以解释为什么变性土在季节性热带气候比在季节性温带气候更常见？

　　问题 10.3　解释为什么在大多数变性土中普遍存在碳酸钙和相对高水平的可交换钠（考虑变性土和含有次生方解石土壤的共同因素）？

10.3　物理变形

　　干湿交替的季节以及相应的土壤干燥和再湿润，会导致蒙脱石黏土体积发生剧烈的变化，并具有强大的膨胀和收缩潜力（第 2 章）。这种变化会给土壤带来很大的压力。压力的释放导致变性土的特征结构。Wilding 和 Tessier（1988）提出关于这些结构发展的设想如图 10.2 所示。

　　1. 结构形成

　　当潮湿的蒙脱石土壤变干时，黏土矿物会失去层间水分，导致强烈收缩。收缩转化为土壤表面的下沉陷（不容易观察到）和裂隙的形成（图 10.2 中 A 部分）。

　　根据土层深度、蒙脱石黏土的含量和旱季的严重程度，裂缝的深度可能在 0.5～2m 之间。顶层开裂引起的强烈碎裂导致精细、坚果状结构元素的形成。这一层可厚达 30cm。部分细小碎片落入裂缝，部分填充裂缝（图 10.2 中 B 部分）。

　　再次湿润后，土壤会再次膨胀。这产生垂直和侧向的压力，从而抵制以前的沉降和开裂。因为部分裂缝已经被表土填充，所以现在底层土中有多余的土壤体积。垂直压力和侧向压力的组合导致了大约 45° 的失效平面。土壤物质沿着这些破坏面滑动，导致沟槽面：光滑面（图 10.2 中 C 部分；照片 S）。

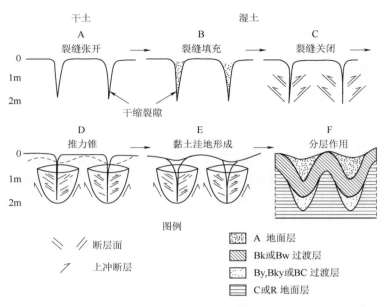

图 10.2　变性土结构形成的阶段。摘自 Wilding 和 Tessier，1988 年。

在收缩和膨胀的每个阶段，土壤颗粒沿着破坏平面的重复重排，使这种平面或多或少具有永久性。靠近垂直裂缝的区域地形变低，而裂缝间区域地形变高：形成草丘微地形（图 10.2 中 D 部分和 E 部分）。如图 10.3 和 10.4 所示，从长远来看，高低不同的土壤剖面会形成很大差异。图 10.5 给出了草丘微地形的鸟瞰图。

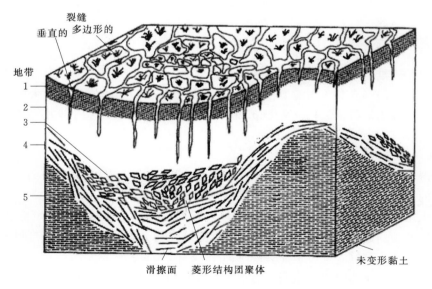

图 10.3　草丘微地形的框图。摘自 Dual 和 Eswaran，1988。
1—核状结构；2—垂直裂缝和棱柱；3—菱形元素；4—滑动面；5—稳定的底土

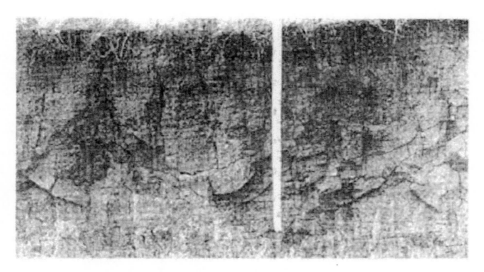

图 10.4　美国得克萨斯州变性土剖面（典型的暗浊湿润变性土）。用卷尺测量为 2.1m 长。
表层土是黑色的，次表土层是红棕色的。摘自 Wilding 和 Puentes，1988。

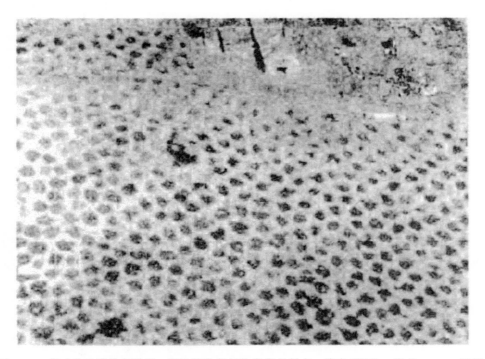

图 10.5　草丘微地形的鸟瞰图。深色斑块是植物密集的低点。摘自 Wilding 和 Puentes，1988。

　　土壤膨胀强度用线性延伸系数或线性膨胀系数（COLE）表示（见术语表）。土壤样品的 COLE 取决于黏土含量、黏土矿物和饱和阳离子。在蒙脱石类中，蒙脱石的收缩能力最强。大多数膨胀和收缩发生在相对较高的基质电位（在 33～2000kPa），所以直接在干燥的土壤湿润后发生。

垂直力和侧向力之间的相互作用为滑动面的形成提供了最佳深度（图 10.6）。低于该最佳深度时，季节性水分差异太小，以至于不足以产生足够的压力，而高于该最佳深度时，孔隙度较高，导致弹性也较高。在最大滑动面发育的区域，由于裂隙切割从而形成定向菱形单元（图 10.3 中的 3）。

> **● 思考**
>
> 　　**问题 10.4**　解释为什么变性土不在湿热带或湿温带气候中形成。为什么地面覆盖物（核状单元）在湿润气候中不如半干润气候中明显？
>
> 　　**问题 10.5**　简略补充图 10.4 中陆地地表，强调高点和低点的位置；稳定下层土的近似上限，以及滑动面的位置和方向。

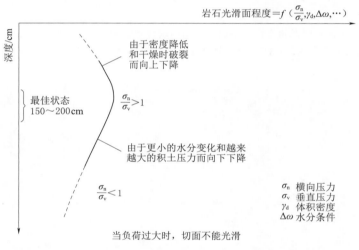

图 10.6　作为横向和垂直压力函数的最大滑动面发育深度。
摘自 Ahmad，1983。经阿姆斯特丹爱思唯尔科学公司许可使用。

如图 10.5 所示，带有圆形凹陷的普通草丘微地形是平坦、均匀地形的典型代表。在缓坡地形中，草丘微地形通常由山脊和山脊间洼地组成，其长度轴垂直于斜坡。下层土的不规则性，例如由于不同深度的坚硬基岩，会导致不规则的草丘微地形类型。

2. 剖面动态

许多变性土有深而暗的表层土。这种深色反映了有机碳的存在，但并不表示有机物含量很高。事实上，有机碳含量通常相当低，约为 1%（质量分数）。传统上深色是由蒙脱石和部分有机碳之间高度稳定的结合来解释的，但定期燃烧植物产生的黑色烟炭颗粒也可能是一个因素。

在 Wilding 和 Puentes（1988）专著出版之前，深暗色的 A 层被视为收缩和膨胀导致强烈均匀化的迹象，导致大规模向草丘微地形的移动，随后侵蚀入凹陷的裂缝中。实际上变性土（从拉丁文 Vertere＝改变）是以假定的强土壤扰动作用命名的。如果这个土壤扰动过程很快，在经历几个世纪的周转，人们会期望变性土在形态和化学上都非常均匀，且深度介于低点和高点之间。然而，有机物的放射性年龄测定表明，土壤的周转相对较慢。有机物质的测量年龄可能从表层土壤中的不到 1000 年增加到底层土壤中的 10000 年。滑动面和草丘微地形的形成可能比垂直均质化更快。

> ● 思考
>
> **问题 10.6**　通过扰动向下层土添加少量年轻有机物会如何影响底土中老有机物的 ^{14}C 年龄（第 6 章）？这表明一个含有 10000 年 MRT 的底土有机质的变性土的垂直混合速率是多少？

随着气候变潮湿，碳酸钙和交换性钠含量会降低，而有机质含量增加。在给定的气候条件下，相对来说平坦地形的变性土是灰色的，而起伏地形的变性土颜色是深棕色和红色。

> ● 思考
>
> **问题 10.7**　怎么解释上述土壤颜色的差异？

10.4　难题

难题 10.1

图 10.7 显示了草丘微地形在高、低位置上有机碳、碳酸钙、可交换钠和变性土（美

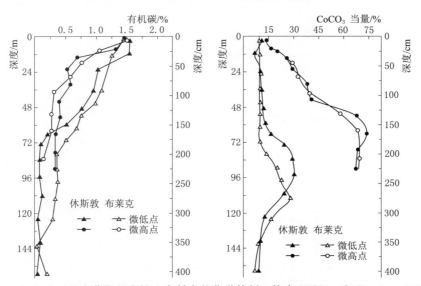

图 10.7（一）　得克萨斯州变性土高低点的化学特征。摘自 Wilding 和 Tessier，1988。

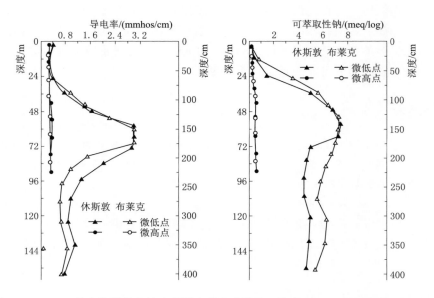

图 10.7（二） 得克萨斯州变性土高低点的化学特征。摘自 Wilding 和 Tessier，1988。

国得克萨斯州典型暗浊湿润变性土）电导率随深度变化的函数。如果不考虑高低处之间差异的可能原因，这些差异对于变性土在可感知的深度上被强烈均匀化的假设意味着什么？

难题 10.2

如图 10.3 的方框图所示，图 10.8 显示了在土丘位置和相邻凹陷处，不同时间草丘微地形不同深度变性土的土壤含水量。第一条曲线（08/09）是在旱季大雨之后。接下来的三条曲线说明了干燥程度的增加，而最后三条曲线来自下一个雨季，并且显示了再湿润。27/10 的曲线出现在右手和左手的图表中。

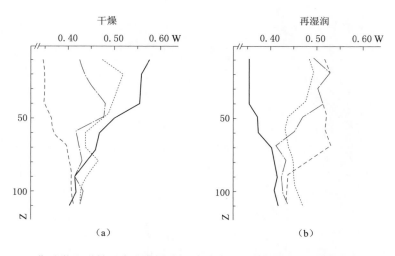

图 10.8（一） 草丘微地形景观中垄背和洼地的土壤含水量。摘自 Jaillard 和 Cabidoche，1984。

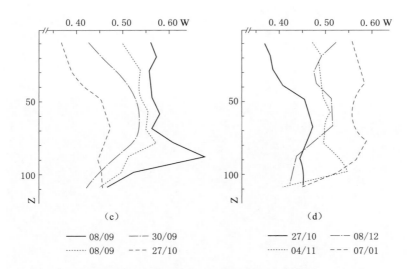

图 10.8（二）　草丘微地形景观中垄背和洼地的土壤含水量。摘自 Jaillard 和 Cabidoche，1984。

a. 哪组曲线〔（a）、（b）或（c）、（d）〕属于垄背位置，哪组属于洼地？

b. 垄背和洼地之间湿润方式的主要区别是什么？答案请参考图 10.3。考虑水的渗透速度和深度。

c. 为什么在低洼地里裂缝会变得更大，水文上的差异将怎样有助于滑动面和草丘微地形地貌的形成？

10.5　答案

问题 10.1
钠黏土的膨胀和收缩幅度大于钙黏土；尤其是再水合作用是可逆的。

问题 10.2
①蒙脱石黏土的形成需要相当长的风化（无论是土壤剖面本身，或同一景观的相邻部分）和/或时间。阳离子和二氧化硅的释放在温带气候中要比热带气候中慢。②许多温带地区都有大量的年轻土壤（冰川作用）。③需要通过蒸发浓缩溶质，才能使蒙脱石从土壤溶液中沉淀出来。干湿交替是热带季风的一个特征。

问题 10.3
变性土和方解石的堆积在季节性干旱气候中很常见。（孔隙）水的蒸发导致钠浓度的显著增加，而钙浓度通过碳酸钙的沉淀而保持在较低水平。结果，吸附络合物的钠饱和度增加。

问题 10.4
变性土不会在潮湿的气候中形成，因为季节性干燥不会刺激蒙脱石黏土的形成，而蒙脱石黏土是膨胀和收缩所必需的。表层覆盖物由小而致密的团聚体组成。这些是通过较大的团聚体碎裂而形成的。在湿润水分状态下，有机物含量较高，因此团聚体变得更加多孔。此外，干燥性较弱，破碎性也较弱。

问题 10.5

参见下图。

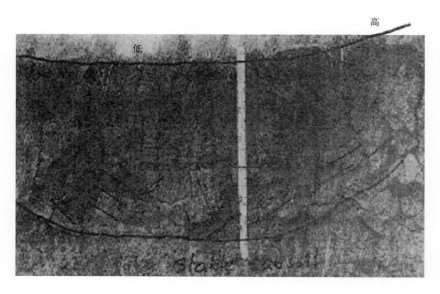

问题 10.6

少量具有高 ^{14}C 活性的年轻碳的混合物将大大降低底层土有机质的平均 ^{14}C 年龄。因此，下层土中有机物的高 ^{14}C 年龄意味着几乎没有垂直混合。

问题 10.7

红色或棕色是由铁氧化物（针铁矿和赤铁矿）引起的，这种现象在排水较好的起伏地形土壤中比在排水较差的平地或洼地土壤中更容易形成，铁硅酸盐风化过程中释放的部分铁以可溶性 Fe^{2+} 的形式被去除。

难题 10.1

由收缩和膨胀过程引起的垂直混合的物理均化速率明显慢于图 10.7 所示的性能垂直差异。因为有机碳随深度的变化、碳酸钙的陡峭轮廓以及微高点和微低点之间碳酸钙含量的差异必须缓慢发展（几个世纪），所以垂直混合不可能是一个非常快速的过程。

难题 10.2

a. 在暴雨后的干燥土壤上，我们预计洼地里深层土壤的湿润程度比土丘更强。在图 10.8（c）中 08/09 的曲线在 90cm 处显示非常强的峰值。这表明图 10.8（c）和（d）属于低洼地。

b. 表层土壤最先失水［图 10.8（a）和（c）］。在洼地里，深度在 50cm 以下的水比在土丘里保存的时间更长，而且似乎有一些水向上运动。在 10 月 27 日，洼地的含水量仍高于土丘。这可能是因为洼地中黏土含量和初始含水量较高所致。再湿润后，洼地下层土中的含水量比土丘中增加得更快，且洼地中的最终含水量也更高。

c. 洼地下层土在干、湿季的含水量差异大于土丘。因此，在低洼地中，收缩和膨胀更加强烈。事实上，洼地聚集了更多的水，从而增加了土丘和洼地之间的水分差异。

10.6　参考文献

Ahmad，N.，1983. Vertisols. In：L. P. Wilding，N. E. Smeck，and G. F. Hall（eds）. *Pedogenesis and Soil Taxonomy. II. The Soil Orders*，pp. 91 – 123. Developments in Soil Science 11B. Elsevier，Amsterdam.

Bocquier，G.，1973. *Genèse et évolution de deux toposéquences de sols tropicaux du Chad*. Mém. ORSTOM no 62，350 p.，ORSTOM，Paris.

Dudal，R. and H. Eswaran，1988 Distribution，properties and classification of vertisols. In：L. P. Wilding and R. Puentes（eds），Vertisols：their distribution，properties，classification and management. Pp. 1 – 22. Technical Monograph no 18，Texas A&M University Printing Center，College Station TX，USA

Jaillard，B.，and Y. – M. Cabidoche，1984. *Etude de la dynamique de l' eau dans un sol argileux gonflant：dynamique hydrique*. Science du Sol，1984：239 – 251.

Wilding，L. P.，and R. Puentes（eds），1988. *Vertisols：their distribution，properties，clas –sification and management*. Technical Monograph no 18，Texas A&M University Printing Center，College Station TX，USA.

Wilding，L. P. and D. Tessier，1988. Genesis of vertisols：shrink – swell phenomena. In：L. P. Wilding and R. Puentes（eds）：*Vertisols：their distribution，properties，clas –sification and management*. Pp. 55 – 81. Technical Monograph no 18，Texas A&M University Printing Center，College Station TX，USA.

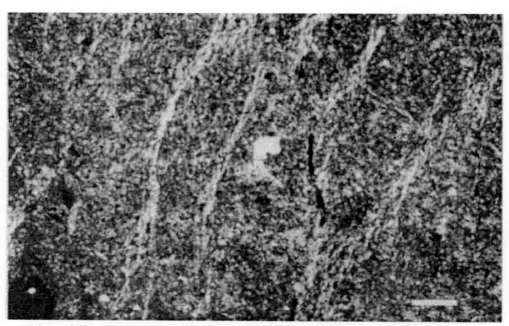

照片 S　变性土中的压力面（条纹织物）。交叉偏振光片。因为黏土具有大致平行的方向，所以压力面是可见的。请注意黏土淀积胶膜的差异（图 8.2～图 8.4）。

比例尺是 $345\mu m$。A.G. 琼格曼斯拍摄。

第 11 章 灰 化 过 程

11.1 概述

灰化土引人注目和生动的土壤剖面已引起了几代土壤科学家的兴趣。

从上到下，灰化土剖面最多由 5 个主要土层组成，其中两个可能缺失：枯枝落叶层（O）；由生物混合引起的腐殖矿物质表土（Ah）；漂白的淋溶层（E）；有机质与铁和铝结合的累积层（Bh、Bhs、Bs）；底层土壤中有机物积累的薄带。

在薄剖面中，灰化 O 层和 A 层显示了植物凋落物向腐殖质的正常转化（第 4 章）。此外，有机残留物在分解后形成扩散边界，这表明固体向可溶性有机物质的转化。

E 层通常有薄而分散的胶膜状物质残余。B 层中的有机质以多态或单态的形式存在。多态有机质由不同大小的中型动物排泄物组成，并且常常与根部残余物的分解有关。单态有机质由沙粒周围和孔隙中的无定形胶膜组成。多态有机质可以分级为单态，但反之则不然。B 层以下薄带中的有机质通常由单态的有机质组成。B 层中的多态有机物与根物质的分解有关。

灰化土是与北方气候相关的地带性土壤，主要分布在冰川混合母质上，包括那些具有相对大量的可风化矿物含量的母质。除了北方地区，温带（例如在冰缘砂土沉积上）和热带地区（例如在上升的海岸砂土上）贫瘠的硅质母质上均存在灰化土。

灰化土随有机物、铁和铝的溶液从土壤表层迁移到深层而形成。

该过程包括这些化合物的流通和非流通阶段。关于灰化机理有各种各样的理论。主要的理论有：黄腐酸理论、水铝英石理论、低分子量酸理论 3 种。

这三种理论忽略了根源有机质在 B 层中积累的影响。在下文中，我们将整合这一方面，并表明它在一些灰化土中占主导地位。

黄腐酸理论（Petersen，1976）假设表层土壤中的不饱和黄腐酸从原生矿物和次生矿物中溶解铁和铝，可溶解的金属有机络合物在有机配体饱和（电荷补偿）时沉淀。沉淀物具有特定的碳/金属比（Mokma，Buurman，1982；Buurman，1985，1987）。

水铝英石理论（Anderson 等，1982；Farmer 等，1980）假设铁和铝以带正电荷的硅酸盐溶胶的形式被输送到 B 层，它们通过增加 pH 以无定形水铝英石和伊毛缟石的形式沉淀。此后，有机物将在水铝英石上沉淀，从而在 B 层中引起（二次）富集。

低分子量（LMW）有机酸理论假设低分子量有机酸负责向底土运输铁和铝，而铁和铝的沉淀是由微生物分解载体引起的（Lundström 等，1995）。

Buurman 和 Van Reeuwijk（1984）已经明确指出，非晶态硅铁铝溶胶在有络合有机酸的环境中是不稳定的。如今，灰化作用主要被认为是黄腐酸理论过程和低分子量酸理论过程组合的结果，而水铝英石理论过程中水铝英石的形成可能先于或伴随灰化作用，但不是必须的。这个观点将在下面详细描述。

11.2 有利于灰化作用的条件

形成灰化土的条件是在缺乏足够的中和二价阳离子如 Ca^{2+} 和 Mg^{2+} 的情况下产生可溶性有机酸。可溶性有机酸产量高的条件通常与植物凋落物分解受阻以及植物和真菌分泌有机酸增加有关，这是由下面一个或多个因素造成的。

（1）土壤养分状况差，凋落物难分解。含少量风化矿物质的砂质母质缓冲能力不足，不能中和凋落物分解过程中产生的有机酸。此外，氮和磷等营养物质利用率低，原因在于：

1）大大降低了凋落物的分解，这是因为受营养素胁迫的植物产生丹宁酸和其他酚类物质等可解性差的物质，并且分解物（微生物）也受到养分限制。

2）有利于富含单宁和酚类物质的针叶树和杜鹃花属植物。

3）造成植物将更多的碳分配给分泌有机酸的菌根真菌。

（2）生长季的低温和高降雨量。凋落物腐烂的时间过短，生物活性过低，无法有效混合有机物和矿物质。高降雨量有利于风化、养分流失以及铝、铁和有机溶质的运输。

（3）排水不畅。潮湿的条件阻碍了植物凋落物矿化为二氧化碳，因此有利于水溶性、低分子量有机物的产生。

（4）有机和矿物质的生物混合受阻。因为动物需要食物和氧气才能发挥作用，所以养分低和排水不畅都会降低土壤中的生物活性。贫瘠的土壤和寒冷气候的土壤往往缺少穴居土壤动物。生物活性低阻碍了土壤的垂直混合，有利于土壤垂直分化。将蚯蚓引入缺少穴居动物的灰化土，以及改善养分状况，在某些情况下会导致垂直均一化的灰化土形态消失（Alban，Berry，1994；Barrett，Schaetzl，1998）。

> ● 思考
>
> 问题11.1   你认为在表4.1中的哪个生态系统中的条件有利于灰化的发生？你还需要哪些没有在表4.1中列出的信息来更好地预测灰化的发生？

11.3 有机和矿物化合物的迁移和沉淀

1. 流通

在上述条件下，植物和真菌对凋落物和分泌物的分解，会产生大量有机化合物。部分分解产物可溶于或悬浮于水中，并可与渗透的雨水一起输送到土壤的更深处。土壤表面残余的有机物形成了凋落物层（H 层）的腐殖化部分。它可以与矿物土壤混合形成一个 Ah 层，并被微生物进一步分解，且提供可溶性有机物质。

"可溶性"有机物包括具有不同羧基和酚基的高分子量（HMW）物质、低分子量（LMW）有机酸，如简单酚酸和脂肪酸以及单糖。第 4 章给出了一些酸的分子式。"黄腐酸"和低分子量有机酸如柠檬酸和草酸在络合三价离子方面特别有效，因此从晶体晶格中提取这些离子也特别有效，例如从黏土矿物、辉石、闪石和长石中。

这意味着渗透有机酸会导致强烈的风化。低分子量有机酸—金属络合物保持可溶，而分子量较大的有机酸，例如当其电荷被金属离子中和时，"富里酸"部分可能变得不可溶。

灰化土 E 层中的风化矿物被可能来自外生菌根真菌的微孔贯穿，这是通过在菌丝顶端的低分子量酸渗出引起的（Jongmans 等，1997），这一发现强调了低分子量酸在灰化作用中的重要性。它表明外生菌根属植物作为大多数北方灰土的典型代表（欧洲的樟子松和云杉）对风化和灰土作用有直接影响（Van Breemen 等，2000）。土壤养分越匮乏，树木向真菌共生体提供的碳就越多，因此低分子酸的产量就越大。

> **● 思考**
>
> 　　问题 11.2　　图 11.1 根据有机酸数量灰化土和不饱和始成土不同的原因是什么？考虑凋落物层、养分状态、pH、温度的影响。

2. 有机物和倍半氧化物的固化

几个过程及其结合在所有土壤中发挥作用，可能会阻止可溶性有机物以及与之相关的铝和铁的移动。

（1）微生物分解低分子量有机载体。低分子量酸属于易分解的化合物。结果，任何络合的金属离子都被释放出来。释放的金属可以沉淀为（氢）氧化物，或者与硅酸一起沉淀为无定形硅酸盐（Lundström 等，1995）。从低分子有机络合物中释放出的金属离子如果被更大的有机分子络合，那么它们也可能留在溶液中。

（2）金属饱和的高分子量有机络合物可能沉淀。较大有机分子的金属饱和复合物的沉淀已经在实验室中得到证实（Petersen，1976），金属饱和可能是有机物和附着金属固化的主要原因。在运输过程中，可溶性高分子有机酸可能因原生或次生矿物的溶解而变得饱和，特别是当它们到达含有相对大量（氧）水合物或铁或铝的无定形硅酸盐的土层时。这些土层可能在灰化之前形成，包括棕色土壤的铁染色 B 层和水铝英石层等。部分有机物不会形成络合物，

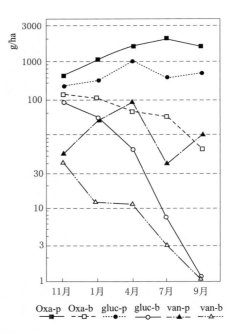

图 11.1　灰化土（封闭符号）和不饱和始成土（开放符号）凋落物中三种分子量有机酸含量的季节变化。

Oxa＝草酸；gluc＝葡萄糖醛酸；van＝香草酸。摘自 Bruckert，1970。

可能会进一步渗透到土壤中。通过添加上覆地层的不饱和有机化合物使络合物去饱和会导致金属的再溶解。络合物沉淀的碳/金属原子比为 $10 \sim 12$，这取决于 pH（Mokma 和 Buurman，1982；Buurman，1985，1986）。

（3）水分传导可能会停止。水分在土壤中的传导取决于降雨量、降雨强度以及蒸发蒸腾。

降水事件发生在相对干燥的土壤上，且雨水具有一定的渗透深度，若超过该深度，可溶性和悬浮的物质就不能被传送。如果土壤从上方又变干，可溶性和悬浮的物质就会积聚在水分前沿。特别是非络合物质，那些不被络合金属沉淀的物质和悬浮有机物均以这种方式积聚。因为悬浮有机物主要是疏水性的，一旦沉淀发生在颗粒表面或孔壁上，就很难再润湿，所以它们不易被去除。

● 思考

　　问题 11.3　从反应的化学计量来看，请说明需氧微生物消耗草酸铝是如何导致氢氧化铝沉淀的。使用 2：1 型络合铝 $Al(C_2O_4)_2^-$。

3. pH 的影响

铁和铝的络合依赖于 pH 的两个原因：①这些金属根据 pH 的不同与 OH^- 形成各种络合物，例如，pH 从小于 3 增加到大于 8 时，主要铝物质从 Al^{3+} 转变为 $Al(OH)^{2+}$，$Al(OH)^{2+}$，$Al(OH)_3^0$，最后转变为 $Al(OH)_4^-$；②土壤有机质随一系列 pH 而有酸性基团，因此解离基团的数量随着 pH 的增加而增加。因此，金属与例如黄腐酸的络合作用取决于 pH，优先结合金属可能随 pH 的变化而改变（Schnitzer 和 Skinner，1964—1967）。

在 pH 为 4.7 时：$Fe^{3+} > Al^{3+} > Cu^{2+} > Ni^{2+} > Co^{2+} > Pb^{2+} = Ca^{2+} > Mn^{2+} > Mg^{2+}$

在 pH 为 3.0 时：$Cu^{2+} > Al^{3+} > Fe^{3+}$

这两个序列表明，在 pH 为 3 时，铝比铁优先结合，而在 pH 为 4.7 时，情况正好相反。铝和铁以外的元素在灰化土中的络合作用可忽略不计。

● 思考

　　问题 11.4　如果有机物在金属离子饱和时沉淀，这意味着在固定的 pH 下，沉淀物将具有一个典型的碳/金属比（如上文所述的 10）。pH 降低对络合物沉淀的碳/金属比有什么影响？考虑 pH 对有机酸分解和金属离子羟基化的影响。

可溶性有机化合物在 B 层的固化导致有机物的单态。事实上，多态有机质主导了大多数带状灰化土和许多排水良好的带状灰化土的 B 层。这表明在许多灰化土－B 层中，根的腐烂对有机物的积累很重要。根据 Buurman 和 Jongmans（2002）的研究，以下段落将这种效应描述为灰化过程的一部分。

11.4　灰化发生阶段

灰化过程包括土壤剖面不同部分物质的同时发生的产生、运输、沉淀、再溶解和分解过程。因为土壤的酸碱度会随风化矿物的不断消耗而降低，所以这一过程本身会随时间的推移而改变（酸中和能力，第 7 章）。这会导致微生物群落和活性的变化，以及有机酸的分解。当我们描述灰化过程的不同阶段时，可以更好地理解随时间的变化和由此产生的剖面形态。然而，应该清楚的是，在早期阶段起作用的过程贯穿整个发展过程。

（1）植物凋落物和根的分解，以及根和真菌的分泌会产生腐殖物质和低分子量有机酸。两者都对原生矿物的风化和有机物质的渗透水传导有作用。风化导致金属离子和二氧化硅的释放。大部分可溶解的二氧化硅（H_4SiO_4）与单价和二价阳离子一起通过渗透水从剖面中去除。

（2）在向下输送过程中，低分子量酸被大量分解。与这些酸结合的三价金属离子以氢氧化物或硅酸盐的形式沉淀，或者转移到有机大分子中。这可能是斯堪的纳维亚半岛北部丰富母质灰化土 B 层水铝英石或伊毛缟石的来源（Gustafsson 等，1995）。然而，水铝英石只存在于相对丰富的母质形成的灰化土中。金属—高分子有机复合体在剖面中向下迁移，并在途中吸收更多的金属。络合物在"饱和"时沉淀，形成富含有机物和金属的淀积层。有机物沉淀为单一形态的覆盖层。当表层土壤仍然含有可移动的铁和铝来中和沉淀有机物时，高分子酸的迁移不存在或很浅。生物混合还会阻碍其他溶解和悬浮物质的向下迁移。因此，初始表层富含有机物以及相关的铁和铝（Ah 层）。然而，随着这一过程的持续，产生和运输了更多的有机物，土壤酸化和生物均质化的强度和深度都降低了。当可溶性物质的运输深入土壤时，Ah 层减少。这导致在生物均化的逐渐变薄的区域正下方形成淋溶层（E 层），并在淋溶层 E 层正下方形成淀积层（图 11.2）。在 B 层的前半部分位置形成 E 层意味着 B 层的有机物的消失。铁（Ⅲ）氧化物通常覆盖主要的土壤矿物质（石英、长石）上，并使大多数充气良好的土壤呈现黄褐色。通过络合有机酸去除这些氧化物胶膜是灰化土淋溶层呈现灰色的原因。

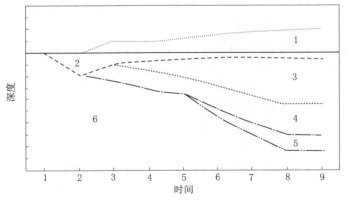

图 11.2　灰化土中 6 个不同层位（标记为 1～6）的厚度（深度）随时间的变化。任意比例尺。

（3）随着凋落物层中可运输有机物的产生，逐渐风化的表土进一步失去了提供金属离子中和有机酸的能力。到达淀积层（B）顶部的有机酸不饱和程度越来越高。这些酸从 B 层顶部再溶解部分络合金属。金属的去除增加了积累的有机物的降解作用，并导致 B 层这部分有机物的微生物降解：有机物不会再溶解，而是通过呼吸作用去除。新的金属有机络合物的再沉淀发生在 B 层的较深处。这些过程的结合导致了淀积层随时间的推移而下移和淀积层厚度的增加。E 层的强烈风化最终导致形成石英为主的白沙。

O 层、Ah 层和 E 层的淋溶使养分流失，减少了这些层的储水量，使它们的环境对根系不利，因此根系集中在 B 层。随着时间的推移，最大生根区在剖面中向下移动。A、E 层的死根被分解，几乎没有留下任何痕迹。在根系活力和根凋落物输入最大的区域，中型动物群对根残余物的腐烂导致多态有机物的积累。

（4）随着时间的推移，铝和铁含量可观的砂土中，淀积层倾向于分为上层（Bh）和下层（Bhs）。Bh 层特征是铁氢氧化物（黄褐色）的可见聚集，由于有机物质占优势的 Bh 层是黑色的。因为铁优先从该层移除并进一步向下输送，所以 Bh 层相对地富含有机结合的铝。这是由于铁和铝的优先络合作用随 pH 的变化造成的。最先细颗粒剖面发育的不是灰化过程，而是铁的最大值可能高于铝的最大值。已经失去所有铁的水成灰土，可能有被有机物染成棕色的 B 层，这可能与富含铁的 B 层相混淆。

在整个剖面中 pH 较高的多带状灰化土中，有机物质在 B 层中的积累较少表达，并且在 B 层中铝和铁的分离没有记录到。

（5）特别是在砂质灰化土中，渗透穿过土壤的部分可溶性有机物不会被金属离子沉淀，可能会穿过淀积层。这种有机物在水面停止移动或到达地下水时沉淀下来。在排水良好的灰化土中，这种有机物在 B 层以下形成细带（纤维）。由于水在土壤中的渗透非常不规则，这种细带也具有不规则的形态，这受土壤孔隙系统不连续性的影响：根通道、沉积分层、洞穴等。未被金属沉淀的可溶性有机物在水成灰化土中似乎比在排水良好的灰化土中更丰富（图 11.3）。如果将其通过侧向地下水流输送到开阔水域，这种有机物会导致形成"黑水"河流。

灰化土 B 层可能同时含有多态（根生的）和单态（淀积）有机物。这两种形式的演变决定了哪种有机物占主导地位。

图 11.3　水成灰化土底土中的水平堆积带。E 中的波浪带是在以前排水良好的灰化土的可溶性 Bh。P. 布尔曼拍摄。

> ● 思考
>
> 　　**问题 11.5**　解释将土壤样品从棕色 B 层加热到 900℃ 时，如何区分富铁和贫铁/富有机物质的灰化土 B 层？

　　在北方气候条件下，母质相对丰富的土壤中，凋落物层中产生大量的低分子量酸和"黄腐酸"。这些化合物分解得相对较快。此外，根源有机物也会迅速矿化。由于根系对 B 层有机质的相对贡献大于淀积有机质，故多态的（根源的）有机质在 B 层占主导地位。快速的动态变化很少引起整体腐殖质的积累（第 6 章），但倍半氧化物是随着时间推移而积累的。由于带状灰化土的母质主要由冰碛物组成，母质中铁的含量相对较高。在这种情况下，B 层中铁（和铝）的积累远远超过有机物的积累。在极端情况下，会形成铁灰化土（铁质灰土）。

　　相比之下，带内灰化土总是在非常差的母质上形成。尽管土壤温度比北方地区高，但由于低 pH、高交换性铝和低营养状态，有机质的转化非常缓慢。与带状灰化土相比，凋落物产生的有机酸呼吸深度更大，速度更慢。因为淀积有机物衰变缓慢，它对 B 层的有机物积累有很大的贡献，主要以单态有机覆盖层的形式存在。与带状灰化土一样，根源多态有机物也存在，但浓度低于淀积有机物。土壤中风化矿物含量通常较低，因此倍半氧化物的绝对积累量较低；（靠上部的）淀积层主要是以有机物为主。

　　在水成灰化土中，淀积有机物甚至更占优势。在水饱和的土壤中生根通常受到限制，而有机酸的腐烂进一步减缓。可溶性有机成分更易移动，因为土壤不会变干，而且铁通常通过还原和横向传导从土壤中去除，从而减少化学沉淀。有机物和铝在 B 层中占主导地位，大部分有机物保持流动，最终被转移到地表水中。水成灰化土的 B 层具有类似可溶性有机碳（DOC）的有机物组成。可溶性有机碳含有大量多糖，不能通过金属络合沉淀。因此，水成灰化土 B 层中相当大一部分有机物可能是通过物理沉淀的。腐殖质沉淀带与沉积分层的密切关系也指向这个方向（图 11.3）。

> ● 思考
>
> 　　**问题 11.6**　图 11.2 描述了灰化土在排水良好的多孔介质中随时间的发展情况。给出层位 1～6 的土层名称（附录 1）。
>
> 　　**问题 11.7**　当 A 层和 E 层含有可观数量的可风化矿物时，灰化过程又是如何发生的呢？考虑灰化不同过程的能量方面。

11.5　母质、养分和水文对灰化土剖面的影响

　　图 11.2 表明，剖面随时间逐渐加深，并在一定时期后停止，此后剖面形态不再发生

变化。E 层的最终厚度和 B 层的表达取决于许多因素，例如母质的组成、底土的营养状况（有机物的分解）和有机部分本身的组成。可溶性有机物分解的最大深度可能决定剖面与 E 层的平衡。有机物的最大含量由其平均停留时间决定（第 6 章）。

● **思考**

问题 11.8 请解释为什么在上述情况下可以达到平衡。

母质通过可风化矿物含量、铁和铝氧化物含量以及营养物含量影响灰化作用。可风化矿物的含量和种类决定了土壤对有机酸的中和能力，从而也决定了土壤对灰化作用的缓冲能力。

● **思考**

问题 11.9 灰化土剖面的发展会受到以下因素的哪些影响：大量易风化的硅酸铝矿物，大量缓慢可风化的硅酸铝矿物，以及可风化矿物含量少？

如上所述，养分的可利用性强烈地影响有机物动态。营养水平越高，腐烂越快。衰变越快导致有机部分的平均滞留时间（MRT）越短。MRT 越低，意味着有机物积累越少。有机质在地带性灰化层的平均停留时间往往比隐域性灰化层低得多。B 层腐殖质的平均滞留时间从一些斯堪的纳维亚半岛（地带性）灰化土的最低 400～500 年到法国西南部（隐域性）灰化土的胶结 B 层的 2000～2800 年不等，而一些热带灰化土的滞留时间高达 40000 年（Schwartz，1988）。到目前为止，在荷兰 MRT 的最长测量范围在 2000～3000 年。

● **思考**

问题 11.10 地带性灰化土的母质通常含有相对丰富的可风化矿物和岩石形成的营养物质。请给出这种现象的（地质）原因。

问题 11.11 两种灰化土在 O/Ah 层中具有相等的有机酸净产量，但是土壤 1 中有机质的 MRT 低于土壤 2。你对剖面 1 和 2 的 B 层中有机物和倍半氧化物的相对积累有什么预期？MRT 是否影响 B 层中积累的倍半氧化物总量？

在给定的气候条件下，灰化土形成速度很大程度上取决于母质。在薄层母质上，这是一个相当快速的过程。荷兰内陆沙丘不含碳酸钙，可风化的硅酸盐含量很低，经过一百年的植被发展，已经呈现出清晰的灰化土形态。多孔土壤中周期性的高地下水通过三个主要因素促进灰化作用：抑制分解、混合、铁的还原/去除。如果没有向下的水分运动，极度湿润可能会完全抑制灰化。

在粗质地的灰化土中，水生形态（铁的还原）结合侧向地下水流动通常导致铁的完全耗尽。可溶解的 Fe^{2+} 几乎不受有机物的束缚，很容易被流动的地下水去除。在灰化土中，铝是主要的复合阳离子。砂质灰化土的水生形态如图 11.4 所示。

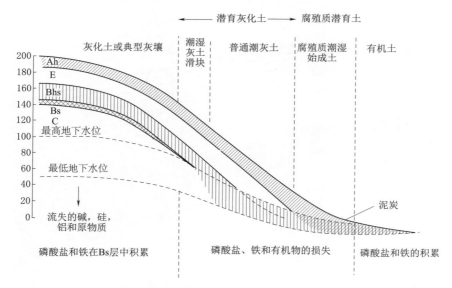

图 11.4　荷兰覆盖沙中的灰化土水序列。解释见正文。摘自 Buurman，1984。

在左手边，排水良好的灰化土展示了 Ah、E、Bhs 和 Bs 层。当最高地下水位达到 Bs 层时，会形成一个凝固的 Bs（g）层。越往下，Ah 层变得越来越尖，Bh 与 Ah 合并，同时 E 层消失。通过还原可溶解的铁和铁结合的磷酸盐从土壤中浸出，并被输送到洼地，在那里它们依赖于通气而积累（缺氧/氧化界面上的氢氧化铁、蓝色的蓝铁矿、$Fe_3(PO_4)_2$ 或缺氧区的菱铁矿、$FeCO_3$）。在排水不良的灰化土中，有机物的侧向运输导致密集腐殖质层的积累。如果这种有机物到达开阔的水域，它会导致形成"黑水河"。部分侧向传导的有机物在底土中以条带形式积累，在那里它加剧了岩性的不连续性（图 11.3）。

在细质地的母质中，如冰碛物，停滞的地下水会导致铁的减少和再分布，但很少导致铁的耗竭。在壤土中，灰化土和潜育土之间有一系列的过渡，在这些过渡中，根据地下水波动和母质特征，可以在表层土、漂白层、灰化淀积层或灰化淀积层以下发现铁结核。

● **思考**

问题 11.12　贫铁土壤中的灰化作用比排水良好的土壤快还是慢？为什么？

在热带低洼地，灰化土通常出现在隆起的沙地、石英岩、海岸沉积物上。这种灰化土通常是水成的。由于年代久远、海岸隆起、降雨量高和土壤有机质 *MRT* 较长等原因，许多热带灰化土深度很深。当土壤遭受强烈淋溶以至于没有铝残留来沉淀有机物，并且当渗透的深度足以将所有有机物下渗到地下水中时，B 层最终消失，只有 E 层保留下来（巨大的灰化土）。在水侧向运动强烈的地区，淀积层的完全破坏最为强烈。图 11.5 和图 11.6 描述了这种环境。从 E 层到 Bh 层的过渡是由于 Bh 的溶解。

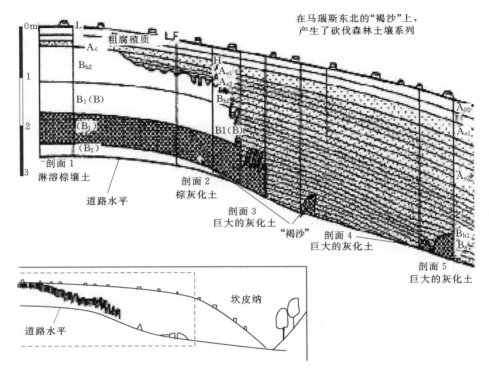

图 11.5　巴西巨大灰化土通过较浅灰化土的 B 层溶解形成（"淋溶的棕色壤土"）。Ae 代表 E 层。
摘自 Klinge，1965。经牛津布莱克威尔科学有限公司许可使用。

图 11.6　马来西亚东部沿海低地灰化土顶部的溶解特征。E 层厚约 70cm。P. 布尔曼拍摄。

11.6　灰化土中的矿物转化

灰化作用对原生矿物和次生矿物都有深刻的影响。最具抵抗性的矿物，例如石英（SiO_2）、锆石（$ZrSiO_4$）、金红石和锐钛矿（TiO_2）、钛铁矿（$FeTiO_3$）和电气石残留在残积层（A 和 E）中，而更易受化学侵蚀的矿物最终溶解并消失。

残积层的物理和化学风化（如菌根掘进入长石，第 4 章）导致其比母质含有更多的细砂和粉砂。冲积层可能有较高的粉砂和黏土含量。黏土部分由在灰化作用之前或过程中从上覆地层中积累的水铝英石和伊毛缟石组成，也可能由在原地风化形成的层状硅酸盐组成。

A 层和 E 层的强烈风化导致以绿泥石、云母和蛭石形成贝得石（一种蒙脱石）（第3.2 节）。

> **思考**
>
> **问题 11.13**　哪些过程导致云母转变为贝得石（第 3.2 节）？

随着时间、温度、排水和 pH 的增加，膨胀的 2：1 型矿物在 A 层和 E 层中的比例趋于增加。然而，在强风化的剖面中，蒙脱石由于风化作用被完全去除。

黏土风化是由低浓度的游离、未复合的 Al^{3+} 刺激的。在淋溶层，络合作用和浸出降低了 Al^{3+} 的浓度，风化率较高。在 B 层，大部分铝以有机络合物的形式存在，但是微生物降解增加了游离 Al^{3+} 的浓度。如果 B 层的 pH 足够高，铝可能聚合并在蛭石和蒙脱石中形成铝羟基夹层（土壤绿泥石形成）。

在风化非常强烈的热带和亚热带灰化土中，高岭石可能主导着淀积层。尚不清楚高岭石是否在灰化作用中形成。

11.7　认识灰化过程

1. 诊断层

由于 Ah、E、B 层之间强烈的颜色对比，在野外很容易辨认灰化土。如果不存在淋溶层，如早期灰化土和过渡到火山灰土和始成土，微观形态和化学指标被用于识别灰化过程。

灰化淀积层和白土层用于对灰化土（灰土）进行分类。灰化淀积层的存在反映了灰化过程相对于其他土壤形成过程的优势，如风化、铁化和黏土沉积。钠层是一个 B 层，显示出腐殖质、铁和铝（倍半氧化物）的一定积累。铝和铁以有机络合物的形式到达灰化土 B 层。当有机载体衰变时，金属被释放并形成无定形组分，该组分可能随时间的推移而结晶。因此，我们可以预期在灰化土 B 层中存在有机结合的、无定形的和结晶的铁和铝的倍半氧化物以及无定形的铝硅酸盐。

由于很难确定火山灰土和灰土之间的适当界限，所以该诊断范围的化学标准很小。目前的定义（Soil Survey Staff，1994；Deckers 等，1998）保证了几乎任何可识别的灰化土 B 层都是一个灰化淀积层。

世界参考基准和 SSS 有以下共同标准：

颜色：B 层可以是黑色或红棕色

有机物：含碳量超过 0.6%

pH－水：$\leqslant 5.9$

倍半氧化物：$Al_{ox}+1/2Fe_{ox}\geqslant 0.5$

光密度包括：

草酸盐提取物：$\geqslant 0.25$

厚度：$\geqslant 2.5cm$

此外，SSS 有以下标准：

胶结：由有机物和铝胶结而成的土层，不含铁。

胶膜：砂粒上有 10% 或更多的裂纹覆盖层。

● 思考

问题 11.14 这些标准中的每一个都反映了灰化作用的哪个方面？

灰化土中的漂白层被定义为由未漂白的矿物颗粒（无铁胶膜）决定其颜色的漂白层（其颜色），实际上等同于 E 层。

● 思考

问题 11.15 E 层通常含有少量有机残留物，类似于 B 层典型的无定形胶膜，为什么？

2. 微观形态

针叶林下灰化土 E 层的可风化矿物被直径约为 $5\mu m$ 的洞穴孔道纵横交错，这些孔道由（大概是外分支杆菌属）真菌形成。在年轻灰化土中，孔道很少或不存在，孔道频率在超过 8000 年的土壤形成过程中有规律地增加（Hoffland 等，2002）。孔道在缺乏 E 层的相关土壤（如恶劣的寒武系）中似乎很少或不存在。

灰化土 B 层的薄片显示了有机质的两种主要形态：矿物颗粒周围或孔隙中的非晶态胶膜（单一形态有机物，图 11.7），以及孔隙中的有机物颗粒（多态有机物，图 11.8）。胶膜是沉淀和干燥的凝胶，主要分布在非常差的水文地层和排水良好的灰化土层下的条带中，而颗粒主要是昆虫粪便，主要分布在排水良好和较肥沃的土壤中。这两种形式都符合灰化淀积层。

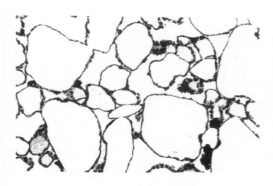

图 11.7　荷兰湿热 B 层非晶态腐殖质胶膜
（链球菌）。图片高度为 1mm。A. G.
琼格曼斯拍摄。

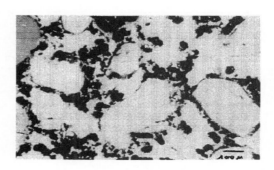

图 11.8　荷兰布里特斯特韦克
河流沙丘的胡木上的多形有机物。
图片高度 1mm。A. G.
琼格曼斯拍摄。

思考

问题 11.16　哪种物质或有机物有更长的 *MRT* 和颗粒胶膜？

11.8　难题

难题 11.1

表 11.1 给出了瑞典北部尼安杰的灰化土剖面数据。土壤在可风化矿物、富含冰碛物的冰川上发育。在 B 层，会遇到类似伊毛缩石的物质。

表 11.1　瑞典尼扬盖特剖面的土壤和土壤溶液分析。摘自 Karltun，2000。DOC 为可溶性有机碳。

土层	碳 /%	氮 /%	pH CaCl$_2$	Fed /(mmol/kg)	Feo /(mmol/kg)	Fep /(mmol/kg)	Ald /(mmol/kg)	Alo /(mmol/kg)	Alp /(mmol/kg)	Sio /(mmol/kg)
O	51	1	3.2							
E1	1.42	0	3.0	4	8	1			5	
E2	0.57	0	3.3	5	9	2	5	17	5	3
B1	2.32	0	4.4	307	252	2	10	17	8	2
B2	1.30	0	5.0	222	166	32	306	530	135	145
B3	0.79	0	5.1	127	98	5	206	478	54	163
B4	0.42	0	5.0	68	61	2	120	327	37	128
B5	0.34			36	36	1	70	235	25	91
C14	0.27			48	21		25	44		17

续表

土层	\multicolumn{8}{c}{1996 年 6 月的土壤溶液；摘自 Riise 等，2000。}
	DOC /(mmol/L)	Si /(mmol/L)	Al /(mmol/L)	Fe /(mmol/L)	DOC/% (在高分子量组分)	Si/% (在高分子量组分)	Al/% (在高分子量组分)
O1	50	85	40	6	60	5	50
O2	32	115	48	9	60	10	55
E1	8	270	56	8	50	8	65
E2	4	325	70	13	55	8	65
B1	3	265	32	11	35	5	60
B2	1	220	1	1	30	2	10
B3	0.5	170	—	—	35	1	—

a. 画一张描绘碳含量、铁和铝随深度变化的图。这些成分的哪里是最大值？游离铁、非晶态铝的哪一部分是被有机物束缚的？Fe_p/Fe_d 比和 Al_p/Al_o 比对有机物的 MRT 有什么提示（和问题 11.10 比较）？

b. 使用土壤溶液化学数据和土壤化学数据，测试三种不同的灰化作用理论。假设 Si_o 和（$Al_o - Al_p$）代表硅质量百分比为 14% 的水铝英石，溶质浓度代表加权年平均值，通过 O、E、B1、B2 和 B3 层底部的渗透率分别为 200mm/年、150mm/年、120mm/年、100mm/年和 90mm/年。

难题 11.2

图 11.9 和图 11.10 给出了法国西南部梅多克岛灰化土水序列的有机质组分和 [14]C 年龄。剖面是在砂质海岸沉积中形成的。新土层代码是：$A_1 = A_h$；$A_2 = E$；$B_{21h} = B_{h1}$；$B_{22h} = B_{h2}$。

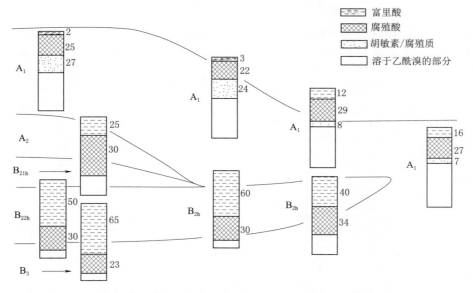

图 11.9　莱斯朗德（法国）灰化土序列中的有机物组分。摘自 Righi，1977。

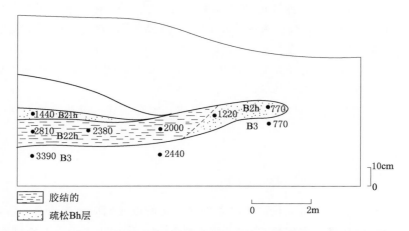

图 11.10　图 11.9 序列中有机物的[14]C 年龄。数字显示公元前年数。摘自 DeConinck，1980b。

水序列中的土壤从左到右依次为：有松散 B21h、胶结 B22h 和 B3 层的潮湿灰土（潜育灰化土）；有胶结 B2h 层的潮湿灰土；有松散 B2h 层的潮湿灰土；潮新成土（潜育砂土）。

最低地下水位在 B22h 层以下；在高地下水位时，右边的土壤刚刚被淹没。

假设"黄腐酸"和"腐殖酸"分别代表低分子量和高分子量成分，这些剖面中的"腐殖酸"大多是未分解的植物凋落物。忽略乙酰溴部分。

a. 解释剖面发展的横向变化。考虑垂直和横向水运动。

b. 你认为在不同的 B 层有机物的形式是怎么样的？

c. 研究腐殖质组分的变化趋势（关于组分的含义，第 4.5 节）。解释一下 A 层和 B 层的差异。

对 B22h 层以下的地下水样品进行了有机物、铝和铁的分析。为了查明金属是否以有机物络合物的形式运输，水被过滤在两种不同的凝胶上（图 11.11）。小分子比大分子在

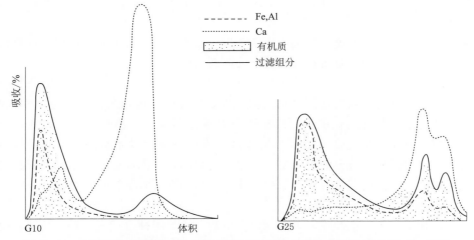

图 11.11　通过凝胶葡聚糖 G10 和 G25 地下水组分的淋洗曲线。摘自 Righi，1976。

凝胶中移动得快，因此，第一种洗提液（远离 Y 轴）主要携带小分子，而大分子紧随其后（峰值靠近 Y 轴）。每种凝胶都有一个所谓的"临界值"，它表示分子的某些大小可以通过。大于临界值的分子保留在凝胶中。对于凝胶 G10，临界值为 700 道尔顿（分子量）；重量在 100～5000 道尔顿（分子量）之间的分子通过 G25。图 11.11 中的垂直轴给出了洗提液中组分的量；横轴是洗提液体积。

d. 讨论可溶性有机物（DOC、DOM）的组成。解释铁和铝以及钙的不同行为。

11.9　答案

问题 11.1

因为阻碍凋落物的腐烂是灰化的先决条件之一，所以我们应该寻找有凋落物层的生态系统（灌木苔原、云杉林、橡树林）。为了更好地预测，应利用关于渗流和母质的数据。

问题 11.2

由于有一个永久的凋落物层，灰化土的生产可能会全年持续。此外，棕色土壤的腐烂速度可能更快，因为其 pH 和养分含量可能更高。

问题 11.3

$$Al(C_2O_4)_2^-(aq) + O_2 + 2H_2O \longrightarrow Al(OH)_3 + HCO_3^- + 3CO_2$$

问题 11.4

"饱和状态"意味着所有负电荷都被金属离子补偿。因为在较低的 pH 下分解会减少，所以可络合的金属量较少。另外，金属离子的羟基化随着 pH 的降低而降低，因此需要更少的金属离子来补偿有机物的负电荷。这也增加了沉淀有机物的碳/金属比。

问题 11.5

在 900℃下加热会导致有机物氧化，且有机物变色消失。氢氧化铁被转化为红色赤铁矿（Fe_2O_3）。

问题 11.6

土层代码是：1 - O；2 - Ah；3 - E；4 - Bh；5 - B（h）s；6 - C。

问题 11.7

只要风化产物的移除速度快于供应速度，表土就不能充分缓冲灰化作用。这是供应和移除的反应能量问题，而不是潜在的缓冲能力问题。

问题 11.8

按照定义，一旦达到有机物的平均滞留时间，B 层中有机物的含量就处于平衡状态。只要表层土壤仍然含有可风化矿物，铝和铁向 B 层的供应可能就会继续。因此，铝和铁的进一步积累只有在表层土壤耗尽和 B 层顶部不再向下移动时才会停止。如果倍半氧化物作为有机复合物传导，传导深度决定了倍半氧化物的积累深度。灰化土动力学预测有机载体衰变（腐烂）所需的深度将随着灰化土化的增加和 pH 的降低而增加。

问题 11.9

可风化矿物提供钙、铝和铁，可以稳定有机物。少量缓冲（稳定）导致快速灰化。随着时间的推移，大量风化缓慢的原生矿物将在 B 层中形成明显的堆积，但不一定堆积到厚的 E 层，而少量的这种矿物很难抵消灰化作用，并可能形成非常深的 E 层。大量易风化的矿物会抵消灰化作用。

问题 11.10

地带性灰化土常见于北方气候。这些地区的母质通常是冰川沉积物（北冰洋冰碛物），由细的新鲜岩石组成。

问题 11.11

a. 土壤 A 中有机质积累较少，但倍半氧化物积累相同。倍半氧化物的积累是随时间变化的，而有机物的积累是由其平均滞留时间决定的。

b. 平均滞留时间不应影响积累的倍半氧化物总量，因为后者取决于可风化矿物的数量。

问题 11.12

缺铁土壤沉淀能力较低，因此保留可溶性高分子量有机酸。因此，灰化作用在这种土壤中应该更快。

问题 11.13

云母蛭石的变化是由于层间阳离子的去除。在蛭石向蒙脱石的转化中，层间阳离子的去除是完全的。绿泥石蛭石的转变是由于对第二个八面体层的去除造成的。这些转变的主要因素是有机酸，其通过络合作用从黏土矿物中除去金属。

问题 11.14

颜色反映了有机物或倍半氧化物的主要积累。第一个代表是螯合机制；其次是螯合/根机制。

有机物反映 DOC 的作用，它可以作为倍半氧化物的载体，也可以作为非络合组分。

pH 反映了有机酸缓冲受限制的区域。pH 通常（远）小于 5.9。

倍半氧化物的积累代表有机—无机复合物的积累（和分解）随时间的变化（比较第 11 章）。水成砂质灰化土中可能不存在铁的积累。

草酸盐提取物的光密度反映了溶液中有机物的含量。因为草酸盐提取物的 pH 为 3，颜色主要取决于"黄腐酸"（第 4 章）。

厚度用于定义最小显影量。

胶结作用是灰化土（DOC＋Al）发育较强的典型特征，如水成砂质灰化土。

开裂的覆盖层也反映了螯合/DOC/沉淀机制。

问题 11.15

E 层上部是 B 层（E 层逐渐加深；分解在 B 层顶部的有机物）。因为覆盖层具有更长的 MRT，所以预计会有覆盖层的残留。

问题 11.16

覆盖层非常致密，因此水和氧气不易渗透（图 11.7），微生物只能进入外部。因此，覆盖层中的有机物比颗粒中的有机物具有更长的 MRT。

难题 11.1

a. 图表明 Fe_d 和 Fe_o 的最大积累在 B1 中，而 Al_o 和 Al_p 的最大积累在 B2 中。有机物质结合游离铁和铝的相对比例（分别为 Al_p/Al_o 和 Fe_p/Fe_d，附录 3）为

物质	$B1$	$B2$	$B3$	$B4$	$B5$	$C14$
Fe	0.01	0.14	0.04	0.03	0.03	—
Al	0.47	0.44	0.11	0.11	0.11	—

这些是相对较小的部分，尤其是铁。这表明有机载体分解很快，所以 MRT 可能很低。相对少量的铝，尤其是铁（仍然）与有机物结合。

b. 不同理论预测溶解物质和水铝英石形成的不同过程：

（ⅰ）黄腐酸理论预测 HMW－Al 和－DOC 产生于 O 层以下向下传导，在 B 层中沉淀。

（ⅱ）水铝英石理论预测 HMW－Si 在 O 层以下产生，向下传导，以水铝英石或伊毛缟石的形式在 B 层中沉淀。

（ⅲ）LMW 酸理论预测 LMW－Al 和－DOC 在 O 层以下产生向下传导，在 B 层中分解，铝作为无定形产物在 B 层沉淀，例如水铝英石或伊毛缟石。

（ⅳ）LMW 酸/根理论预测，倍半氧化物由有机载体传导，当载体被分解时发生沉淀。

假设可以通过确定这些不同溶质的通量作为深度的函数来检验。如果土壤溶液浓度代表年通量的加权平均值，用渗透率计算它们会得到以 mmol/m² · 年为单位的溶质通量。下面给出了一些层位底部的溶质通量。总量和 HMW－DOC，－Si 和－Al 之间的差异代表 LMW 种类。

层位	水通量 mm/年	通量/(mmol/m² · 年)						
		DOC tot.	DOC HMW	Si tot	Si HMW	Al tot	Al HMW	Fe tot
O2	200	6400	3840	23	2.3	9.6	5.3	1.8
E2	150	600	330	49	3.9	10.5	6.8	2.0
B1	120	360	126	32	1.6	3.8	2.3	1.3
B2	100	100	30	22	0.44	0.1	0.001	0.1
B3	90	45	16	15	0.15	0.009	0.001	0.001

数据与所有三种机制一致：当溶液从 E 层迁移至 B 层时，HMW 和 LMW 从溶液中消失。然而，HMW－Si（可能是无机胶体硅）的贡献似乎非常小（$3.9－0.15＝3.75$mmol/m² · 年相对于 $34－3.75＝30.25$mmol/m² · 年的 LMW 硅，HMW－Si 的醇/米年被去除）。因此，（ⅱ）如果它存在的话，将相对不重要。HMW－Si 是部分有机结合的，因此需要进一步的工作来验证这一点。LMW 和 HMW 形式的溶解有机物和铝几乎同等重要，这表明（ⅰ）和（ⅲ）适用。首先要注意的是，尽管 B1 层中固体碳的积累要比 E1 层中固体碳的积累大，但在 O 层和 E1 层之间 DOC 浓度的下降要远远大于 E2 层和 B1 层。这表明随着深度的增加，DOC 的大部分减少必须归因于 CO_2 的分解，而不是固体有机物质的沉淀，这也与 LWM/根模型兼容。

此外，从 E 层渗透到 B 层中的大部分可溶铝和铁以及大约一半的可溶性硅已经在有机 O 层中产生，而不是像这两种理论所假设的在 E 层中产生。一个可能的解释是菌根真菌会将它们在 E 层所激发的铁、铝和硅，带到 O 层（大多数菌根位于 O 层）的菌根上。这些物质（与这些真菌吸收的磷、钙、镁和钾相反，植物不需要这些物质）会渗出或释放，然后渗透回 E 层。另一种情况是，硅可能是由 O 层中与凋落物混合的矿物组分风化而产生的。

理论（ii）和（iii）预测会形成水铝英石或其他形式无定形铝。水铝英石的含量使用 14％的硅质量分数计算。因此，Si_o 浓度必须转换成重量百分比。能归属于水铝英石的 Al 是 $Al_o - Al_p$。因为铝和硅的单位都是 mmol/kg，摩尔比可以直接计算：$(Al_o - Al_p)/Si_o$。因此，水铝英石中水铝英石的含量和铝硅比是

变量	B1	B2	B3	B4	B5	C14
水铝英石/%	0	2.9	3.3	2.6	1.8	0.3
铝硅比	4.5	2.7	2.6	2.3	2.3	2.6

由于含量低，B1 的摩尔比不可靠。水铝英石可以通过铝的重组形成，铝是由溶液中有机络合物与二氧化硅的衰变释放出来的。注意水铝英石随深度的分布与铝和硅通量随深度变化的预期不一致。这些通量将导致 B1 中水铝英石含量较高，而 B3 层中水铝英石含量较低。根据 1996 年 6 月基于溶液浓度计算的通量可能无法代表几个世纪的年通量。

难题 11.2

a. 在图的左边，灰化土有一个 E 层，它在右边消失了。此外，在右侧剖面中 B 层较高。这表明左侧有更多的垂直渗流，右侧主要是受限制的垂向水运动和地下水波动影响的增加。B21h 和 B2h 层疏松，这意味着它们一年中有一部分时间是充气的。然而，松散的 B2h 在黏合的 B22h 下消失是不合逻辑的。这可能是绘图中出现的错误。

b. 易碎部分主要以多态（排泄物）有机物为主，而黏合部分以单形态（胶膜）有机物为主。

c. 构图从 A 层向 B 层有很大的转变。最明显的区别是：A 中腐殖质含量较高；B 中黄腐酸含量较高；B 中乙酰溴可溶部分较少。

腐殖质由强烈的矿物结合和未完全分解的有机物组成。在砂土中，后者含量较低。因此，腐殖质的差异主要是由植物物质的不完全分解造成的。当然，未分解的植物物质部分主要局限于表层土和有根部分解的易碎的 B 层。在胶结的地层中，树根可能要少得多。黄腐酸是水溶性的，因此很容易被运输到 B 层，在那里它们与金属离子沉淀（在这种情况下是铝，因为它是一个水文序列）。

d. 两个洗脱曲线都表明高分子量有机分子占优势。在 G10 曲线中，所有的铁和铝似乎都与最大的部分结合，而在 G25 中，铁和铝都与最小和较大的部分结合（G25 上最小的分数在 G10 上最大）。钙在 G10 中的移动似乎与低分子量有机组分（吸附）有关，但也可能与有机物无关。然而，G25 曲线表明钙被吸附到低分子量有机部分上。

11.10　参考文献

Alban, D. H. , and E. C. Berry, 1994. Effects of earthworm invasions on morphology, carbon and nitrogen of a forest soil. Applied Soil Ecology, 1: 243 – 249.

Anderson, H. A. , M. L. Berrow, V. C. Farmer, A. Hepburn, J. D. Russell, and A. D. Walker, 1982. A re-assessment of podzol formation processes. Journal of Soil Science, 33: 125 – 136.

Bal, L. , 1973. *Micromorphological analysis of soils*. PhD Thesis, University of Utrecht, 174pp.

Barrett, L. R. , and R. J. Schaetzl, 1998. Regressive pedogenesis following a century of deforestation: evidence for depodzolization. Soil Science, 163: 482 – 497.

Bruckert, S. , 1970. Influence des composés organiques solubles sur la pédogénèse en milieu acide. I. Etudes de terrain. Annales Agronomiques, 21: 421 – 452.

Buurman, P. (ed), 1984. *Podzols*. Van Nostrand Reinhold Soil Science Series. 450pp. New York.

Buurman, P. , 1985. Carbon/sesquioxide ratios in organic complexes and the transition albic – spodic horizon. Journal of Soil Science, 36: 255 – 260.

Buurman, P. , 1987. pH – dependent character of complexation in podzols. In: D. Righi & A. Chauvel: *Podzols et podzolisation*. Comptes Rendus de la Table Ronde Internationale: 181 – 186. Institute National de la Recherche Agronomique.

Buurman, P. , and A. G. Jongmans (2002) . Podzolisation – an additional paradigm. Proceedings 17th International Congress of Soil Science, Bangkok. In press.

Buurman, P. , and L. P. van Reeuwijk, 1984. Allophane and the process of podzol formation – a critical note. Journal of Soil Science, 35: 447 – 452.

De Coninck, F. , 1980a. The physical properties of spodosols. In: B. K. G. Theng (ed): *Soils with variable charge*. 325 – 349. New Zealand Society of Soil Science, Lower Hutt.

De Coninck, F. , 1980b. Major mechanisms in formation of spodic horizons. Geoderma, 24: 101 – 128.

Deckers, J. A. , P. O. Nachtergaele, and O. Spaargaren, 1998. World Reference Base for Soil Resources. Introduction. ISSS/ISRIC/FAO. Acco, Leuven/Amersfoort, 165 pp.

Farmer, V. C. , J. D. Russell and M. L. Berrow, 1980. Imogolite and proto – imogolite allophane in spodic horizons: evidfence for a mobile aluminium silicate complex in podzol formation. Journal of Soil Science, 31: 673 – 684.

Flach, K. W. , C. S. Holzhey, F. de Coninck & R. J. Bartlett, 1980. Genesis and classification ofandepts and spodosols. In: B. K. G. Theng (ed): *Soils with variable charge*. 411 – 426. New Zealand Society of Soil Science, Lower Hutt.

Guillet, B. , 1987. L'age des podzols. In: D. Righi & A. Chauvel: *Podzols et podzolisation*. Comptes Rendus de la Table Ronde Internationale: 131 – 144. Institut National de la Recherche Agronomique.

Gustafsson, J. P. , P. Battacharya, D. C. Bain, A. R. Fraser, and W. J. McHardy, 1995. Podzolisation mechanisms and the synthesis of imogolite in northern Scandinavia. Geoderma, 66: 167 – 184.

Hoffland, E. , R. Giesler, A. G. Jongmans, and N. van Breemen, 2002. Increasing Feldspar Tunneling by Fungi across a North Sweden Podzol Chronosequence. Ecosystems 5: 11 – 22 (2002)

Jongmans, A. G. , N. Van Breemen, U. Lundström, P. A. W. van Hees, R. D. Finlay, M. Srinivasan, T. Unestam, R. Giesler, P. A. Melkerud, and M. Olsson, 1997. Rock – eating fungi. Nature, 389: 682 – 683.

Karltun, E. , D. Bain, J. P. Gustafsson, H. Mannerkoski, T. Fraser and B. McHardy, 2000. Surface reactivity of poorly ordered minerals in podzol – B horizons. Geoderma, 94: 265 – 288.

Klinge, H. , 1965. Podzol soils in the Amazon Basin. Journal of Soil Science, 16: 95 – 103.

Lundström, U. S. , N. van Breemen, and A. G. Jongmans, 1995. Evidence for microbial decomposition of organic acids during podzolization. European Journal of Soil Science, 46: 489 – 496.

Melkerud, P. A. , D. C. Bain, A. G. Jongmans, and T. Tarvainen, 2000. Chemical, mineralogical and morphological characterization of three podzols developed on glacial deposits in Northern Europe. Geoderma,

94: 125 - 148.

Mokma, D. L. , and P. Buurman, 1982: *Podzols and podzolization in temperate regions*. ISM Monograph 1: 1 - 126. International Soil Museum, Wageningen.

Petersen, L. , 1976. *Podzols and podzolization*. DSR Forlag, Copenhagen, 293 pp.

Righi, D. , 1977. *Génèse et évolution des podzols et des sols hydormorphes des Landes du Médoc*. PhD Thesis, University of Poitiers.

Righi, D. , and F. DeConinck, 1974. Micromorphological aspects of Humods and Haplaquods of the Landes du Médoc ´, France. In: G. K. Rutherford (ed.): *Soil Microscopy*. Limestone Press, Kingston, Ont. Canada, pp 567 - 588.

Righi, D. , T. Dupuis, and B. Callame, 1976. Caractéristiques physico - chimiques et composition des eaux superficielles de la nappe phréatique des Landes du Médoc (France) . Pédologie, 26: 27 - 41.

Riise, G. , P. Van Hees, U. Lundstxöm and L. T. Strand, 2000. Mobility of different size fractions of organic carbon, Al, Fe, Mn, and Si in podzols. Geoderma, 94: 237 - 247.

Robert, M. , 1987. Rôle du facteur biochimique dans la podzolisation. Etudes expérimentales sur les mécanismes géochimiques et les evolutions minéralogiques. In: D. Righi &. A. Chauvel: *Podzols et podzolisation*. Comptes Rendus de la Table Ronde Internationale: 207 - 223. Institut National de la Recherche Agronomique.

Ross, G. J. , 1980. The mineralogy of spodosols. In: B. K. G. Theng (ed): *Soils with variable charge*. pp 127 - 146. New Zealand Society of Soil Science, Lower Hutt.

Schnitzer, M. , and S. I. M. Skinner, 1964. Organo - metallic interactions in soils, H. Properties of iron and aluminium organic matter complexes, prepared in the laboratory and extracted from soils. Soil Science, 98: 197 - 203.

Properties of iron and aluminium organic matter complexes, prepared in the laboratory and extracted from soils. Soil Science, 98: 197 - 203.

Schnitzer, M. , and S. I. M. Skinner, 1966. Organo - metallic interactions in soils, V. Stability constants for Cu^{2+} , Fe^{2+} , and Zn^{2+} fulvic acid complexes. Soil Science, 102: 361 - 365.

Schnitzer, M. , and S. I. M. Skinner, 1967. Organo - metallic interactions in soils, VII. Stability constants of Pb^{2+} t, Ni^{2+} , Mn^{2+} , Co^{2+} , Ca^{2+} , and Mg^{2+} fulvic acid complexes. Soil Science, 103: 247 - 252.

Schwartz, D. , 1988. Histoire d'un paysage: *Le Lousséké - paléoenvironnements Quaternaires et podzolisation sur sables Batéké*. Etudes et Theses, ORSTOM, Paris, 285pp.

SSS (Soil Survey Staff), 1994. Keys to Soil Taxonomy, 6th Edition. US Dept, of Agriculture, Soil Conservation Service, 306 pp.

Van Breemen, N. , U. S. Lundström, and A. G. Jongmans, 2000. Do plants drive podzolization via rock - eating mycorrhyzal fungi? Geoderma, 94: 163 - 171.

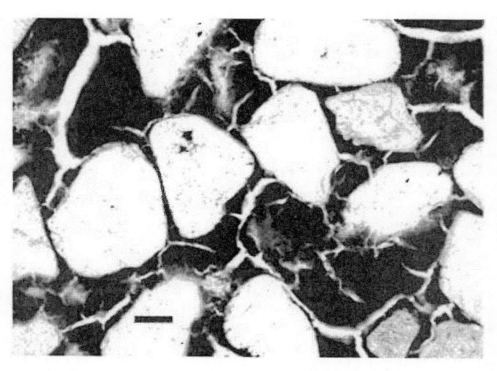

照片 T　新西兰海砂上单态有机物填充水成灰化土 B 层的孔隙。
比例尺为 $100\mu m$ 。A. G. 琼格曼斯拍摄。

第 12 章 火 山 灰 土 形 成

12.1 概述

　　火山灰土是由非晶态（或短程序）硅酸铝和/或铝有机物复合物组成的土壤。它们通常有一个 Ah－Bw－C 层位序列。Ah 层是深色的，且含大量铝稳定的有机物（通常超过 10％）。B 层通常由非晶态的铝硅酸盐（水铝英石、伊毛缟石）占据。火山灰土主要形成于火山灰上，但也可以在其他风化性很强的岩石上发现，如岩浆岩、长石砂岩等。我们将松散地使用"火山灰土"一词来表示由美国农业部土壤分类中典型的火山灰土和联合国粮食及农业组织分类中暗色土所形成的土壤。火山灰土具有许多独特的性质，如高磷酸盐固定性、铝毒性、不可逆干燥性、具有低水分利用率的高保水性和高抗蚀性。它们通常有沉积分层，风化程度最低的物质出现在顶部。因为火山灰土中的有机和非有机二次产物对这些性质极其重要，所以本章主要关注这些风化产物的特性。

12.2 风化和矿物

　　当风化速度很快，并且可溶性风化产物从土壤中相对快速地去除时，就会形成火山灰土。快速风化需要易于风化的材料。在火山沉积物的常见成分中，可以发现风化性以如下递减顺序排列：

有色玻璃－白色玻璃－橄榄石－斜长石－辉石－角闪石－铁镁矿物

> **● 思考**
>
> 　　**问题 12.1**　因为钾长石和云母在火山沉积物中很少，所以它们不包括在上述风化层序列中。那这些矿物在风化序列中处于什么位置（与第 3 章进行比较）？

　　易风化矿物和火山玻璃的风化在溶液中产生浓度相对较高的钙、镁、铝、铁和二氧化硅。

　　在如此高的溶质浓度下，对于低溶解度的矿物来说溶液是强烈的过饱和，并且没有足够的时间来适当地排列成晶体结构。因此铝、铁和硅沉淀为非晶态组分，例如水铝英石、伊毛缟石、蛋白石和水铁石。部分可溶解的 H_4SiO_4 和大部分溶解的碱性阳离子（钙、镁、钾、钠）与 HCO_3^- 随排水一起被去除。

1. 风化因子

可溶性 HCO_3^- 的存在表明风化因子是二氧化碳，且 pH 在 5 以上。在这样的 pH 下，二氧化硅比铝和铁更易流动（与第 13 章中铁铝化过程进行比较）。在这些条件下，二氧化硅被选择性地从剖面中去除，而剩余的非晶态硅酸盐变得更加像铝。大多数活火山都会产生大量的硫和氯化氢气体。这种气体与水结合形成强酸。因此，许多活跃的火山口附近火山灰风化的第一阶段可能会受到这些强酸的影响，导致 pH 低于 5。风化迅速，大量的铝、铁和硅被溶解。溶液蒸发后，蛋白石比铁和铝的氢氧化物更早达到饱和。这可能导致蛋白石作为胶膜沉淀在土壤表面和浅深的土壤里（Jongmans 等，1996）。强酸阻碍水铝英石的形成。

2. 水铝英石和伊毛缟石

火山灰土主要是由非晶态硅酸盐（水铝英石和伊毛缟石）或铝有机络合物组成，这取决于有机物的供应情况和 pH。在相对较低的 pH 下，铝有机络合物的形成会抑制氢氧化铝的聚合，从而抑制水合铝硅酸盐的形成〔水铝英石以聚合的 $Al(OH)_3$ 结构为特征，见下文〕。根据对 pH 等级的粗略划分（在水中或 1M KCl 中测的 pH）可以得到表 12.1 的火山灰土组（摘自 Nanzyo 等，1993；顺序已更改）。

表 12.1　　　　　火　山　灰　土　组

组序	pH_{H_2O}	pH_{KCl}	组　成	Al_p/Al_o
1	4.8～5.3	3.8～4.4	不含水铝英石（腐殖）	高的
2	5.0～5.7	4.3～5.0	水铝英石，富含腐殖质	中等
3	5.2～6.0	5.0～5.6	水铝英石，腐殖质贫乏	低的

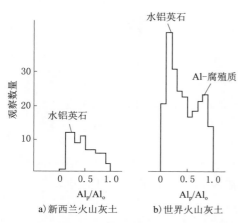

图 12.1　新西兰火山灰土，以及
世界火山灰土中 Al_p/Al_o 比的直方图。
摘自 Parfitt 和 Kimble，1989。

3. 双峰分布

这三组形成一个连续体，但由于第 1 组和第 3 组倾向于占主导地位，因此火山灰土中有机结合的铝相对于总的非晶态的铝（Al_p/Al_o）呈双峰分布（图 12.1）。

如果 pH 足够高来允许氢氧化铝聚合，就会形成水铝英石和伊毛缟石。水铝英石基本上是一种非晶态的物质，一般通式为 $Al_2O_3 \cdot SiO_2 \cdot nH_2O$。氧气和羟基将铝和二氧化硅连在一层里（图 12.2）。大多数沉淀的铝具有六重配位性，如层状硅酸盐的八面体层。图 12.2 的结构是理想化的；事实上，它既不是连续的，也不是整齐有序的。铝硅层是弯曲的，并形成外径为 3.5～5nm、壁厚为 0.7～1nm 的小球。在晶格中的缺陷表现为小球上的孔洞。

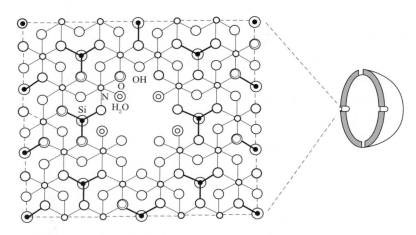

图 12.2　水铝英石（左）和含水铝英石小球体（右）的结构示意图。摘自 Dahlgren 等，1993。经阿姆斯特丹爱思唯尔科学公司许可使用。

● 思考

问题 12.2　焦磷酸—萃取 Al（Al_p）和草酸—萃取 Al（Al_o）和 Si（Si_o）可用于定量火山灰土的不规则状态。在水铝英石的火山灰土中，Al_p/Al_o 比从 Ah 层向 Bw 层水平转移将如何变化？

水铝英石和伊毛缟石的 Al/Si 摩尔比通常约为 2。富含二氧化硅的水铝英石（Al/Si＝1～1.5）像层状硅酸盐一样含有聚合的二氧化硅单元，但部分铝是四倍（四面体）配合的。高硅水铝英石的结构仍未完全被理解。

伊毛缟石的理想分子式为（OH）$_3$Al$_2$O$_3$SiOH，或 Al$_2$O$_3$·SiO$_2$·2H$_2$O。它具有管状形态（图 12.3）。管子的外径和内径分别为 2.0nm 和 1.0nm。这些管子长达几微米。管状形态是由 Al$_2$（OH）$_6$ 薄片和水合 AlSiO$_5$ 薄片的特殊排列引起的。通过透射电子显微镜可以观察到水铝英石和伊毛缟石的形态（图 12.4）。

● 思考

问题 12.3　在图 12.4 中，内层由二氧化硅原子构成。如果伊毛缟石的理想公式和图 12.4 的结构都是正确的，那么内层硅原子的哪一部分必须被铝取代？

问题 12.4　描述水铝英石或伊毛缟石结构与层状硅酸盐结构的区别。考虑排序（结晶度）、片数、同构替换、表面组成。

问题 12.5　有时水铝英石的量可根据草酸盐-萃取硅（Si_o）计算。假设 Si_o 含量为 14％，计算铝硅比为 2 的水铝英石的含水量。如上所述，将水铝英石表示为氧化物和水的总和。

> **思考**
>
> **问题 12.6**　当铝有机络合物的形成抑制水铝英石的形成时，溶液中的二氧化硅会发生什么变化？

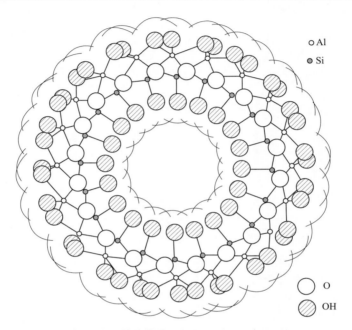

图 12.3　伊毛缟石管的横截面结构。摘自 Parfitt 等，1980。

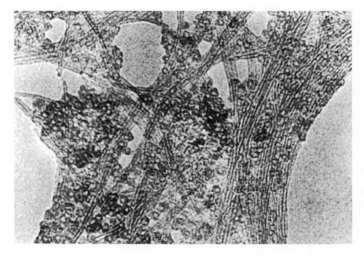

图 12.4　水铝英石（小球体）和伊毛缟石（螺纹）的透射电子显微照片。
图片宽度约为 $0.2\mu m$。摘自 Henmi 和 Wada，1976。

水铝英石可以用草酸提取（附录 3）。萃取物中的铝/硅比被认为是非晶态硅酸盐中的比率。图 12.5 给出了草酸盐提取物中铝/硅原子比和世界范围内火山灰土 pH 的频率分布。

非水铝英石和水铝英石火山灰土胶体部分的平均组成如图 12.6 所示：图中的结晶黏土矿物主要是埃洛石。中间代谢火山岩和镁铁质火山岩含有富铁矿物。

一些铁可能与水铝英石结构相适应，但它大部分形成了一个独立的相，即结晶差的水铁石，近似公式为 $5Fe_2O_3 \cdot 9H_2O$（第 3 章）。水铁石是许多火山灰土 B 层呈现黄褐色的原因。通过将 Fe_o 含量乘以 1.7 倍来估算土壤中的水铁石含量。有时在火山灰土中可以

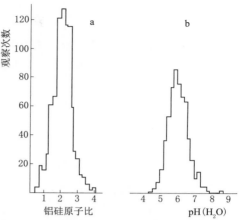

图 12.5　草酸盐提取物中铝/硅原子比和世界范围火山灰土 pH 的频率分布。摘自 Parfitt 和 Kimble，1989。

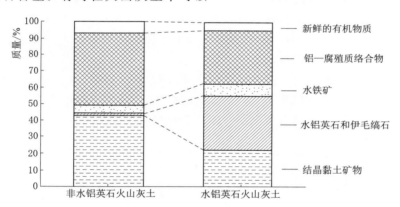

图 12.6　非水铝英石和水铝英石火山灰土胶体部分的平均组成。摘自 Nanzyo 等，1993。经阿姆斯特丹爱思唯尔科学公司许可使用。

发现针铁矿和赤铁矿，但它们的结晶度很低。许多研究者提出了一种非晶态的铁硅酸盐相（硅铁土），类似水铝英石，但是到目前为止，几乎没有发现其存在的证据。

三水铝石 $Al(OH)_3$ 是强淋溶土中的常见矿物。它由斜长石风化、水铝英石脱硅形成，或通过剖面深处土壤溶液的沉淀而形成。

层状硅酸盐在火山灰土中相对稀少，这些矿物可能有不同的来源（Dahlgren 等，1993）。蒙脱石黏土可能来源于水热蚀变的原生矿物，如辉石（Mizota，1976；Jongmans 等，1994a）。在低二氧化硅活性下水铝英石重结晶可能会导致埃洛石的形成。在较老的火山灰土中，埃洛石可能进一步转化为高岭石。

水铝英石（胶膜）的周期性失水可能产生层状硅酸盐结晶（Buurman 和 Jongmans，1987；Jongmans 等，1994b）。最后，来自周边的风成粉尘的加入是火山灰土中层状硅酸盐的来源，如日本的火山灰土（靠近戈壁沙漠和中国黄土带）和加那利群岛（靠近撒哈拉

沙漠）。在大多数火山灰土中，层状硅酸盐的存在可以通过 X 光衍射将水铝英石完全去除后来证明。

在许多火山灰土中，在风化过程中积累相对稳定的原生矿物，如方晶石（SiO_2）、铁和铁钛矿物（磁铁矿、钛铁矿）。在干燥的气候条件下，在表层土壤中非晶态的二氧化硅植物岩很常见。

12.3　有机质

高有机物含量引起的暗色 Ah 层是许多火山灰土的显著特征。有机物含量高可能是由水铝英石大的带正电荷的表面积以及有机物—水铝英石络合物和铝—有机物络合物的稳定性造成的（两者都缓慢衰减，从而导致有机物含量的增加，第 6 章）。因为有机质含量高的火山灰土往往水铝英石含量低，有机配体被认为能抑制水铝英石的形成。然而，如果配体铝饱和，则抑制可能为零。目前关于有机物和水铝英石之间的相互作用知之甚少。

这些表层土中颜色最深的部分被称为黑色表层（USDA）。这种深色表层似乎是在经常燃烧的草木植被下形成的。深色通常归因于一组特定的腐殖酸，但是在黑土表层中有机物的芳香性极高（50%～70%），强烈表明这是由于烧焦的草，而不是腐殖酸水铝英石络合物。

有机物既与层状硅酸盐表面结合，也与水铝英石结合。具有负电荷的层状硅酸盐主要结合带正电荷的或非极性有机基团（例如长链脂肪族）。土壤中的水铝英石具有净正电荷，因此预计它更倾向于优先选择带负电荷（酸）的有机基团，如羧基。对水铝英石结合有机质的分子研究仍然十分稀少。

12.4　理化性质

1. 电荷

由于铝有机物、水铝英石和伊毛缟石以及水铁石的存在，火山灰土具有较大的表面积和较多的表面电荷以及较强的水结合能力，是细颗粒物质的主要组分。所有这些成分都具有 pH 依赖性电荷。有机物由于酸性基团的分解而带有负电荷。这种分解随着 pH 的增加而增加，因此有机物的 CEC 也随着 pH 的增加而增加。非晶态的硅酸盐和亚铁盐是两性的，它们的 pH（零净电荷点，PZNC）在其之上具有负电荷，在其之下表面电荷具有正电荷，因此它们具有阴离子交换能力（AEC）。最后，层状硅酸盐具有永久的负电荷。大多数火山灰土含有 3 种或 4 种上述成分，并显示出明显的 pH 依赖性电荷（图 12.7）。

> 思考
>
> 　　问题 12.7　水铝英石或伊毛缟石 pH 依赖性电荷是由它们表面的化学性质导致的。请使用图 12.2 和图 12.3 解释这一点。

思考

问题 12.8　请解释图 12.7 中水铝英石和非水铝英石的火山灰土的电荷行为差异。

问题 12.9　请解释 12.2 节的 3 个火山灰土组 pH 依赖性电荷对 pH_{water} 和 pH_{KCL} 之间差异的影响。

2. 阴离子吸附和 pH－NaF

在大多数土壤 pH 下，非晶态硅酸盐的净正电荷会导致磷酸盐离子的强烈吸附，这种特性可用于鉴别火山灰土（磷酸盐固持，附录 3）。磷酸盐吸附能力随着水铝英石中的铝/硅比的增加而增加（图 12.8）。磷酸盐组合基是 Al－O－Si、R－COO－Al（有机基团）和 Al－OH 基团。

（a）非水铝英石的　（b）水铝英石的

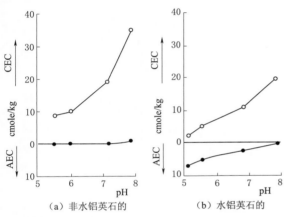

图 12.7　非水铝英石的和水铝英石的火山灰土的 pH－电荷关系。摘自 Nanzyo 等，1993。经阿姆斯特丹爱思唯尔科学公司许可使用。

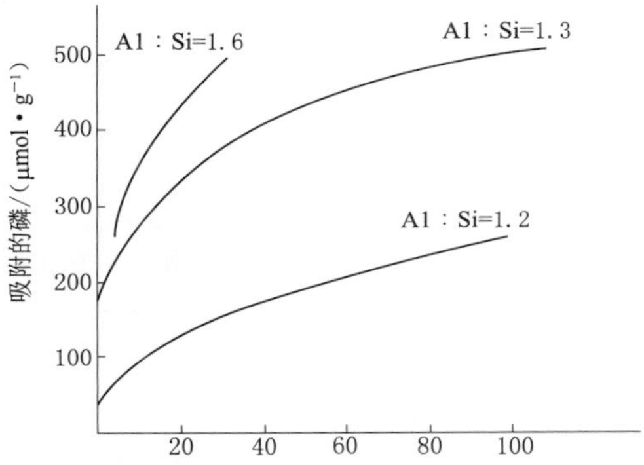

图 12.8　在合成水铝英石中依赖于 Al/Si 比的磷吸附。摘自 Parfitt，1990。

由于水铝英石的 $H_2PO_4^-$ 和 Al（快速）结合导致高磷酸盐保留。在每克水铝英石中吸附磷的量在 50～200μmoles，或者 2～8 个磷酸根离子。

氟离子（F^-）与铝形成强烈的络合物。氟化物与水铝英石表面的铝基团快速反应，导致羟基的释放，从而增加了 pH。因此，加入氟化物溶液后，pH 的强烈上升有时被用来表示水铝英石的存在。

如果将 1g 水铝英石土壤分散在 50ml 1M NaF 中，其 pH 通常会升至 10.5。

思考

问题 12.10　解释为什么水铝英石的铝/硅比越高，磷酸盐吸附越强（图 12.8）。

由于水铝英石的表面积大，且水铝英石团聚体有非常好的多孔性，因此即使在高吸力下，火山灰土也能保留大量的水。在 pF＝4.2 时，某些水铝英石土壤的含水量可能高达200%。水铝英石土壤中的水被保存在小孔隙中，而不是矿物表面（在水铝英石—有机物团聚体中，我们不能恰当地称之为颗粒"表面"）。

压力板和离心机测定的含水量差异说明了这一点（图 12.9）。离心作用会破坏微孔隙，导致高吸力下的保水能力降低。尽管有较高的水结合能力，但在土壤中植物可利用的水（保持在 pF 2～4.2）可能很低：体积在 7%～25%。

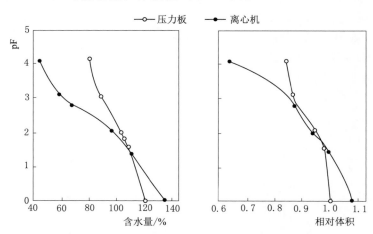

图 12.9　用离心机和压力板测量日本火山灰土的持水性。
摘自 Warkentin 和 Maeda，1980。

● **思考**

问题 12.11　解释相对于非常高的总结合水容量，火山灰土中相对少量的"有效水"的原因。

许多水保存在小孔中，孔的几何结构容易受到压力的干扰，这一事实解释了许多水铝英石土壤的触变性。触变土壤材料在未扰动时看起来潮湿或者干燥，但当被压缩时，自由水就会出现，土壤变得油污（半流体）。这导致了火山灰土表面具有特殊的滑溜性。强风化岩石也可能具有触变性。

3. 质地和团聚体

火山灰土的高电荷和胶体性质使其分散变得困难，并且粒度分布的测定也变得毫无意义。变干的效果说明了这一点，干燥使水铝英石团聚体稳定，因此变干的土壤看起来具有更粗糙的质地（图 12.10）。水铝英石、伊毛缩石、水铁石和有机物具有极小的基本单位，但它们强烈聚集在黏土团聚体中，达到黏粒至粉粒的大小（Buurman 等，1997）。水铝英石团聚体的大小似乎随着水铝英石含量的增加而增加（图 12.11），但这种影响也可能是由于细的（水铁石）和较粗的（水铝英石）团聚体的不同混合物造成的。

因为水铝英石的存在可能抑制分散，所以几乎无法确定水铝英石和非水铝英石矿物部

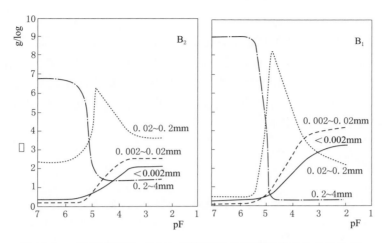

图 12.10　干燥至不同 pF 后，测量两种水铝英石土壤的粒度分布。
摘自 Warkentin 和 Maeda，1980。

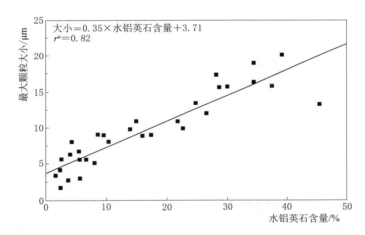

图 12.11　哥斯达黎加火山灰土（野外潮湿样品）中水铝英石含量和
团聚体尺寸（粒径）之间的关系。摘自 Buurman 等，1997。

分的质地。通过萃取除去水铝英石后，可以研究非水铝英石的部分。由此得到的颗粒粒度分布可以帮助我们了解未风化或部分风化原生颗粒和层状硅酸盐黏土的粒度分数。

● 思考

问题 12.12　解释图 12.10 中观察到的变干情况，这种现象有什么实际意义？

问题 12.13　忽略粒度测定的问题，计算出的"黏粒"部分的阳离子交换量（CEC）有时用于识别水铝英石的土壤。差的分散对这个计算的阳离子交换量有什么影响？（$CEC_{黏粒} = CEC_{土壤} \times 100 /$ 黏粒%）。

4. 容重

火山灰土的主要成分是多孔的非晶态成分，且具有高保水性。因此，火山灰土通常具有低容重，一般低于 $0.9g/cm^3$，有时甚至低于 $0.2g/cm^3$。因为土壤干燥后会强烈收缩，可以采用 pF2（1kPa）的体积可作为参考。大孔隙体积（高渗透性）和稳定团聚体的结合导致火山灰土在未扰动斜坡上的可蚀性较低。由于固有的倾斜沉积接触和侧向地下水输送，斜坡中断可能会大大增加物质消耗。

12.5　属性和形态概述

概括起来，火山灰土是在有大量可风化物质的岩石上的快速风化过程中形成的。结晶差的次生产物（水铝英石、伊毛缟石、水铁石、有机络合物）非常特殊的理化性质决定了土壤的性质。

特殊性为：高变量（pH 依赖性）电荷，对磷酸盐的强吸附性和与氟化物的反应、强团聚体（低分散性和黏粒含量），其在变干时增加，高持水性，具有非刚性孔的高孔隙体积和低容重。

火山灰土中有机质和大量铝之间强烈的相互作用稳定了有机质，因此有机质含量相对较高（高达 20%）。有机质随深度的分布取决于植被。将大量有机物直接带入土壤的植被（根凋落物、草植被）会产生黑色的、深层的、高有机物含量的土层，而定期燃烧会自动增强黑色和增加腐殖质的芳香性。分层（土壤形成过程中新的火山灰沉积）导致有机质随深度不规则分布。

1. 剖面形态

火山灰土剖面由 Ah、Bw 和 C 层（和过渡）组成。在草和潮湿气候条件下，Ah 层的厚度越厚；水铝英石 Bw 层也在潮湿条件下发育良好的土壤中更厚。

火山灰土 Ah 层发育与气候和植被有关，在潮湿、寒冷的气候中其发育程度比在温暖和干燥的气候中更强。因此，强烈腐殖质的 Ah 层在日本比在热带地区更常见，而在热带地区，腐殖质随着海拔和降雨量的增加而增加。

大多数火山灰土是在火山沉积物上形成的，尤其是在火山喷出物上，喷出物风化迅速。反复喷发导致古土壤被掩埋，土壤形成在新表面重新开始。因此，埋藏土壤的序列是常见的。有时，火山喷发的时间可以用来估计土壤形成的速度。

年轻的火山灰土几乎没有水铝英石。在数百至数千年的风化后水铝英石可能成为主要成分，并可能在后期转化为结晶的层状硅酸盐，如埃洛石、高岭石以及罕见的蒙脱石。周期性干燥有利于水铝英石结晶成层状硅酸盐，这导致伴随水铝英石存在的典型性质消失。因此，土壤变成了其他土壤类型。根据气候的不同，下一阶段可能是：

（1）在寒冷和潮湿的气候中，或在酸性火山岩上，在强淋洗作用下的淋淀土（灰化土）。灰化土也可以在没有火山灰土形成之前的流纹火山灰上形成。

（2）在半湿润、温暖气候下的始成土和氧化土。

（3）在半湿润、常年高温气候中堆积位置的变性土。

（4）在半湿润、等温的气候中的软土。

2. 诊断层

为了分类的目的，火山灰土的一般特征，例如高持水性、高风化矿物量和有机物含量、低容重、高铝量，无论是作为有机络合物还是作为非结晶态硅酸盐，都已经被结合到了不同诊断土层中。这些反映了不同的发育阶段（年轻土壤的玻璃质土层），以铝有机复合体或非结晶态硅酸铝为主，以及非常暗的表层土壤。

识别火山灰土或暗色土的现行标准（SSS，1994；Deckers 等，1999）如下：

（1）暗色土层。除了有一定的厚度和黏粒百分比外，火山灰土容重小于 $0.9 kg/dm^3$，2% 或更多草酸盐提取物（Al+1/2Fe）；磷酸盐保留率为 70%，火山玻璃保留率不到 30%。

（2）玻化土层。玻化土层的特征是火山玻璃主导次生风化产物。

（3）富里酸土层。除了特定的厚度外，富里酸土层是深色的土层，加上浅色的草酸盐提取物，以及至少 6% 的有机碳。

（4）黑色土层。黑色土层含有深色腐殖质提取物，在其他方面类似于黄腐层。

（5）磷酸盐保留率超过 70%（85%）。在附录 3 中描述了磷酸盐的保留。

> **思考**
>
> **问题 12.14**　不同的诊断层描述了哪些土壤成因和火山灰土属性？

12.6　难题

难题 12.1

表 12.2 和表 12.3 分析了印度尼西亚和哥伦比亚的火山灰土（Mizota 和 Van Reeuwijk，1989）。

表 12.2　剖面 CO-13，哥伦比亚，典型的水成火山灰始成土（典型的持水性高的火山灰土）或腐殖质的火山灰土。

深度/cm	土层	黏粒/%	有机质/%	pH H_2O	pH KCL	pH NaF	CEC cmol+/kg	基准值 cmol+/kg	Al cmol+/kg	Al_o/%	Fe_o/%	Si_o/%	Al_p/%	Fe_p/%	pF4.2 的水/%	磷保留能力/%
0~12	Ah1	20	46.2	4.1	3.4	6.9	179	10	6.5	0.7	0.4	0.1	0.5	0.3	150	56
~30	Ah2	24	28.6	4.0	3.6	8.0	105	2	12.2	1.0	0.7	0.1	0.9	0.6	114	82
~51	AB	17	13.1	4.4	4.2	10.8	66	5	4.1	2.6	0.1	0.5	2.4	0.1	67	99
~78	Bh	32	15.9	4.4	4.2	10.9	122	0	4.5	7.1	0.5	1.6	2.7	0.4	106	99
~82	Bs	37	14.3	4.9	4.3	10.8	177	1	2.4	8.5	5.1	2.5	2.1	3.0	109	99
~98	BC	28	8.5	5.1	4.7	10.9	77	0	8.0	8.0	1.8	0.5	2.6	0.5	92	99
~120	C1	23	2.4	5.3	5.2	10.8	45	2	0.2	5.8	0.3	2.6	0.4	0.1	50	99
~150	C2	36	3.4	5.2	4.9	10.7	51	1	0.5	6.1	0.6	2.7	0.5	0.1	90	99

表 12.3　　　　　　　　INS36 剖面，印度尼西亚，典型不饱和火山灰始成土
（水生的简育湿润灰烬土）或腐殖质火山灰土。

深度 /cm	土层	粘粒 /%	有机质 /%	pH H$_2$O	pH KCL	pH NaF	CEC	基准值	Al	Al$_o$ /%	Fe$_o$ /%	Si$_o$ /%	Al$_p$ /%	Fe$_p$ /%	pF4.2 的水/%	磷保留 能力/%
							cmol+/kg									
0～12	Ah1	20	46.2	4.1	3.4	6.9	179	10	6.5	0.7	0.4	0.1	0.5	0.3	150	56
～30	Ah2	24	28.6	4.0	3.6	8.0	105	2	12.2	1.0	0.7	0.1	0.9	0.6	114	82
～51	AB	17	13.1	4.4	4.2	10.8	66	5	4.1	2.6	0.1	0.5	2.4	0.1	67	99
～78	Bh	32	15.9	4.4	4.2	10.9	122	0	4.5	7.1	0.5	1.6	2.7	0.4	106	99
～82	Bs	37	14.3	4.9	4.3	10.8	177	1	2.4	8.5	5.1	2.5	2.1	3.0	109	99
～98	BC	28	8.5	5.1	4.7	10.9	77	0	0.8	8.0	1.1	2.8	1.3	0.1	92	99
～120	C1	23	2.4	5.3	4.7	10.8	45	2	5.8	5.8	0.3	0.4	0.1		50	99
～150	C2	36	3.4	5.2	4.9	10.7	51	1	0.2	6.1	0.6	2.7	0.5	0.1	90	99

a. 检查每层是以水铝英石为主，还是以铝有机质为主。

b. 用两种不同的方法计算水铝英石的含量。假设水铝英石含有 14% Si$_o$（Al/Si＝2），通过将所有草酸盐可提取的铝和硅（减去焦磷酸盐可提取的铝）归属于水铝英石，并相应地改变水铝英石的铝/硅比。第二个过程产生以下公式，即

$$水铝英石＝100×Si_o/\{-5.1×(Al_o-Al_p)/Si_o+23.4\}$$

用两种方法计算所有层的水铝英石含量。将这两个计算的结果放在垂直水铝英石和水平水铝英石上的图表中。讨论结果之间的差异。

c. 计算所有水铝英石的铝/硅比。水铝英石中铝/硅比在不同剖面之间和同一剖面内不同的原因是什么？哪些比率不太可能，是什么导致了这些偏差？

d. 使用所有化学数据，并考虑到两个剖面由两个或多个灰层组成，为两个剖面提出更好的土层编码。

难题 12.2

请解释为什么与其他土壤相反，火山灰土的物理性质不会随着可交换阳离子的性质而改变？

难题 12.3

在许多土壤中，水铝英石存在于孔隙和土壤自然结构体的胶膜中。这种水铝英石可能随后重结晶成具有强平行取向的层状晶格黏土，这将在薄剖面的微观形态研究中显示为双折射。

水铝英石的这种重结晶可能会与不同的土壤形成过程相混淆。哪个过程，为什么？

难题 12.4

摇动 1g 水铝英石土壤与 50ml 1M NaF 混合，可将 pH 提高到 10.5。

a. 假设 NaF 溶液的原始 pH 为 7.0，计算 OH$^-$ 被 F$^-$ 取代的数量（在 cmol/kg 的土壤中）。

b. 你对于可交换酸度，有机物的分解能做出什么假设？

c. 如果水铝英石的比表面是 700m^2/g，那么其电荷密度是多少（cmol$^+$/m^2）？

难题 12.5

具体情况见表 12.4。

表 12.4　两种新鲜火山灰组分在软化水和稀释 HCl 中二氧化硅和阳离子的释放速率，以及提取剂在 2 天 （HCl） 和 7 天 （水） 后的假设。摘自 Jongmans 等，1996。

组分	溶液	pH	Si	Al	Ca	Mg	Na
$<53\mu m$	10^{-3} M HCl	3.77	26.6	23.6	20.8	1.04	39.4
$>500\mu m$	10^{-3} M HCl	3.48	17.6	18.5	12.2	0.64	35.9
$<53\mu m$	水	5.81	2.35	0.03	2.05	0.02	8.27
$>500\mu m$	水	5.88	1.12	0	1.67	0.05	5.15

a. 描述和解释 pH 和释放元素随萃取剂和粒度的差异。

b. 提供有足够的渗滤，并且释放的时间是恒定的，那么在 pH 为 5.81 的情况下，一年内会有多少千克硅从 1kg 小于 $53\mu m$ 灰的馏分中释放出来？

c. 假设灰的容重为 $1.0kg/dm^3$。那么一年之内从 1ha 粉质土壤 （100％$<53\mu m$） 的顶部 10cm 释放出多少灰分？

12.7　答案

问题 12.1

钾长石和云母隶属于风化序列中最有抵抗性的末端。

问题 12.2

Al_p/Al_o 比是有机结合铝与总非结晶态铝的比率，或有机络合物中铝的相对量。在水铝英石土壤中，从 Ah 到 Bw 层 Al_p/Al_o 比值应该降低。

问题 12.3

图 12.3 结构的铝/硅比为 1∶1。为了得到 2∶1 的比率，1/3 的二氧化硅原子被铝取代。

问题 12.4

水铝英石结构由一个薄片组成，硅和铝都放置在薄片中。所有的末端原子都是 OHs。这种结构是理想化的，并不真正重复。

除了曲率，伊毛缝石结构有点类似于 1∶1 型层状硅酸盐结构，但是四面体是反向的 （四面体的顶部远离八面体片），并且顶部氧是 OH。"四面体"片含有大约 1/3 的铝取代物。

问题 12.5

如果通式是 $Al_2O_3 \cdot SiO_2 \cdot nH_2O$，硅含量为 14％，这意味着分子量必须是 200 （Si＝28，Al＝27，H＝1，O＝16）。无水分子式的摩尔质量是 54＋48＋28＋32＝162，所以剩余的 38 一定是水。这等于结构式中 38/18＝2.1mol 水 （＝19 质量％）。

问题 12.6

如果二氧化硅不能与铝结合形成水铝英石，它要么从土壤中浸出（排水良好），要么沉淀为蛋白石（排水受阻）。

问题 12.7

水铝英石和伊毛缟石的表面由羟基组成。这些基团将根据 pH 的变化而缔合或解离。

问题 12.8

水铝英石火山灰土带正负电荷。正电荷来自胶体表面羟基的分解，负电荷的变化取决于有机物。水铝英石火山灰土 PZNC 的 pH 约为 5.5。由于有机物，非水铝英石和溶胶没有正电荷（没有带正电荷的水铝英石或水铁矿表面），只能依赖于 pH 的负电荷。非水铝英石土壤没有 PZNC。

问题 12.9

如图 12.7 所示，非水铝英石火山灰土有较低的 pH，同时水和 KCl 又有很大的 pH 差异，这种土壤只有负电荷，KCl 的加入从吸附表面除去氢离子，但没有氢氧根离子。

在水铝英石火山灰土中，pH 较高，但低于水铝英石的 PZNC，两者之间的差异较小。该体系受有机酸（更高的 pH）的影响较小，电解质的加入会从吸附表面去除氢离子和氢氧根离子——在这种情况下，会去除更多的氢离子。

问题 12.10

在低铝/硅比下，部分铝将处于四面体配位状态，不能带正电荷。在较高的铝/硅比下，两性基团的数量增加，因此在土壤 pH 下正电荷的数量也增加。

问题 12.11

高含水量主要是由于存在大量的细小孔隙。pF 在 2～4.2，这些孔隙不产生水。

问题 12.12

在这两种土壤中，当土壤干燥至 $pF=5$ 时，小于 $2\mu m$ 的部分完全消失。当张力高于 $pF=3.5$ 时，小组分聚集成 0.02～0.2mm 的部分。在高于 $pF=5$ 的张力下，该部分也消失，较大的团聚体（0.2～4mm）占主导地位。

注意：风干样品-实验室分析前的正常准备，pF 超过 5。因此，如果你对土壤的自然状态感兴趣，那么在分析火山灰土样品之前不应该干燥。

不可逆地干燥成较粗的团聚体会导致水结合能力的损失。

问题 12.13

不完全分散导致对黏土组分的低估。因此，在火山灰土中经常出现计算的 CEC$_{黏土}$ 过高这一现象。

问题 12.14

火山灰土层确定了发育良好的水铝英石土壤的存在。

玻化土层确定了具有发展潜力的土壤和火山灰土，但其仍太年轻。

黄腐酸层由高百分比的（草酸盐）可溶性有机物构成。因为草酸盐是一种酸性萃取剂（pH 为 3），有机物被认为是由"黄腐酸"组成的。

黑色土层上有一种非常暗的草酸盐提取物的颜色，它反映了黑色的有机物，可能是被草酸盐提取的烧焦物质。

磷酸盐保留反映了非晶态铝硅酸盐和/或亚铁盐上大量的活性表面。

难题 12.1

a. 剖面 CO–13 在上三层（总 C 层和 Al_p/Al_o）中以有机物为主。从 51cm 向下，水铝英石含量增加，Al_p/Al_o 显著下降。在 INS 36 剖面中，有机物并不重要，剖面始终由水铝英石占主导。

b. 在下页的表格中列出了水铝英石含量和铝/硅比。

c. 在 CO–13 中，第二次水铝英石计算导致不真实的铝/硅比。这些可能是由于 Al_p 值过高或过低，以及非结晶态氢氧化铝的溶解和/或表层土中水铝英石的部分脱硅。在 INS36 中，两种方法的结果非常相似，铝/硅比在整个剖面中几乎是恒定的。

d. CO–13：在火山灰土中不太可能有 Bh 和（Bs）层。这些土层的 Al_p/Al_o 和 Fe_p/Fe_o 比均表明有机络合物并不占主导地位。在黏土和碳中（轻微）的增加表明 Bh 实际上是一个埋藏的 Ah（2Ah）；Bs 可能是 2Bw。

INS–36：正确的层位顺序为：Ah–C1–2Ah–2C–3Ah–3B。

CO 13	Ah1	Ah2	AB	Bh	Bir	BC	C1	C2
水铝英石 1	0.7	0.7	3.6	11.4	17.9	20.0	18.6	19.3
水铝英石 2	0.8	0.5	2.3	17.1	24.2	25.0	20.3	21.1
在水铝英石中 Al/Si	2.0	1.0	0.4	2.7	2.6	2.4	2.1	2.1
INS 36	A	C1	B	C2	2A	2B		
水铝英石 1	20.7	13.6	25.7	17.9	27.9	34.3		
水铝英石 2	18.9	11.6	22.5	15.2	23.9	28.4		
在水铝英石中 Al/Si	1.6	1.4	1.4	1.4	1.4	1.3		

难题 12.2

因为团聚体不是由范德华力和双层厚度的相互作用引起的，所以火山灰土结构是稳定的，与饱和阳离子无关。火山灰土的电荷确实取决于溶液的离子强度，但这与土壤溶液浓度范围几乎无关。

难题 12.3

水铝英石重结晶覆盖在页硅酸盐上会产生双折射胶膜，这与黏土淀积形成的胶膜非常相似。水铝英石胶膜的形成是溶解、传导和沉淀的结合，而黏土淀积是机械运输。条件完全不同。

难题 12.4

a. 在 pH=7 时，OH^- 活性等于 10^{-7}；在 pH=10.5 时，它等于 $10^{-3.5}$。

在 50 mm pH 为 10.5 的溶液中，OH^- 的总量等于 $50 \times 10^{-3.5}$ mmol，或 16×10^{-3} mmol。在 pH 为 7 时，总量等于 5×10^{-6} mmol。

OH^- 的增加相当于 16×10^{-3} mmol。这是由 1g 土壤释放的，所以总释放量等于每 kg 土壤 1.6 cmol OH^-。

b. 假设有机物分解没有增加；活性没有变化。

c. 水铝英石的表面积为每克 700m²，相当于每 700000m² 为 1.6cmol，或 2.3×10^{-6} cmol $\cdot m^{-2}$。

难题 12.5

a. 从细灰分中释放元素比从粗灰分中释放元素快。这应该是由于细灰分的接触面较大。这种更快的释放也表现为盐酸－灰分混合物的 pH 更高。如果以二氧化硅的释放作为参考（二氧化硅的溶解与 pH 无关），在 0.001M 盐酸中的风化当然要比在水中（2 个 pH 单位）快得多，但两者之间的显著差异在于铝的释放。水中几乎没有铝的释放，这意味着铝将以氢氧化物的形式积累在残留物中。在水中，钠相对于钙和镁的释放量相对较大。这意味着水中的释放可能不是来自长石，而是来自火山玻璃（仅长石风化就能提供恒定的钠/钙比）。

b. 从该组分硅的释放等于 2.35×10^{-9} mol·s/kg。在一年 1kg 的灰烬中，这将是 $60 \times 60 \times 24 \times 365$ 倍，或大约 74×10^{-3} mol。这是 $74 \times 28 = 2.072$ g/(kg·年)。（＝总重量的 0.2%）。

c. 对于每公顷深达 10cm 的灰烬，其释放量相当于 $10^6 \times 0.002072$ kg/年或 2072kg/年。

12.8　参考文献

Buurman, P., K. de Boer, and Th. Pape, 1997. Laser diffraction grain - size characteristics of Andisols in perhumid Costa Rica: the aggregate - size of allophane. Geoderma, 78: 71 - 91.

Buurman, P., and A. G. Jongmans, 1987. Amorphous clay coatings in a lowland Oxisol and other andesitic soils of West Java, Indonesia. Pemberitaan Penelitian Tanah dan Pupuk, 7: 31 - 40.

Dahlgren, R., S. Shoji, and M. Nanzyo, 1993. Mineralogical characteristics of volcanic ash soils. In: S. Shoji, M. Nanzyo and R. Dahlgren: *Volcanic ash soils - genesis, properties and utilization.* Developments in Soil Science 21, Elsevier, Amsterdam: 101 - 143.

Deckers, J. A., F. O. Nachtergaele, and O. C. Spaargaren (Eds.), 1998. *World reference base for soil resources.* ISSS/ISRIC/FAO. Acco, Leuven/Amersfoort, 165 pp.

Henmi, T., and K. Wada, 1976. Morphology and composition of allophane. American Mineralogist, 61: 379 - 390.

Inoue, K., 1990. Active aluminium and iron components in andisols and related soils. Transactions 14th International Congress of Soil Science, Kyoto. VII: 153 - 158.

Jongmans, A. G., F. Van Oort, A. Nieuwenhuyse, A. M. Jaunet, and J. D. J. van Doesburg, 1994a Inheritance of 2: 1 phyllosilicates in Costa Rican Andisols. Soil Science Society of America Journal, 58: 494 - 501.

Jongmans, A. G., F. Van Oort, P. Buurman, and A. M. Jaunet, 1994b. Micromorphology and submicroscopy of isotropic and anisotropic Al/Si coatings in a Quaternary Allier terrace. In: A. Ringrose and G. D. Humphries (eds). *Soil Micromorphology: studies in management and genesis.* Developments in Soil Science 22: 285 - 291. Elsevier, Amsterdam.

Jongmans, A. G., J. Mulder, K. Groenesteijn, and P. Buurman, 1996. Soil surface coatings at Costa Rican recently active volcanoes. Soil Science Society of America Journal, 60: 1871 - 1880.

Leamy, M. L., G. D. Smith, F. Colmet - Daage, and M. Otowa, 1980. The morphological characteristics of andisols. In: B. K. G. Theng (ed): *Soil with Variable Charge*, 17 - 34. New Zealand Society of Soil Science, Lower Hutt.

Mizota, C., and L. P. van Reeuwijk, 1989. *Clay mineralogy and chemistry of soils formed in volcanic material in diverse climatic regions.* International Soil Reference and Information Centre, Soil Monograph 2: 1 - 185. Wageningen.

Nanzyo, M., R. Dahlgren, and S. Shoji, 1993. Chemical characteristics of volcanic ash soils. In: S. Shoji, M. Nanzyo and R. Dahlgren: *Volcanic ash soils - genesis, properties and utilization*. Developments in Soil Science 21, Elsevier, Amsterdam: 145 - 188.

Nanzyo, M., S. Shoji, and R. Dahlgren, 1993. Physical characteristics of volcanic ash soils. In: S. Shoji, M. Nanzyo and R. Dahlgren: *Volcanic ash soils - genesis, properties and utilization*. Developments in Soil Science 21, Elsevier, Amsterdam: 189 - 207.

Parfitt, R. L., 1990a. Allophane in New Zealand - a review. Australian Journal of Soil Research 28: 343 - 360.

Parfitt, R. L., 1990b. Soils formed in tephra in different climatic regions. Transactions 14th International Congress of Soil Science, Kyoto. VII: 134 - 139.

Parfitt, R. L., & J. M. Kimble, 1989. Conditions for formation of allophane in soils. Soil Science Society of America Journal 53: 971 - 977.

Parfitt, R. L., R J. Furkert, and T. Henmi, 1980. Identification and structure of two types of allophane from volcanic ash soils and tephra. Clays and Clay Minerals, 28: 328 - 334.

Shimizu, H., T. Watanabe, T. Henmi, A. Masuda, and H. Saito, 1988. Studies on allophane and imogolite by high - resolution solid - state[29] Si - and [27] Al - NMR and ESR. Geochemical Journal, 22: 23 - 31.

Shoji, S., R. Dahlgren, and M. Nanzyo, 1993. Genesis of volcanic ash soils. In: S. Shoji, M. Nanzyo and R. Dahlgren: *Volcanic ash soils - genesis, properties and utilization*. Developments in Soil Science 21, Elsevier, Amsterdam: 37 - 71.

Shoji, S., M. Nanzyo, R. A. Dahlgren, and P. Quantin, 1996. Evaluation and proposed revisions of criteria for andosols in the world reference base for soil resources. Soil Science, 161: 604 - 615.

Van Reeuwijk, L. P., and J. M. De Villiers, 1970. A model system for allophane. Agrochemophysica, 2: 77 - 82.

Wada, K., 1980. Mineralogical characteristics of andisols. In: B. K. G. Theng (ed): *Soils with Variable Charge*, 87 - 108. New Zealand Society of Soil Science, Lower Hutt.

Warkentin, B. P., and T. Maeda, 1980. Physical and mechanical characteristics of andisols. In: B. K. G. Theng (ed): *Soils with Variable Charge*, 281 - 302. New Zealand Society of Soil Science, Lower Hutt.

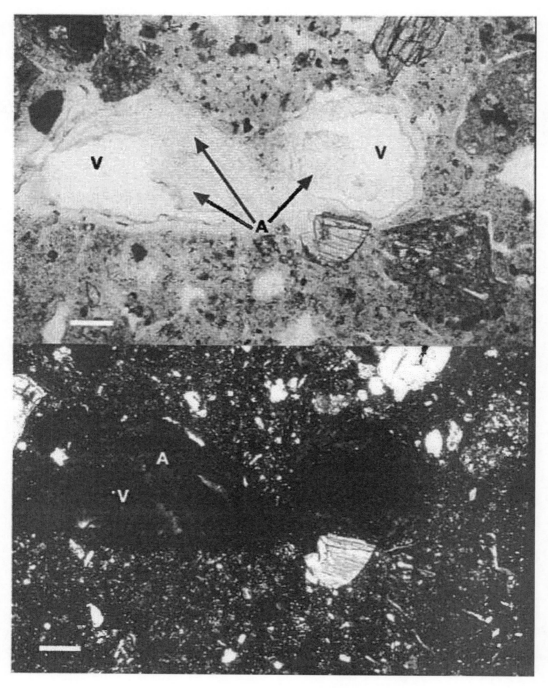

照片 U　瓜德罗普火山灰土的水铝英石覆盖层。

顶部：普通光，底部：交叉偏振光片。请注意水铝英石在强光下几乎是无色的，在偏振光片下是各向同性的。A＝水铝英石；V＝空白。比例尺为 215μm。A.G. 琼格曼斯拍摄。

照片 V 斜长石的风化和水铝英石的沉积。

哥斯达黎加的火山灰土。顶部：普通光线；底部：交叉偏振光片。底部照片中的浅色部分是斜长石
残留物（P）。所有裂隙都填充水铝英石（A），在交叉偏振光片下，水铝英石是各向同性的。

比例尺是 135μm。A. G. 琼格曼斯拍摄。

第 13 章　铁　铝　化

13.1　概述

我们将使用术语"铁铝化"来描述与强风化相关的过程，这些过程会导致氧化土（USDA）或铁铝土（FAO）的形成。这些等级的土壤具有氧化（USDA）或铁铝（FAO）层，其特征是所有粒度级矿物的极端风化。几乎所有风化矿物都已从砂粒和粉粒中去除。在黏土部分，风化导致高岭石、三水铝石和铁矿物占主导地位，导致阳离子交换量（<16cmol（+）/kg，pH=7 时）和阳离子保留量（<10cmol（+）/kg，pH=）较低。典型的高铁酸盐风化是从原生硅酸盐甚至石英中除去二氧化硅（脱硅）。脱硅导致铁、（锰）和铝（铁）氧化物的残留积累。铁铝风化还涉及了碱性阳离子的强烈消耗。由于原生矿物的强烈风化作用，粉粒含量（2～20μm）相对较低（大多数氧化土中的粉粒/黏粒比<0.15）。脱硅和铁铝化是缓慢的过程；它们的影响非常明显，仅在热带潮湿气候的古老土壤中才会出现氧化土（铁铝土）。有氧化层的土壤在潮湿和干燥的气候中也很常见，但这些土壤是在之前的潮湿气候中形成的，也就是古土壤。

> ● 思考
>
> 　　问题 13.1　其他术语，在不同的出版物中将铁铝化特征描述为铁砾岩、铁矾土、红壤、红黏土、砖红壤和铁结磐材料。在词汇表中查找这些内容，并提供与本文中使用等同的词汇。

13.2　脱硅

在降雨量超过蒸散量的土壤中，溶液中主要土壤成分（硅、铝、铁、盐基）的相对迁移率由它们的相对溶解度决定的。反过来，这主要取决于 pH、有机物和 Eh。

在有机酸产量高的土壤中，如灰化土和其他气候寒冷的土壤，通过形成相对可溶的有机络合物来提高铁和铝的溶解度。只有部分硅酸盐时，石英具有低溶解度。

> **术 语 的 混 淆**
>
> 　　不同流派的土壤科学和地质经济学对与铁铝化相关的特征使用了不同的术语。Aleva（1994）列出了一份长清单。我们将使用以下术语：

铝土矿——一种通过铝铁化形成的铝矿。其主要成分是铝矿物（三水铝石、勃姆石、硬水铝石、刚玉）和铁矿物（针铁矿、赤铁矿）。

铁铝风化或铁铝化——一种土壤成因过程，导致碱和硅的去除，从而导致铝和铁化合物的相对积累。

铁铝土——在 FAO 分类中：因铁铝化而具有主要特征的土壤。

氧化土——在 USDA 分类中：具有主要特征的土壤，由高铁酸盐风化和/或柱基铁矿存在引起的。

石化聚铁网纹土——铁和铝（氢）氧化物（绝对）积累的不可逆硬化土层。

铁铝斑纹层——氧化土（或其他强风化土壤）次表土潜育带中常见的材料，干燥后不可逆硬化。不可硬化的潜育土壤不应被称为"铁铝斑纹层"。

通过淋溶除去风化的原生矿物。因此，在大多数富含石英的温带潮湿土壤中，因为石英富含残渣，所以脱硅对二氧化硅总量几乎没有影响。

● 思考

问题 13.2　未被淋溶的风化硅酸盐中的硅是怎么发生的？

总的来说，除了潮湿热带地区最缺乏养分、排水良好的土壤外，在 A 层形成的可溶性有机酸迅速分解，并被较弱的非络合酸 H_2CO_3 所取代。这种酸不能把土壤的酸碱度降低到 5 以下。在 pH 大于 5 时，二氧化硅（甚至有来自石英）的溶解度高于铁和铝的（水合）氧化物。这意味着二氧化硅优先从系统中被去除。这种脱硅经常导致铝和铁的残留积累。

● 思考

问题 13.3　为什么铁和铝氧化物的溶解度随着酸碱度的降低而增加，而石英的溶解度在酸碱度为 3～8 时不变？分别考虑 $FeOOH$、$Al(OH)_3$ 和 SiO_2 变为 Fe^{3+}、Al^{3+} 和 H_4SiO_4 的溶解反应。

铝和铁化合物不是完全惰性的，铁和铝可以在脱硅过程中被移除。铁在涝渍条件下尤其易移动，而且铝和铁在酸性、高度贫瘠、有机物分解缓慢的土壤中有一定的移动性。

在暂时或永久淹水的土壤中，与铝和硅相比，铁（如 Fe^{2+}）的迁移率增加了几个数量级，铁可以在土壤中重新分布，从土壤中移除或添加，这取决于土壤的景观位置和水分运动。

如果酸碱度降到 4.5 以下，这可能发生在有机酸存在的土壤中，铝比硅和铁更易溶解，并可能在剖面中淋溶到一定深度。在铁和铝与可溶性有机物明显络合的情况下，动力机制可能完全改变。

相对迁移率的差异反映在不同土壤层中黏土和非黏土部分的 SiO_2/Al_2O_3，SiO_2/Fe_2O_3 和 Al_2O_3/Fe_2O_3 的差异上。

13.3　含（石化）聚铁网纹体的铁铝土的形成和剖面

铁铝土在次表层下存在一个铁积累的硬化带，通常用这种积累来描绘完整的剖面（图13.1）。然而，大多数铁铝土不含聚铁网纹体或石化聚铁网纹体。

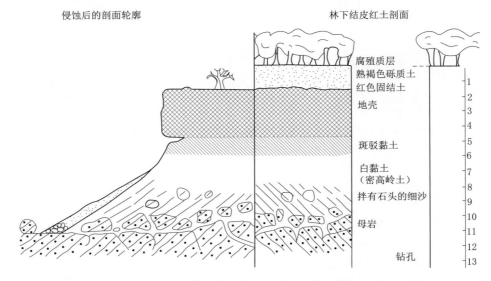

侵蚀后的剖面轮廓　　　　　　　　　　　　　　林下结皮红土剖面

腐殖质层
熟褐色砾质土
红色固结土
地壳

斑驳黏土

白黏土
（密高岭土）

拌有石头的细沙

母岩

钻孔

图 13.1　苏丹一种典型的含石化聚铁网纹的红壤，其类似侵蚀。摘自 Millot，1970。经海德堡斯普林格·沃拉格有限公司许可。

图 13.1 显示了覆盖在胶结铁外壳上的 Ah 和 B 层（图中为"腐殖层"和"米黄色砾质土"）的典型土层序列。外壳覆盖在斑驳的黏土上（漂白基质中的铁斑点或结核，覆盖在白色黏土上）。在白色黏土下面，逐渐过渡到腐泥土和母岩。

1. 发展阶段

在一个年降雨量高（＞2000mm）的连续潮湿的酸性岩石中，在致密的长英质岩石上形成铁铝土可以分为几个阶段。其中三个如图 13.2 所示。

（1）土壤较浅，排水通畅。风化产品很容易去除。原生矿物断裂。斜长石和石英的风化比钾长石和云母快。包括含 H_4SiO_4 的溶质浓度非常低，因此次生矿物主要是三水铝石和针铁矿。

（2）随着风化前锋向下移动，溶质浓度变得非常高，足以允许高岭石形成。B 层和 C 层高岭石的形成降低了渗透性和淋溶，在雨季剖面较深部分可能会出现暂时的水滞留。铁被周期性地还原和重新分布，导致斑点状黏土，其顶部有绝对的铁积累（Cgm，聚铁网纹体）。现在大部分时间风化前锋都是水饱和的，淋溶进一步受阻，导致溶质浓度更高。高岭石和蒙脱石黏土都可能在腐泥土中形成。

（3）侵蚀搬运了部分表层土，侵蚀程度的降低也降低了周期性的地下水位。斑口区顶部向下移动，铁积聚区域也是如此；铁积聚区的厚度增加。在母岩上方，土壤永久地被水饱和，缺铁（苍白区，Cr）。表层土壤中的淋溶仍然很强，但下层土壤中的淋溶要少得

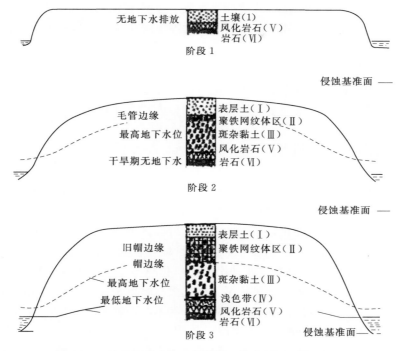

图 13.2　氧化土形成的三个阶段。摘自 Mohr 等，1972。

多。岩石风化带大多是缺氧的。

（4）地下水位的降低增加了剖面上部的排水，脱硅可能导致高岭石溶解和三水铝石的形成。

（5）在图 13.2 中，剖面位于平原上。这意味着没有从景观的其他部分添加铁。然而，在高原内，相当大的铁可能会通过侧向地下水流动进行再分配：中间耗尽，边缘积聚。

（6）随气候变得更加干燥，表层土可能会被侵蚀，露出地表的石化聚铁网纹体。

● 思考

问题 13.4　解释为什么三水铝是第一阶段的主要风化产物，为什么高岭石和甚至蒙脱石在第二阶段形成，因为淋溶越来越受到阻碍。参考图 3.1 中硅酸盐稳定性图。

问题 13.5　解释术语"相对"和"绝对"积聚？

问题 13.6　Cg 层积累铁的来源是什么？为什么铁会聚集在斑驳层？

问题 13.7　"苍白区"铁消耗的原因是什么？

发育序列表明岩石/半风化体土/土壤界面的风化环境随时间而变化，剖面顶部和底部的风化环境存在很大差异。黏土部分的矿物清楚地反映了这些差异。

在镁铁质岩石上，风化是不同的。可利用的二氧化硅含量越低，高岭石的形成越少，越有利于三水铝石的形成。此外，镁铁质岩石比长英质岩石含铁更多，这导致土壤中铁含量更高，颜色更红。风化硅酸盐中的部分铝被结合到铁氧化物中（同晶取代）。铁含量越高，土壤结构越强，土壤渗透性越高。因此，这种土壤比长英质岩石上的铁铝土的淋溶更强，形成聚铁网纹体是不太常见的。

2. 铁铝化和高岭土化

在法国文献中，镁铁质岩石上形成少量页硅酸盐黏土的过程称为"铁铝化"，而渗透性低得多的长英质岩石上形成大量高岭石的过程称为"高岭石化"。

13.4　铁铝斑纹层和铁磐

在低起伏景观中长英质岩石典型的氧化土斑驳和苍白地带中铁的分离可归因于正常的潜育过程（第7章），在这一过程中铁（和锰）化合物局部会再分布。然而，因为暴露在空气中可能会发生不可逆地硬化，所以铁铝土的斑驳区不同于正常的潜育层。因为这种材料在印度和泰国被广泛用于制砖（图13.3），所以它被命名为 laterite ［以后（Latin）＝砖］，这一名称过去用在所有没有质地对比的强风化热带土壤。潮湿时可用铁锹挖掘，但暴露后变硬的材料现在被称为铁铝斑纹层。硬化大概是由于水合氧化铁和少量充当水泥的非结晶态二氧化硅脱水造成的。硬化的材料本身并不叫做铁铝斑纹层，而叫铁矿石或石化铁质材料。图13.2表明，毛细水带下降时，铁铝斑纹层区可能向下生长。许多氧化溶胶有一个或几个老的铁铝斑纹层，覆盖在与目前地下水位有关的斑驳带之上。除了局部再分布之外，地下水横向运动的景观可能在水被充气的地方（如山谷侧）有大量铁化合物的积累。在气候变化或侵蚀后的干燥过程中，这些地下水砖红壤可能会发展成坚硬的磐或石化聚铁网纹体（图13.4）。

图 13.3　布基纳法索一个用干砖砌成的红壤采石场。摘自 Aleva，1994。

1. 土层序列

完整的红壤具有以下土层（FAO 土层名称）：

Ah——腐殖表层土，0.1～0.5m 厚。

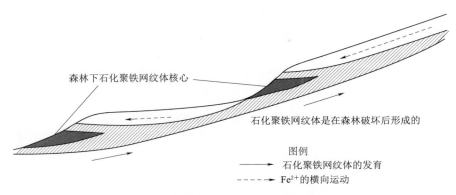

图 13.4　因横向水流、森林砍伐和侵蚀而形成的铁盘。摘自 Duchaufour, 1977。

Bs——铝和铁化合物相对富集的 B 层，厚达 10m。

Cgm——胶结的铁堆积物，厚达几米。

Cg——斑驳的非胶结铁再分布区，厚达 1m 或 2m。

Cr——还原铁消耗区，厚达几米。

CR——腐泥土，厚达几十米。

R——母岩。

如图 13.4 所示，每个土层的厚度变化很大。在给定的土壤中并非所有的土层都是必然存在的。

思考

问题 13.8　从图 13.4 解释：

a. 铁积累的向上增长是什么？

b. 为什么森林的破坏会导致第二个铁磐（考虑到景观的变化）？

问题 13.9　上面列出的土层序列是长英质岩石上的红土。考虑岩石的矿物和镁铁质岩石和长英质岩石上铁酸盐风化的不同性质，你认为镁铁质岩石上类似土壤的土层位顺序和厚度有什么不同？

虽然地表层因植被、土地利用和气候而异，但是氧化（B）层本身通常非常均匀，并且在次土层之间具有逐渐扩散的边界。这些逐渐形成的边界部分归因于热带雨林和热带稀树草原中白蚁和蚂蚁的高度活动（照片 G、照片 H）。高生物活性和高含量的游离铁和铝的结合通常会产生非常稳定的多孔结构，由粉粒大小的微团聚体组成，这些微团聚体可以聚集成高达 0.5cm 的多孔结构（照片 J）。强大的团聚体阻止了黏土颗粒的移动。如果母岩中存在这样的碎片，高生物活性可能导致底土中出现石线（通常是石英砾石）。高生物活性和表面侵蚀的结合可能会导致表层土壤细粒的流失（第 8 章）。

团聚体的主要因素是有机物、铁矿物和净电荷。有机物的团聚体导致沙粒大小的聚集，只存在于表层土壤中。铁的聚集通常会导致粉粒大小的聚集，这取决于铁矿物的形式。结晶良好的赤铁矿形成于半风化体土中，通常被发现为微米级颗粒，导致非常少的团聚体，而有序性差、更细的针铁矿和赤铁矿（例如由潜育引起的）会导致强烈的聚集。游离铝保持黏土絮凝，但不会引起强烈聚集（Muggier 等，1999）。随着酸碱度接近零净电荷点，聚集似乎最强。

孔隙体积随着风化而增加，大孔隙体积导致干土壤相对较低的容重，特别是在镁铁质母质上。尽管具有高生物活性和高孔隙率，但氧化土可能含有稳定的、无孔的砂粒大小的夹杂物（土壤结核，有时直径高达 1cm），它们或多或少是惰性实体。这种结核也被称为假砂。它们要么通过黏土物质的物理破碎和隔离形成，要么作为动物排泄物形成。

● 思考

　　问题 13.10　"土壤结核"或多或少与自由排水的土壤溶液隔离开来。这对这些结核的可能矿物组成意味着什么？

---

2. 黏粒分散

因为强烈的风化导致几乎所有原生矿物的消失，以及黏粒大小的次生矿物的积累，所以铁铝化过程导致黏土质土壤。然而，因为石英含量相对较高，长英质母质（如花岗岩）上的红壤可能是砂质的。强团聚体有效地阻止了黏粒在水中的分散。这导致所谓的"水分散性黏粒"含量低。绝对黏粒百分比只能在去除有机物和铁化合物后确定。针对这个问题，这种土壤的绝对黏粒百分比经常根据 pF 为 4.2 的保水性来估算：

黏粒 $=2.5\times[pF$ 为 4.2 的水$]$（水表示为干土壤的百分比）。这种间接测定是可行的，因为稳定的多孔团聚体中的黏粒确实与水相互作用。

尽管铁铝化可能发生在含铁量低的岩石上，但许多氧化层是由于氧化铁而呈红色，其中 90% 以上的铁化合物结晶良好。由于铁含量较高，镁铁质岩石上的土壤通常比长英质岩石上土壤的颜色更红。

13.5　矿物剖面

1. 黏土矿物

图 13.5 展示了玄武岩上典型氧化土（铁铝土）随深度的矿物组成序列。在风化前锋，蒙脱石形成于铁镁质矿物的裂隙中，蛭石形成于黑云母的裂隙中。

此外，原生矿物的风化导致二氧化硅、铝和阳离子的局部浓度足够高，足以形成埃洛石和富铁蒙脱石（绿脱石）。蒙脱石仅在风化前锋附近发现。在剖面的较高处，它会被高岭石或氧化铁脱硅，然后消失。蒙脱石带随着风化前锋向下移动。如果风化前锋正上方的淋洗速度足够快，足以阻止溶质浓度的积累，蒙脱石的形成仅限于原生矿物中的裂缝，几乎所有释放的铝都与二氧化硅重新结合，形成埃洛石或高岭石。埃洛石不稳定，逐渐转化为高岭石。高岭石一旦形成，通常是稳定的。剩余石英（二氧化硅 4～6mg/L）或植物蛋白石（植物岩）的溶解度（石英和非结晶态二氧化硅之间的溶解度，二氧化硅 120mg/L）使溶解的二氧化硅在表层土壤中的浓度保持在 4～8mg/L，在氧化土 B 层土壤中的浓度保持在 1～4mg/L。这足以防止高岭石脱硅为三水铝石。排水良好的土壤中高岭石的形成不如有滞水层的土壤明显。氧化土高岭石中铁对铝的同晶取代导致这种矿物的结晶度低。

仅在可溶性二氧化硅浓度非常低时形成三水铝石（图 3.1）。它存在于风化矿物（长石）的洞穴中，或者当淋洗率相当高的土壤基质中。三水铝石通常不存在于表层土中（缺乏耐风化的原生矿物），除非二氧化硅浓度非常低会导致高岭石的溶解。在三水铝石含量高的土壤中，矿物质存在于薄层（薄片）或砾石大小的团聚体中。

2. 铁矿石

赤铁矿、针铁矿和其他铁矿石常见于氧化层和铁富集的下伏带。在表层土中，赤铁矿可能通过媒介铁—有机物复合体转化为针铁矿。

超镁铁质岩石上氧化土中的铁含量与 25％～50％ 的三氧化铁一样多（Nipe 系列，波多黎各），赤铁矿—石英铁英岩中的铁含量甚至超过 50％，其中岩石 90％ 的物质被淋洗。

假设时间足够，所有的风化矿物（白云母、黑云母、绿泥石、橄榄石、辉石、闪石、石榴石、磷酸盐、长石等）会从溶液中完全消失。更稳定的矿物质尺寸会减小（图 13.6）。在以上列出的原生矿物中，白云母最耐风化。层间水解的钾被氢氧化铝的形成所抵消，从而阻止了云母向蛭石的完全转变，而形成了"土壤绿泥石"。在一般的酸碱度和铝浓度下，这些土壤绿泥石是非常稳定的。

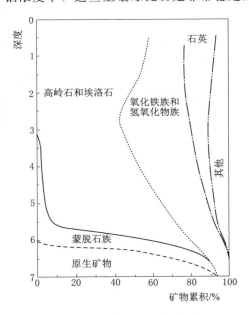

图 13.5　火山岩中间的氧化土矿物组成随深度的变化。摘自 Singer，1979。经阿姆斯特丹爱思唯尔科学公司许可使用。

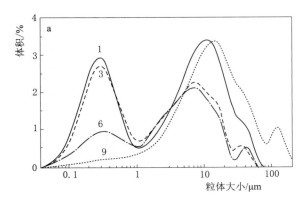

图 13.6　巴西一种古老氧化土的粒度分布。1—表层土，9—腐泥土。注意黏粒（<1μm）的形成和大于 10μm 组分的总体减少。激光衍射粒度数据。摘自 Muggier，1998。

3. 稳定矿物

即使相对稳定的矿物，如石英（SiO_2），钛矿物（钛酸盐，TiO_2；钛铁矿，FeTi）

O₂），尖晶石［MgAl₂O₄，尖晶石；Fe（Ⅱ）Cr₂O₄，铬铁矿；Fe（Ⅱ）Fe（Ⅲ）₂O₄，磁铁矿］和锆石（ZrSiO₄）逐渐从古老的红壤中溶解。其中一些矿物的溶解可能会在剖面中产生更深次的次生矿物。

从次表土（夏威夷）中可以发现次生钛氧化物（锐钛矿，TiO₂），其可作为胶结剂。次表土中的二氧化硅积累，如蛋白石或玉髓，在最近的氧化土中并不常见，但也可能发生。二氧化硅通常被转移到地表水，最后流到海里。

> ● **思考**
>
> 　　**问题 13.11**　在单一剖面中，随深度变化的淋溶环境的影响，以及由此引起的矿物组成随深度的变化，可与难题 3.3 的图 3.14 所示的降雨强度和表层土壤矿物之间的关系相比较，将本研究的图 3.13 转换为纵轴代表土壤深度，横轴代表相对黏土矿物含量。图 3.14 中哪一个与图 13.5 相似？
>
> 　　**问题 13.12**　在第 5 章中，已经知道化学平衡总是基于不可移动的成分（例如元素）或不可改变的成分（例如粒度分数），或者基于恒定的体积。铁铝土中的哪种成分可能是比常用于此用途的钛和锆作为更好的指标化合物？

铁铝土化土壤矿物学的巨大变化如图 13.7 所示。在极端情况下，铁铝土化作用会导致大量有经济价值的金属积累。铝含量丰富的铝土矿形成于长石含量丰富的岩石上，如长石砂岩和特定的火成岩和变质岩。在（超）镁铁质岩石上，如玄武岩、蛇纹岩、泥岩等，铁铝土化可能导致铁、镍、钒和铬矿石的残留积累。

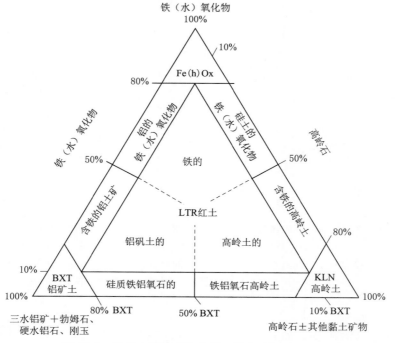

图 13.7　铁铝土壤的矿物分类。摘自 Aleva，1994。

● 思考

问题 13.13 哪种岩石类型"镁铁质""长英质"和"富含长石"会产生由图 13.7 的三个角代表的端元矿物?

13.6 电荷、阳离子交换量和碱基饱和度

强风化土壤中的表层含有大量的有机物,这导致了显著的阳离子交换量。下层矿物层的主要带电成分是高岭石黏土、铁化合物和三水铝石。酸碱度在 3.5～4.6,高岭石黏土的阳离子交换量接近于零,在酸碱度为 7 时,为 10cmol(＋)/kg。水合氧化铁具有高得多的零净电荷点,并且具有低于该酸碱度的正电荷。黏土和铁化合物之间的静电键减少了组合的正电荷和负电荷。在富含铁的土壤中,这甚至可能导致土壤酸碱度为 4～6 时的净正电荷。

根据联合国粮食及农业组织的图例,带有可忽略不计的负电荷和一些依赖于酸碱度的正电荷暗色的土壤材料,或根据美国农业部的说法,具有灰色特性。

● 思考

问题 13.14 假设土壤中含有 30% 的高岭石(恒定 CEC＝4cmol$^+$/kg),特定量的针铁矿,其他成分没有电荷。那么当 PZNC 的 pH＝5 时存在多少针铁矿?假设 CEC 和 AEC 随酸碱度呈线性变化。

问题 13.15 对于带正电荷的土壤,证明 pH$_{KCl}$ 可以高于 pH$_{H_2O}$。

净 电 荷 零 点

两性组分在其净电荷(＝正负电荷之和)为零时有一个 pH。该 pH 取决于各种组分的解离常数。Fe(Ⅲ)和 Al 组分根据(从低到高的酸碱度)形成不同的带电表面基团:

$$Fe^{3+} \longrightarrow Fe(OH)_2 \longrightarrow Fe(OH)_2^+ \longrightarrow Fe(OH)_3^\circ \longrightarrow Fe(OH)_4^-$$

$$Al^{3+} \longrightarrow Al(OH)^{2+} \quad HAl(OH)_2^+ \longrightarrow Al(OH)_3^\circ \longrightarrow Al(OH)_4^-$$

以下是常见土壤矿物不同 pH 下的 PZNC 和电荷(Parfitt,1980)。

	PZNC(pH)	电荷/(cmol/kg)	
		pH＝3.5	pH＝8
针铁矿	8.1	＋12	0
水铁矿	6.9	＋80	−5
水铝英石	6.5	＋8	−32
三水铝石	9.5	＋6	0
高岭石	—	＋1	−4

> 在土壤中，阴离子交换能力（倍半氧化物）和阳离子交换能力（黏粒、有机质）的组合可能相互作用，因此土壤也具有表观 PZNC。这种表观 PZNC 可能是由于电荷的有效阻断（表面结合），也可能是由于正负电荷相等而没有阻断。由于大量的组分各自具有不同的酸碱度-电荷关系，土壤不可能只有一种 PZNC（梅耶尔和布尔曼，1987）。

在 pH 为 7 时，铁铝化土壤的交换特性通常不会被标准 CEC 捕获（附录 3）。对于电荷变化很大的土壤，pH 为 7 的 CEC 会与土壤 pH 的实际 CEC 有相当大的差异，此时，ECEC（有效 CEC）通常更有用。ECEC 被定义为可交换碱性阳离子与铝的总和。如果 70％ 以上的 ECEC 被铝占据，许多农作物就会受到铝的毒害。氧化土的碱基饱和度通常较低，但在 CEC 值较低时，对土壤分类和土壤肥力的意义碱基饱和度值得怀疑。

13.7　铁铝化速率

铁铝化速率很大程度上取决于母岩、温度和淋溶作用。在常湿热带气候中，由花岗岩母质形成 1m 厚的铁铝化物质（氧化层）需要 50000 年到 100000 年的时间。镁铁质岩石和多孔火山沉积物的风化速度要快得多（室内淋溶实验显示，镁铁质岩石的风化速度比长英质岩石的快 10 倍）。在风化速度较快的常湿条件下，年轻土壤的黏粒成分可能具有铁铝化性质，而砂粒仍然含有可风化的原生矿物。

铁铝化所需要的漫长时间，以及过去百万年的气候波动，意味着目前地表几乎所有的铁铝化土壤都是多成因土壤。在大多数地区，目前潮湿的热带气候存在了不到 10000 年，而且在此之前还有很多干燥期。因此，许多铁铝化土壤可能会表现出土壤形成的早期阶段（通常是不同阶段）的痕迹。

这种效应在非常古老的铁铝化土壤表面表现尤为强烈。在南美、中非、西印度和澳大利亚的大部分古老构造地盾上都发现了铁铝化土壤。在其中一些地方，其地表已有 5000 多万年的历史，气候、侵蚀、水文等的许多变化仍然反映在这些土壤中。在气候从潮湿变为干燥的地区，如澳大利亚，铁铝化土壤上有干旱土壤的叠印。

13.8　向其他过程/土壤的转变

氧化土通常与灰化土、老成土（强淋溶土和高活性强酸土）、始成土和砂质新成土（红砂土）有关。向砂质新成土的转变与母质有关，而与土壤形成的过程无关：铁铝化作用对以石英为主的砂粒的矿物和化学性质几乎没有影响。灰化作用可能会取代铁铝化作用，尤其是在全湿气候下长英质母质形成的土壤中。灰化土可能与氧化土一起出现，前者分布于排水不良和沙化的位置。

氧化土和老成土的结合可能是由于黏土淀积的土壤中铁铝化（包括均化）的叠加，也可能是由于老成土占据了土链的较高（较冷）部分而氧化土分布于较低部分。此外，如前一节所述，一些关联是由于过去的气候/景观历史造成的。

13. 9　难题

难题 13. 1

图 13.8 描述了铁铝化土壤中长英质母岩（100％）的总 SiO_2、Al_2O_3 和 Fe_2O_3 质量分数随深度的变化。①土壤有机质含量低的中度湿润气候，②土壤中有机质含量高的极度潮湿气候。解释三种成分的特性以及环境①和②之间的差异。

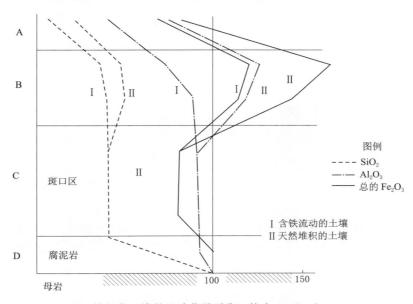

图 13.8　铁铝化土壤的地球化学平衡。摘自 Duchaufour, 1982。

难题 13. 2

表 13.1 给出了发育在花岗岩上铁铝化土壤中二氧化硅和倍半氧化物的摩尔比。R_2O_3 是 Al_2O_3 和 Fe_2O_3 的总和（摩尔）。

表 13.1　南非花岗岩氧化土的土壤和黏粒中（总）二氧化硅/倍半氧化物的摩尔比。

摘自 Mohr 等，1972。

土层	土　壤				黏　粒			
	$SiO_2/$ Al_2O_3	$SiO_2/$ Fe_2O_3	$SiO_2/$ R_2O_3	$Al_2O_3/$ Fe_2O_3	$SiO_2/$ Al_2O_3	$SiO_2/$ Fe_2O_3	$SiO_2/$ R_2O_3	$Al_2O_3/$ Fe_2O_3
	14.5	56	11.5	3.8	2.7	10.8	2.2	4.0
	12.4	27	83	2.2	2.7	10.3	2, 1	3.8
	7.1	11.8	4.4	1.7	2.5	8.9	2.0	3.5
	6.1	10.7	3.9	1.7	2.4	6.0	1.7	2.5
	6.7	16.1	4.7	2.4	2.6	7.4	1.9	2.9
C+R	6.3	23	4.9	3.7	2.6	11.6	2.1	4.5
R	8.8	46	7.4	5.3	—	—	—	—

a. 解释硅、铁和铝在整个土壤和黏粒部分的相对运动。对于整个土壤，请注意花岗岩的矿物组成。

b. 根据铝和铁的运移，提出四个土层的命名建议。

难题 13.3

如果 1kg 微斜长石（钾长石）风化成高岭石而不损失铝，计算其体积变化。假设系统中没有可溶性 H_4SiO_4，请参见附录 2 中相关公式、原子量和容重。

难题 13.4

图 13.9 展示了剖面图，图 13.10 说明了西澳大利亚（化石）氧化土中一些化合物与深度的关系。

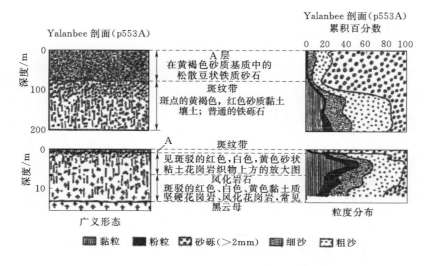

图 13.9　澳大利亚一种（化石）氧化土的剖面形态。

上图和下图为不同比例下绘制的同一剖面图。

a. 剖面是在花岗岩上形成的。将剖面与图 13.1 进行比较，哪些土层不见了？

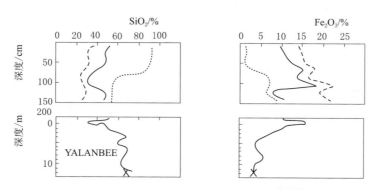

图 13.10（一）　图 13.9 中所示的氧化土中的元素含量。

摘自 Gilkes 等，1973。经牛津布莱克威尔科学有限公司许可使用。

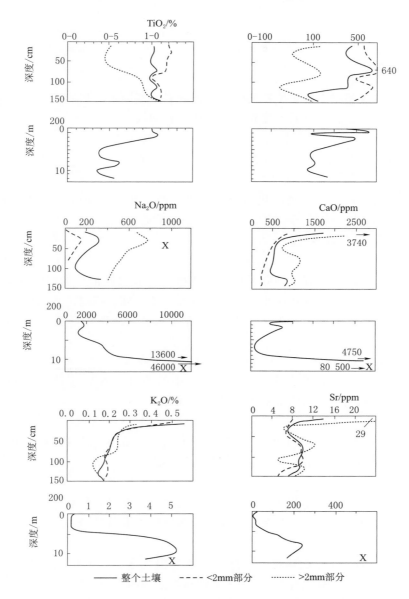

图 13.10（二）　图 13.9 中所示的氧化土中的元素含量。

摘自 Gilkes 等，1973。经牛津布莱克威尔科学有限公司许可使用。

　　b. 研究整个剖面的二氧化硅含量，并将其与母岩相比较（图 13.10 中的 x）。在 1m 深处，二氧化硅减少而铁急剧增加的原因是什么？你能找到钛含量保持不变的原因吗？

　　c. 有没有图 13.10 中的元素适合计算剖面平衡？

　　d. 为什么细土中的硅比总土壤中的硅高，而钛的情况正好相反？

　　e. 钠和钙相对于母岩而言被严重耗尽，为什么钙沿剖面顶部增加（钾也是如此）？

　　f. 铁的富集是相对的（只是局部再分布）还是绝对的？

13.10　答案

问题 13.1

地下水位砖红壤相当于石化聚铁网纹体。铁砾岩是侵蚀再沉积的石化聚铁网纹体。砖红壤是氧化土的旧称。石化铁质物质相当于石化聚铁网纹体。

问题 13.2

没有被淋溶去除的硅被掺入黏土矿物中。

问题 13.3

铁和铝的溶解度由（氧）氢氧化物的溶解决定的，并随着酸碱度的增加而降低（例如：$Al(OH)_3 + 3H^+ \longrightarrow Al^{3+} + 3H_2O$）。$SiO_2$ 的溶解度（$SiO_2(s) + 2H_2O \longrightarrow H_4SiO_4(aq)$）在 pH$<$9 时不受酸碱度的影响。

问题 13.4

在第一阶段，排水非常好，因此风化释放的所有二氧化硅都从剖面中移除。在后期，由于渗透受阻，剖面更深处的孔隙水中会积累更高浓度的硅。稳定性图表明三水铝石仅在硅浓度非常低的情况下稳定，蒙脱石在最高硅浓度下稳定。高岭石可以在中等硅浓度下形成。

问题 13.5

相对积累是由其他成分的去除引起的。剖面中的绝对积累是由剖面外部的添加引起的，上层中的绝对积累由剖面内部的重新分布造成的。

问题 13.6

Cg 层中的铁主要是由于铁从还原区向 Cg 层移动，并在 Cg 层内部重新分布。它聚集在斑纹层顶部，因为这是铁最容易与氧气接触的区域。

问题 13.7

浅色带的铁消耗通过还原和运移发生。主要运移可能是横向的且非常慢，但是也发生向斑纹层的向上运移。在这种无孔黏土基质中，运移速度非常缓慢。

问题 13.8

a. 铁盘的形成阻碍了水的输送，因此地下水位出现在剖面的较高位置。这意味着还原/氧化边界也位于剖面中较高的位置，并且铁积聚区倾向于向上发展。

b. 这幅图表明砍伐森林导致了原始铁盘上方土壤发生侵蚀。这意味着在上游形成一个新的核心，在那里还原的铁与大气中的氧接触。

问题 13.9

镁铁质岩石上的铁铝土没有明显的斑纹带，因为高岭石的形成和相应的渗透性降低不太明显或不存在。相反，它们仍有一个富含二氧化硅的薄风化岩石碎片带（几厘米）。与长英质岩石相比，镁铁质岩石上硅酸盐黏土的形成较少，这是由于更多的二氧化硅淋溶（更高的孔隙率）、更低的铝含量以及部分铝在氧化铁矿物晶格中的结合。

问题 13.10

土壤结核的矿物学特征可能与同一层位的其他部分不同（风化程度较低），因为它们几乎不受渗透水的影响。

问题 13.11

如果转动图 A 和图 B，使 X 轴（年降水量）成为深度轴，最高的降水量在剖面的顶部，将得到一个类似于图 13.5 的图。表 13.1 是近期的，母岩中没有伊利石。

问题 13.12

包括钛和锆的大多数元素在铁铝土壤中是可移动的。可移动性最小的是 Al，所以这个元素是最佳指标。

问题 13.13

高岭石占优势的是普通长英质岩石，所以右边的角代表长英质岩石。铁在镁铁质岩石（顶部）最常见，三水铝石最常见于富含长石的岩石。

问题 13.14

1kg 这种土壤含有 300g 高岭石，CEC 为 1.2cmol。

在 pH＝5 时针铁矿的 AEC 约为 8cmol＋kg^{-1}（假设 pH 与针铁矿电荷之间呈线性关系）。因此，针铁矿含量为 1.2/8kg，等于 150g 或 15%，将导致净电荷为零。

问题 13.15

如果土壤带正净电荷，加入电解质后，从吸附复合体和氧化物表面释放出的 OH^- 多于 H^+。因此，电解液的酸碱度会更高。

难题 13.1

（1）情况一。

在风化带（D）中，已经可以看到硅化物的大量损失（＞50%），而铝和铁的损失非常小。损失的成分必须横向移除。

在永久性浸水的浅色带（C），铝保持稳定（铝没有减少），但有轻微的铁损失，其以还原的形式被横向或向上去除。在斑纹带（聚铁网纹体，B），存在铁（氧化物）的净积累，但没有铝的积累。

在表层土（A＋B 层）中，三种成分都有损失，这表明可能存在铁向底土的运移，以及黏土矿物的分解和去除。

（2）情况二。

与情况一的差异是在 A 层和 B 层中发现的。铁在 B 层中的积累比情况一强烈得多，而铝和硅在 B 层中的含量也更高。同时，铝和硅在 B 层中均具有更高的值，这表明它们以高岭石黏土的形式出现，有些过量的铝以三水铝石的形式存在。因为剖面有更多的腐殖质，更酸性的环境可能导致铝的迁移（也许也有铁的迁移）。另一方面，表层土壤中的铝和硅含量高于情况一，这可能表明黏土的破坏较小。

难题 13.2

值得注意的是，这些比率仅表明相对移动性。

R（母岩）提供原始材料的比率，因此所有的变化都应该考虑到这些值。在下文中，为了便于阅读，我们将使用金属比率代替氧化物比率。

硅铝比自下而上增加。因为这与脱硅相反，一定是残留石英向剖面顶部的堆积。铝在剖面底部似乎有一些富集，在顶部有一些去除。硅铁比在剖面中部最低，表明铁的积累。

铝铁比表明铁在剖面中部有绝对富集。

黏土部分：硅铝比始终相当稳定。这些值表明黏土中除高岭石外还有一些石英。剖面中部的铝含量稍高。

我们注意到，在黏土中无论是相对于硅还是铝，铁在剖面中部均有增加。

难题 13.3

风化反应的固相部分为

$2KAlSi_3O_8 \longrightarrow Al_2Si_2O_5(OH)_4$（其他反应物是可溶的）。

2mol 长石生成 1mol 高岭石。1kg 长石为

$1000/(39+27+3\times28+8\times16)mol=3.6mol$。

这会生成 1.8mol 高岭石，或

$1.8\times(2\times27+2\times28+5\times16+4\times17)=464g$ 高岭石。

1kg 长石的体积为

$$1/2.6L=0.38L$$

464 克高岭石的体积为

$$0.464/2.65L=0.18L$$

因此体积损失为 0.2L，或大于原始体积的 50%。

难题 13.4

a. 尽管剖面描述包含一个 A 层，但很明显，聚铁网纹层之上的所有层位是不存在的，目前 A 层是聚铁网纹体或再沉积的聚铁网纹体（砾石代替了胶结层位）中形成的。

b. 因为剖面顶部缺失，二氧化硅的损失相对较低。由于铁元素的添加，氧化硅在 1m 深度内减少。钛只有在加入铁元素时才能保持不变（事实上许多铁盘和硅结砾岩中 Ti 是富集的）。

c. 如果一个元素适合于剖面平衡，则其不应从剖面中重分布或丢失。在风化产物大量损失的情况下，其应在风化层中表现出（相对）积累。在所示的元素中，硅减少；铁被重新分布；钛必须重新分布；锆由于其他成分的去除而似乎有相对积累的趋势——这可能是合适的元素；钠、钾、钙和锶均减少了。

d. 细土中的硅含量较高，因为整个土壤主要由铁砾石组成，而铁砾石几乎不含硅。铁砾石中富含钛。

e. 因为植物的养分循环（输送），钾和钙在剖面的顶部积累。古老的深度风化土壤表层大部分钙和钾通常来自雨水中循环的盐分和远距离输送的灰尘（Chadwick 等，1999）。植物很少利用钠，钠被浸出。

f. 花岗岩风化壳中铁含量高，表明铁的富集是绝对的。

13.11 参考文献

Aleva，G. J. J.，1994. *Laterites - Concepts，geology，geomorphology and chemistry*. International Soil Reference and Information Centre，Wageningen，1 - 169.

Bowden，J. W.，A. M. Posner，and J. P. Quirk，1980. Adsorption and charging phenomena in variable charge soils. In B. K. G. Theng (ed): *Soils with Variable Charge*, 147 – 166. New Zealand Society of Soil Science, Lower Hutt.

Chadwick, O. A. , L. A. Derry, D. M. Vitousek, B. J. Huebert and L. O. Hedin, 1999. Changing sources of nutrients during four million years of ecosystem development. Nature, 397: 491 – 497.

Duchaufour, P. , 1977. *Pedology – pedogenesis and classification*. Allen & Unwin, London.

El – Swaify, S. A. , 1980. Physical and mechanical properties of oxisols. In B. K. G. Theng (ed): *Soils with Variable Charge*, 303 – 324. New Zealand Society of Soil Science, Lower Hutt.

Eswaran, H. , & R. Tavernier, 1980. Classification and genesis of oxisols. In B. K. G. Theng (ed): *Soils with Variable Charge*, 427 – 442. New Zealand Society of Soil Science, Lower Hutt.

Gilkes, R. J. , G. Scholz & G. M. Dimmock, 1973. Lateritic deep weathering of granite. Journal of Soil Science, 24 (4): 523 – 536.

Herbillon, A. J. , 1980. Mineralogy of oxisols and oxic materials. In B. K. G. Theng (ed): *Soils with Variable Charge*, 109 – 126. New Zealand Society of Soil Science, Lower Hutt.

Meijer, E. L. , and P. Buurman, 1987. Salt effect in a multi – component variable charge system: curve of Zero Salt Effect, registered in a pH – stat. Journal of Soil Science, 38: 239 – 244.

Mohr, E. C. J. , F. A. van Baren & J. van Schuylenborgh, 1972. *Tropical Soils, a comprehensive study of their genesis*. Mouton, The Hague.

Muggier, C. C. , 1998. Polygenetic Oxisols on Tertiary surfaces, Minas Gerais, Brazil – Soil genesis and landscape development. PhD Thesis, Wageningen University, 185, pp.

Muggier, C. C. , C. van Griethuysen, P. Buurman, and Th. Pape, 1999. Aggregation, organic matter, and iron oxide morphology in Oxisols from Minas Gerais, Brazil. Soil Science, 164: 759 – 770.

Paramananthan, S. , & H. Eswaran, 1980. Morphological properties of oxisols. In B. K. G. Theng (ed): *Soils with Variable Charge*, 35 – 44. New Zealand Society of Soil Science, Lower Hutt.

Parfitt, R. L. , 1980. Chemical properties of variable charge soils. In B. K. G. Theng (ed): *Soils with Variable Charge*, 167 – 194. New Zealand Society of Soil Science, Lower Hutt.

Van Wambeke, A. , H. Eswaran, A. J. Herbillon & J. Comerma, 1983. Oxisols. In: L. P. Wilding, N. E. Smeck & G. R Hall (eds): *Pedogenesis and Soil Taxonomy II*. The Soil Orders, 325 – 354. Developments in Soil Science 11B, Elsevier, Amsterdam.

第 14 章　致密胶结层：脆磐、硬磐和灰盖

14.1　概述

土磐是致密的或胶结的土壤层，阻碍根的穿透以及空气和水的流动。地质成因的坚硬或致密层被认为不是土磐。非胶结致密土磐的例子有位于 Ap 层和脆磐底部的犁底层。胶结土磐的例子有腐殖质土磐（第 11 章）、铁结磐（第 13 章）、位于水文表面层和通气次表层之间的薄铁磐（薄铁磐层）（第 7 章）、在湿稻耕种中夯实层基础上的铁固结层、钙（结）层和石膏（结）层（第 9 章）、水生灰化土的 B 层和硬磐。致密磐能够在水中消解，而胶结磐则不会。大多数磐的容重都在 1.6kg/dm³ 以上。下面将讨论脆磐、硬磐和钙积层。脆磐和硬磐都是美国农业部土壤分类中的诊断层，并在联合国粮食及农业组织的图例中以阶段的形式出现。

> **● 思考**
>
> **问题 14.1**　什么土壤形成过程分别导致了铁结层、薄铁磐和致密腐殖质层的形成？

14.2　脆磐

1. 定义

脆磐是一个致密的次表层，但胶结不佳或仅较弱。潮湿时易碎，干燥时坚硬。如果土壤材料在施加压力时突然破裂，而不是发生塑性变形，那么它就是"易碎的"。脆磐为壤土，有时为砂质，通常在过渡层、灰化层、黏土层或漂白层下面。其有机物含量很低，容重比上层土壤大。当放入水中时，干碎屑会融化或破裂。脆磐通常是斑驳的，缓慢或非常缓慢地渗透到水中，并且具有多少不等的漂白的大致垂直的平面，其具有粗糙或非常粗糙的多面体或棱镜的表面（SSS，1990）。

> **● 思考**
>
> **问题 14.2**　脆磐中斑驳的化学性质是什么？为什么？

脆磐总是与土壤表面平行，深度通常为 40～80cm。它们不存在于钙质土壤中，并且

优先形成于具有高细砂和粉粒含量的沉积物中。原始植被通常是森林。在寒冷气候和热带均能发育脆磐。在剖面描述中，用后缀 x 表示土层位的脆磐特征。

2. 脆磐形成

脆磐形成的原因被提出如下：

（1）因轻微收缩和膨胀而压实，随后填充裂隙。许多脆磐有多边形裂隙，这是由于干湿交替引起的轻微收缩和膨胀。裂隙仅限于多边形收缩裂缝，随着母质黏土含量的增加，裂隙距离会减小。在变性土中观察到的进一步碎裂不会发生。敞开的裂隙由上面的物质填充。重新润湿时，多边形是封闭的，但是由于空间已经被填满，相当大的压力施加在多边形所包围的土壤上。因为缺少滑动面，所以这种压力不能通过向上位移来抵消。因此，裂隙之间的物质被压实，孔隙空间减小。

> ● 思考
>
> 　　问题 14.3　　为什么在黏性土壤中找不到脆磐，而在质地粗糙的土壤中可以？

（2）非结晶硅酸铝的累积。在一些土壤中，硅酸铝似乎已经沉淀在岩性不连续的区域上方。森林植被根部将水位降至一定深度可导致这些沉淀物脱水并形成弱胶结物。

> ● 思考
>
> 　　问题 14.4　　在第 12 章中，已经知道非结晶硅酸盐（水铝英石）脱水后会不可逆地硬化。鉴于这一事实，讨论为什么水铝英石的存在不能导致脆磐"干时硬，湿时脆"的特性。

（3）黏粒的迁移和粉粒的排列。许多脆磐有定向黏粒。在颗粒接触点和孔隙中的黏土淀积是容重较高和颗粒被沉积（或结晶无定形）物质结合的可能原因。由于水的渗透，粉粒大小的材料排列在更粗的颗粒之间，增加了密度（图 14.1）。新西兰的致密磐（Wells 和 Northey，1985）似乎是一个粉粒间孔隙中的粉粒重新排列的脆磐。

（4）覆盖层的影响。冰碛物质中的脆磐可以用覆冰体的压力来解释，也可以用水饱和物质反复冻融造成的压实来解释。

许多脆磐是由两个或两个以上的过程形成，其中过程（1）和（3）最重要。在地表水潜育土壤和灰化土中，黏土的分解可能对过程（2）有利。

> ● 思考
>
> 　　问题 14.5　　这四个过程中的哪一个在热带地区会导致脆磐形成，哪一个会发生在以前的冰川地区？

图 14.1（Ex 层）和图 14.2（Bhx2 层）分别说明了粉粒和黏土颗粒在两种不同纹理脆磐中的排列效果。剖面是渐新世（±35M 年）含有脆磐的（亚）热带灰化土，有几个叠加过程。图 14.3 展示了一些剖面特征。土层的脆磐特征用后缀"x"表示。在上部三层，脆磐特性是由于黏土覆盖层在颗粒之间形成桥梁（图 14.1）。Bhx2 层含粉粒量较高，为沉积成因。该层脆磐的特征是由于粉粒颗粒的排列，而不是黏土桥（图 14.2）。黏土中金红石（二氧化钛）的含量表明钛的流动性。Bhx2 层的细密质地似乎有助于有机物的积累。

图 14.1　致密的砂层，由黏土覆盖层的桥梁　图 14.2　壤土脆磐中颗粒的密集排列。宽度
　　　　　黏合而成。宽度 0.5mm。　　　　　　　　0.5mm。摘自 Buurman 和 Jongmans，1976。
　　　　摘自 Buurman 和 Jongmans，1976。

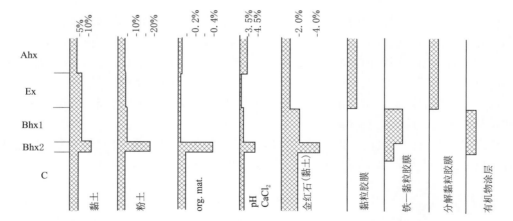

图 14.3　具脆磐的化石土壤的特征。摘自 Buurman 和 Jongmans，1976。

在淋溶土（也称 luvisols、淋洗土 lixisols）中，脆磐可能出现在淀积黏化层，有时出现在该层之下。在老成土（也称高活性强酸土、强淋溶土）和灰化土中，脆磐出现在黏土分解的土层中（通过铁解作用，第 7 章）。在这里，黏土的分解可能产生一些无定形的胶结材料。

思考

> **问题 14.6**　图 14.3 所示的剖面经历了土壤形成的几个阶段，可以从其微观形态特征推断出来。"黏粒胶膜"代表缺铁的黏土淀积覆盖层；"含铁黏粒胶膜"代表含铁黏土淀积覆盖层；"有机覆盖层"代表有机物覆盖层。什么过程对这个剖面起作用，它们的顺序是什么？哪个过程与脆磐形成有关？

脆磐被认为是重要的土壤分类特征，因为它们严重阻碍了根系穿透和水力传导。图 14.4 清楚地说明了这一点，该图描述了加拿大两种发育有脆磐的冰碛物上的灰化土的饱和导水率和容重随土壤深度的变化。Arago 的土壤含有大约 20％ 的黏土，而 Ste. Agathe 土壤黏粒含量在 5％ 左右。

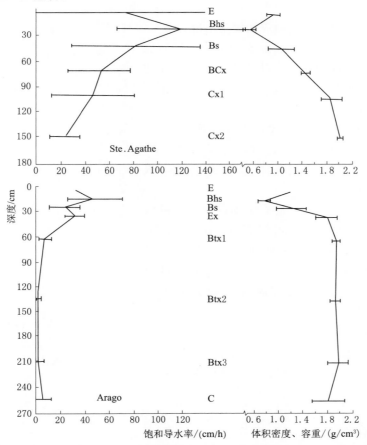

图 14.4　加拿大的两种发育有脆磐的灰化土的饱和导水率和容重值。
摘自 Mehuys 和 De Kimpe，1976。经阿姆斯特丹爱思唯尔科学公司许可使用。

> **● 思考**
>
> 　　**问题 14.7**　图 14.4 所示的土层命名表明这两个剖面有不同的成因。在 Arago 和 Ste Agathe 剖面中哪些过程发挥了作用？这些过程与脆磐形成有关系吗？

尽管脆磐可能会引起上覆层矿物学的变化，但脆磐主要是由土壤颗粒的重新排列引起的，所以它没有特殊的矿物学特征。

> **● 思考**
>
> 　　**问题 14.8**　脆磐在上覆层引起什么新的土壤形成过程？

14.3　硬磐

　　硬磐是由二氧化硅胶结而成的次表土层，在一定程度上风干层的碎片长时间浸泡在水中或氯化氢中时不会被消除（SSS，1990）。硬磐也被称为硅结砾岩，例如在澳大利亚非常普遍。在剖面描述中，硬磐用后缀 qm 表示（q 代表二氧化硅积聚，m 代表胶结）。

　　通常硬磐是钙层的一部分，或者与钙层相关。它们仅限于半干润的和干燥的气候，存在于干润软土、干热软土（钙质黑钙土和栗钙土）和旱成土（钙积土）中。

　　硬磐是由无定形二氧化硅在剖面的某个深度沉淀而成的。二氧化硅的来源可能不同。在干旱的土壤中，原生硅酸盐矿物的风化通常受到限制。然而，如果土壤酸碱度非常高（≥ 10），如在碱性土壤中二氧化硅和硅酸盐的溶解度可能会显著增加（图 14.5）。

　　在正常的酸碱度下，二氧化硅通常来源于容易风化的富含二氧化硅的材料，例如火山玻璃（Chadwick 等，1989），甚至是黄土（Blank 和 Fosberg，1991）。

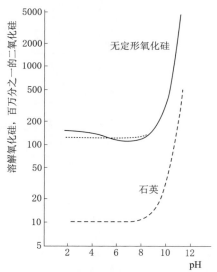

图 14.5　二氧化硅的溶解度取决于酸碱度。实线，测量数据；根据热力学数据计算的虚线。摘自 Krauskopf，1967。

> **● 思考**
>
> 　　**问题 14.9**　解释干旱地区原生硅酸盐矿物风化非常缓慢的两个原因。

问题 14.10　干旱地区土壤酸碱度高的原因是什么？

当溶液中二氧化硅的浓度超过 120ppm（＝2mol/L 二氧化硅＝192ppm H_4SiO_4）时，在 pH 低于 8 时无定形二氧化硅沉淀。这种浓度只能通过蒸发达到。这意味着硬磐只能在有明显干旱期的气候中形成。另外，硬磐的形成需要足够的水分来风化原生矿物和运移溶解的二氧化硅，但是气候不应潮湿到浸出溶解的二氧化硅。

硬磐形成于最大湿润深度，因此在更干旱的环境中较浅的深度发育。

1. 二氧化硅沉积物的性质

溶液中二氧化硅浓度高时，蛋白石沉淀。这是一种富含水的无定形二氧化硅化合物（蛋白石-A）。具有某种晶体结构的蛋白石被称为蛋白石-CT（CT 代表方石英和鳞石英类结构）。最终，蛋白石结晶成玉髓，一种无水的隐晶石英。石英的直接沉淀只发生在低浓度的溶解二氧化硅中。大多数硬磐都有不同形式的二氧化硅积累，指示形成过程中环境的变化。在干旱地区，石膏和坡缕石与硬磐有联系。

在硬磐中，二氧化硅沉淀在更细的土壤孔隙中，在那里它形成海绵结构，而较大的孔隙仍保持开放。与方解石和石膏胶结不同，硅石胶结通常与地下水无关。弱硬磐仍然可以用手钻穿透（强水合蛋白石或少量水泥）。在更潮湿的气候条件（半干润—湿润）下，硬磐的特性会过渡到脆磐。

2. 硅结砾岩

澳大利亚硅结砾岩可能是有更复杂历史的硬磐化石。它们出现在各种年代相差很大的岩石上（前寒武纪—第三纪），并与非常古老的可能是潮湿热带气候的地貌（四五百万年）联系在一起。硅结砾岩存在于铁质土壤苍白无光泽和斑纹的区域（第 13 章）和河漫滩。在古老的、暴露的硅结砾岩中，所有二氧化硅结晶成玉髓，在年轻的、埋藏的硅结砾岩中，蛋白石是主要成分。古老的硅结砾岩可能是原生矿物和次生矿物风化的强有力证据；许多二氧化钛具有高含量（高达 20%）的锐钛矿型二次二氧化钛（Langford - Smith，1978；Milnes 等，1991），这表明它们形成于高风化环境。因为大部分硅结砾岩出现在古老的景观中，它们有着反映气候和水文状况变化的复杂历史：大量硅结砾岩可能是通过地下水蒸发形成的。硅结砾岩的形成仍然有许多奥秘。

问题 14.11　与铁铝土相关的硅结砾岩中二氧化硅的来源是什么？

在发育不良的硬磐中，胶结作用仅限于蛋白石的孤立结核（硬结核）和卵石底部的一些蛋白石材料（蛋白石下垂体）。蛋白石二氧化硅是比碳酸钙更有效的胶结剂。6% 的二氧化硅胶结剂就足以进行轻微胶结，但石化钙积层需要大约 40% 的自生方解石才能进行显著胶结。古陆表面（中晚更新世）发育强烈、连续的硬磐具有层状顶部，由覆瓦状（瓦片状覆盖，略微倾斜）硅化板组成，厚度为 $1\sim15cm$，可能夹有方解石。从不明显到非常明显的硬磐过渡以及从硬磐到石化钙积层的过渡均可能出现。

二氧化硅积聚物可能被铁和锰化合物覆盖（滞水）或淀积黏土覆盖。

● 思考

　　问题 14.12　蛋白石下垂体的存在（与方解石下垂体相比，第9.2节）传达出硅积累机制的什么信息？

14.4　灰盖

钙积层（*tepetate* 或 *cangahua*）是火山沉积物中一组胶结物和压实物的名称。这种盘主要出现在有明显干湿季的气候中。这些名字来自拉丁美洲，还有许多其他地方的名字。钙积层包括方解石、淀积黏土、水铝英石和二氧化硅的胶结作用，以及脆磐中包含的致密结构（Zebrowski 等人，1997）。我们将使用钙积层（*tepetate*）代表由火山沉积物中典型风化产物胶结的磐。

火山沉积物风化释放出大量的二氧化硅和铝，它们可以通过雨水或地下水的渗透沿着剖面向下输送。风化产物聚集区域的干化可能导致水铝英石/伊毛缟石覆盖层的形成（Jongmans 等，2000），该覆盖层填充孔隙和胶结粗颗粒（图 14.6）。

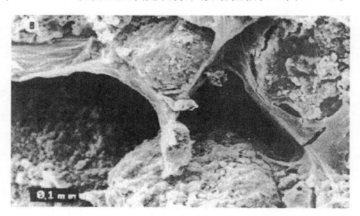

图 14.6　哥斯达黎加硬结火山灰中水铝英石/伊毛缟石覆盖层的扫描电子显微照片。
摘自 Jongmans 等，2000。

干湿交替可能有利于无定形硅酸铝结晶形成层状硅酸盐黏土，因此许多钙积层具有黏土覆盖层，这是由于重结晶而不是黏土淀积（第12章）。Hidalgo 等（1997）、Quantin 和 Zebrowski（1997）描述了层状硅酸盐黏土胶结的钙积层（2∶1型矿物，层间2∶1型矿物，或埃洛石）。

许多次生积聚物的硅铝比高达5，这些高比率可能是由于铝和硅在弱酸性至中性酸碱度下浸出造成的，此时二氧化硅比铝更易移动。在这样的比例下，大部分二氧化硅无法保留在水铝英石或伊毛缟石结构中，二氧化硅以蛋白石的形式单独沉淀。高硅钙积层是（转化为）真正的硬磐。其中，Poetsch 和 Arikas（1997）、Mora 和 Flores（1997）描述了蛋白石胶结的钙积层。

14.5 难题

难题 14.1

在荷兰，末次冰期沉积物（覆盖砂、黄土）中存在脆磐。所有这些脆磐都有多边形的裂缝网，是什么导致了这些裂缝？这对脆磐的年代意味着什么？

难题 14.2

请解释常湿热带土壤中是否会有脆磐。

表 14.1　发育有硬磐的两种土壤的选定特性。记录层名称。摘自 Soil Survey Staff，1975。

土层	深度 /cm	砂粒	粉粒	黏粒	碳酸钙	有机碳	容重 /(g/cm³)	碱基总数	CEC pH=7
		质量分数/%						cmol（+）/kg	
土体 63									
Ah1	0～3	86	12	2	3	0.1	—	13.6	5.6
Ah2	3～10	80	15	5	5	0.1	—	18.0	7.3
Ah3	10～41	75	14	11	7	0.2	—	23.1	11.6
Cqml	41～58	87	7	6	14	0.2	—	20.6	12.1
Cqm2	58～76	81	13	6	3	0.0	—	26.9	14.3
C	76～94	87	9	4	3	0.0	—	22.4	12.2
土体 98									
Ah1	0～5	19	65	16	—	2.2	1.34	3.5	18.6
Ah2	5～10	17	61	22	—	1.1	1.33	5.3	19.7
Ah3	10～20	18	57	25	—	0.8	1.37	6.4	20.3
Btl	20～30	19	54	28	—	0.6	1.32	8.0	22.3
Bt2	30～53	14	26	60	—	0.5	1.70	39.9	49.3
2Bt3	53～63	35	24	41	—	0.5	1.43	7.6	47.3
2Cqml	63～69	82	14	4	—	0.3	1.55	9.6	20.0
2Cqm2	69～105	85	11	5	—	0.2	1.44	7.9	22.1
2Cqm3	105～125	72	19	9	—	0.1	1.45	7.5	19.1

难题 14.3

表 14.1 给出了两种带硬磐土壤的分析。硬磐的质地分析是在粉碎样品后进行的。

a. 哪些反映了硬磐的存在？

b. 哪个土体来自最干燥的气候？

c. 计算所有土层的碱基饱和度。土体 63 中碱基总数和 CEC 之间差异的原因是什么？（这与硬磐无关，但与干旱的土壤有关）。

难题 14.4

研究表 14.2 中带有脆磐的剖面的分析。

a. 哪个/些土层构成了脆磐？

b. 还有哪些其他土壤形成过程影响了这一剖面？

c. 给出正确的土层名称。

表 14.2 带有脆磐的剖面（土体 26）的选择性分析。摘自 Soil Survey Staff，1975。

土层	深度 /cm	砂粒	粉粒	黏粒	有机碳	容重 /(g/cm³)	碱基总数	CEC pH7	Al	Fe
		质量分数/%					Cmol（＋）/kg		%pyroph. Extr.	
	4～0	—	—	—	23.0	—	27.9	73.1	0.1	0，67
	0～4	59	32	9	2.2	—	11.6	15.4	0.1	0.20
	4～18	57	30	12	23	—	25.4	27.5	0.8	1.32
	18～33	58	32	10	1.5	1.28	18.5	20.4	0.4	0.71
	33～51	58	32	10	0.8	1.37	12.6	13.8	—	—
	51～71	67	27	6	0.1	1.92	3.8	4.6	—	—
	71～105	66	26	8	0.1	1.85	3.2	4.9	—	—

14.6 答案

问题 14.1

石化铁质层和薄铁磐都是由于铁的还原和氧化以及地下水的输送。致密的腐殖质层是由于（水成的）灰化作用。

问题 14.2

脆磐中的斑纹通常是铁斑纹，是由于脆磐上的水（周期性的）阻滞。

问题 14.3

在黏性土壤中，压力通过滑动面的破坏而释放（第 10 章），因此不会发生压实。干黏土干燥时也很硬，但潮湿时不会变脆易碎。因此，它不符合脆磐的定义。

问题 14.4

当土壤完全干燥时，无定形物质的脱水是不可逆的。因此，这样形成的磐将保持坚硬，并且在被重新润湿时不会回到易碎状态。

问题 14.5

热带季节性气候可能会发生过程（1）～过程（3）。在过去受冰川作用的季节性温带气候地区，这四个过程可能都起了作用，但是覆盖层的影响仅限于非常小的区域。

问题 14.6

剖面清楚地显示了黏土沉积（黏粒胶膜）和灰化（部件）的影响。剖面顶部黏粒胶膜的存在表明淋溶层受到了侵蚀。上部两层黏土覆盖层中铁的去除是由于脆磐上方的周期性潮湿，或者更有可能是灰化作用。黏土淀积发生在灰化之前，因为它受到低酸碱度的阻碍。以部件的形式积累的有机物质主要在脆磐之上：Bhx2 更细的结构可以起到筛子的作用。黏土淀积显然是上层脆磐造成的。

问题 14.7

土层代码指示两个剖面中的灰化作用。在 Arago 剖面中，灰化发生于黏土淀积剖面的 E 层。淀积黏土可能造成了脆磐更尖锐的上边界。由于灰化土形成于冰碛物（一种壤质沉积物）中，黏土淀积对脆磐的形成没有太大影响。这种脆磐可能是由于周期性冻结造成的。

问题 14.8

脆磐的密度特性可能导致水的阻滞，进而导致溶解和悬浮物质的阻滞。此外，水阻滞可能引起潜育化，并最终导致铁解作用。

问题 14.9

因为缺水（没有风化产物的淋溶）和高 pH，干旱土壤中主要矿物的风化很慢。

问题 14.10

干旱土壤的碱度是由高含量的可溶性碳酸盐造成的，例如 Na_2CO_3。

问题 14.11

铁铝化作用造成二氧化硅的大量释放，铁铝土可随地下水运移或在剖面深处积聚（铁铝土化作用需要过量的降水）。硬磐的形成可能是气候变化的结果（次表土变干），也可能是二氧化硅经地下水流动被输送到更干燥的区域，这被认为是澳大利亚硅结砾岩形成的原因。

问题 14.12

蛋白石下垂体表明二氧化硅是从滴水中沉淀出来的（比较方解石下垂体，第 9.2 节）。

难题 14.1

在目前潮湿的气候下，荷兰土壤底土中无法形成多边形裂缝。在极地土壤中，开裂是一种非常普遍的现象：在 -4℃ 以下，冰的体积减少，导致土壤开裂。多边形网格在苔原土壤中很常见。冻裂作用的有力证据表明，土壤应该是在末次冰期期间或之前形成的：盛冰期后期。

难题 14.2

脆磐的形成需要季节性气候或细粒物质的定向淀积。在常湿热带地区（常湿＝永久潮湿，非季节性的），既不存在季节性气候，也不存在黏土淀积的先决条件。因此，脆磐的形成仅限于细粒颗粒向砂土细孔的移动。

难题 14.3

a. 因为没有对二氧化硅胶结进行具体分析（附录 3），所以硬磐不能用化学方法鉴定。在第二个剖面图中，硬磐是由 Bt2 层的高容重来指示的。

b. 干旱气候下的土壤在靠近地表处有碳酸钙积累。因此，土体 63 的气候比土体 98 的更干燥。

c. 在土体 63 的石灰质层中，"可交换"碱基的总和高于 CEC。而理论上这是不可能的，所以其过量的钙应该是由于在碱提取过程中碳酸钙的溶解产生的。

难题 14.4

a. 从 51cm 深开始，脆磐表现出相当大的容重。

b. 黏土在 4～51cm 的轻微增加可能表明黏土某种程度的迁移（黏土淀积）。焦磷酸提取的铝和铁相对较高，4～18cm 深度的有机碳相对较高，表明腐殖质与铝、铁在灰化土－B 层中的积累。

c. 如果我们同时考虑黏土淀积和灰化作用，土层代码将是：O－Ah/E－Bth1－Bth2－Bt(h)3－Cx1－Cx2。

14.7　参考文献

Blank，R. R.，and M. A. Fosberg，1991. Duripans of Idaho，U. S. A.：in situ alteration of eolian dust (loess) to an opal－A/X－ray amorphous phase. Geoderma，48：131－149.

Buurman，P. & A. G. Jongmans，1975. The Neerrepen soil：an Early Oligocene podzol with a fragipan and gypsum concretions from Belgian and Dutch Limburg. Pédologie，25：105－117.

Chadwick，O. A.，D. M. Hendricks and W. D. Nettleton，1989. Silicification of Holocene soils in northern Monitor Valley，Nevada. Soil Science Society of America Journal，53：158－164.

Hidalgo，C.，P. Quantin，and F. Elsass，1997. Caracterización mineralógica de los tepetates tipo fragipán del valle de México. In Zebrowski，C.，P. Quantin，and G. Trujillo (Eds.)，1997. *Suelos volcanico endurecidos*. Ⅲ，Simposio Internacional (Quito，diciembre de 1996)，p. 65－72. ORSTOM.

Jongmans，A. G.，L. Denaix，F. van Oort，and A. Nieuwenhuyse，2000. Induration of C horizons by allophane and imogolite in Costa Rican volcanic soils. Soil Science Society of America Journal，64：254－262.

Krauskopf，K. B. 1967. *Introduction to geochemistry*. McGraw Hill，New York，721 pp.

Langford－Smith，T.，1978. *Silcrete in Australia*. Department of Geography，University of New England.

Maliva，R. G.，and R. Siever，1988. Mechanisms and controls of silicification of fossils in limestones. Journal of Geology，96：387－398.

Mehuys，G. R.，and C. R. De Kimpe，1976. Saturated hydraulic conductivity in pedogenetic characterization of podzols with fragipans in Quebec. Geoderma，15：371－380.

Milnes，A. R.，MJ. Wright and M. Thiry，1991. Silica accumulations in saprolites and soils in South Australia. In：W. D. Nettleton (ed.)：*Occurrence，characteristics，and genesis of carbonate，gypsum，and silica accumulations in soils*，pp. 121－149. Soil Science Society of America Special Publication No. 26. Madison，Wisconsin.

Mora，L. N.，and D. Fores R.，1997. Pedogenesis de capas endurecidas de suelos volcánicos del altiplano de Nariňo (Colombia). In Zebrowski，C.，P. Quantin，and G. Trujillo (Eds.)，1997. *Suelos volcánico endurecidos*. Ⅲ Simposio Intemacional (Quito，diciembre de 1996)，p. 48－55. ORSTOM.

Poetsch，T.，and K. Arikas，1997. The micromorphological appearance of free silica in some soils of volcanic origin in central Mexico. In Zebrowski，C.，P. Quantin，and G. Trujillo (Eds.)，1997. *Suelos volcánico endurecidos*. Ⅲ Simposio Intemacional (Quito，diciembre de 1996)，p. 56－64. ORSTOM.

Quantin，P.，and C. Zebrowski，1997. Caractérisation et formation de la *cangahua* en Équateur. In Zebrowski，C.，P. Quantin，and G. Trujillo (Eds.)，1997. *Suelos volcánico endurecidos*. Ⅲ Simposio Internacional (Quito，diciembre de 1996)，p. 29－47. ORSTOM.

Soil Survey Staff，1975. *Soil Taxonomy*. Agriculture Handbook 436. Soil Conservation Service，U. S. Dept， of Agriculture，Washington.

Soil Survey Staff，1990. *Keys to Soil Taxonomy*. Soil Management Support Services Technical Monograph 19. Virginia Polytechnic Institute and State University.

Zebrowski，C.，P. Quantin，and G. Trujillo（Eds.），1997. *Suelos volcanico endurecidos*. Ⅲ Simposio Internacional（Quito，diciembre de 1996）. ORSTOM，512 pp.

照片 W　新西兰 E 层有致密盘的海砂灰化土（箭头）。
致密盘形成于水渗透的地方。P. 布尔曼拍摄。

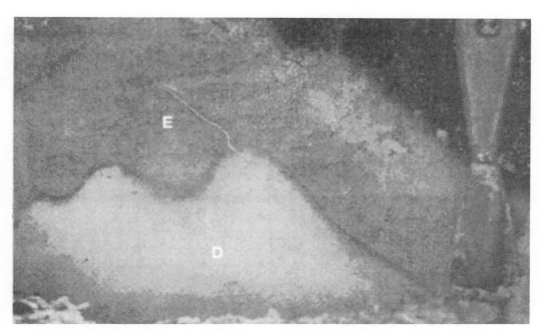

照片 X　致密盘（D）的细节图。新西兰海砂土的灰化土。由于致密盘的
紧密堆积，它看起来比未压实的 E 层更白。P. 布尔曼拍摄。

照片 Y　致密盘中沙子和淤泥的紧密堆积。新西兰海砂灰化土 E 层的
电子扫描显微照片。刻度单位是 $10\mu m$。A. G. 琼格曼斯拍摄。

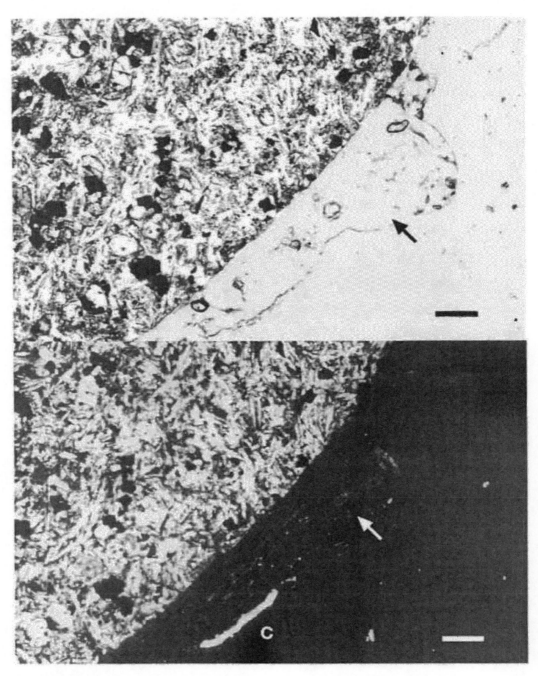

照片 Z　法国玄武岩卵石底部的蛋白石下垂体（箭头）。上图：普通光线；下图：正交偏光镜。注意蛋白石的均质沉积属性。双折射部分是方解石（C）。比例尺是 $215\mu m$。A.G. 琼格曼斯拍摄。

第 15 章 分析发生的复杂情况

15.1 概述

许多土壤受到几种不同土壤形成过程的影响，这些过程在不同强度或不同时间起作用。随着时间的推移，土壤形成因素的微小变化也可能导致主导过程的变化。事实上，由于内部和外部原因，大多数土壤都有复杂的成因。作为一种外部因素，气候主要变化可能会完全改变特定地点的土壤形成。这种变化在西欧全新世（例如，北方期、大西洋期和亚北方期的不同气候）是明显的，但在更长的时期内更强烈：冰川和间冰期，以及从暖热的第三纪气候到第四纪较冷气候的变化。内部因素是由土壤形成本身引起的。例如，淀积层中黏粒的堆积可能导致水的停滞，从而引发潜育过程和铁溶解，这会与沉积作用叠加。

在北欧和美洲，大多数母质相对年轻，多数土壤属于全新世。在不受冰川影响的地区，不存在年轻的沉积覆盖物和冰川侵蚀，地表能够发现古老土壤的残余物，其与目前的气候不匹配。在世界上地质和气候较稳定的地区（南美洲东部、澳大利亚、非洲中部和南部，以及印度部分地区），目前的地貌表面极其古老，土壤的形成可能在超过 5000 多万年中持续作用于并改变着同一种物质，这类土壤可以反映土壤形成的许多阶段。

尽管通过仔细研究剖面可以追踪许多以前的土壤形成阶段，但有些特征在时间上非常稳定，而另一些特征则完全消失。石化聚铁网纹体极其稳定，并且由于其抗侵蚀性，在其形成停止后很长一段时间内，可能会主导整个景观。另一方面，盐碱化虽然在近时期的土壤中极其重要，但当气候变得更加潮湿时，除了土壤结构或黏土矿物学相关的变化之外，可能不会留下任何痕迹。在重建土壤或景观发生的历史时，只有持久性的特征才是可靠的。土壤发生的重建必须考虑景观形态的变化。在剖面尺度上，特别是土壤微观形态，对于区分特征形成的序列非常有帮助。

15.2 揭示复杂情况下的土壤发生

在第 15.3 节提到的难题中，为了特定目的收集的数据并不总是与土壤形成相关。将这些数据解释为土壤发生目标通常是有问题的。这里主要考虑几个有用的信息：地貌、剖面描述以及土壤分析。

（1）地貌信息。土壤剖面的历史只有在对其环境充分了解的情况下才能被很好地理解。气候、水文状况、母质等提供可能在土壤上发生作用的过程的重要信息，尤其是景观信息可能为多旋回历史和大规模溶质或物质运移的重要性提供线索。

（2）剖面描述。剖面描述包含研究和采集剖面的人给出的解释。土层命名是多数土壤形成过程的关键。在这本书中，最初的层位名称有时被翻译成联合国粮食及农业组织（FAO）或美国农业部（USDA）的术语，以使其易于理解。但从化学和矿物学证据中可以推断出最初的发生层名称和土壤形成过程之间可能存在的差异。

（3）土壤分析。因为在特定的土壤剖面上进行许多不同的分析极其昂贵，而且很少有用，所以研究者通常会选择分析他们所想的问题。在这种情况下，这意味着分析的选择已经包含了预期土壤形成过程的信息。首先检查进行特定分析的目的，然后解释结果。许多分析都是专门为土壤分类而进行的，只提供了有限的土壤形成信息。附录3概述了一些分析的目的。如果想从发生学角度来解释土壤，就必须准确地知道识别哪些性质过程，以及哪些分析被用来量化这些性质。前几章给出了必需的信息。

● 思考

问题 15.1　以下土壤的典型性质是什么？你会选择哪种分析来识别每一组土壤？

a. 火山灰土。

b. 灰化土。

c. 酸性硫酸盐土。

在下文中，我们展示了许多不同级别的原始信息的复杂情况，来推断特定性质导致的发生过程。

15.3　难题

难题 15.1　具有有限土壤信息的复杂多成因景观

图 15.1 所示的景观具有复杂的历史，部分土壤是多成因的。该图中的文字和图例有助于理解景观历史，但不能解释土壤的成因。硬壳是铁胶结的。请分析如下情况：

a. 术语砖红壤硬壳是什么意思？

b. 区分图 15.1 中主要的土壤形成过程。首先尝试理解每个图例，也要关注主要景观体系的描述。右侧斑驳层之上的是什么层？

c. 为序列的不同部分重建以前和现在的地下水状况。

d. 解释：①序列左侧部分的剖面的形成；②钙质结砾岩山谷和盐湖位置的形成。重建结果说明现在和过去的气候如何？

难题 15.2　热带干燥气候发育的土链

图 15.2 给出了乍得科斯利附近一个土链的横截面（Bocquier，1973）。当前气候是热带气候，年平均温度为 19℃，年降雨量 850mm，温季集中在四个月。植被从左边的稀树草原到右边的草原是变化的。黑云母花岗岩随处可见，其深度不超过 5m。花岗岩岩石上只残留很少的土壤，但是山麓上有一系列的土壤，从左边的淋溶土到右边的碱土和变性

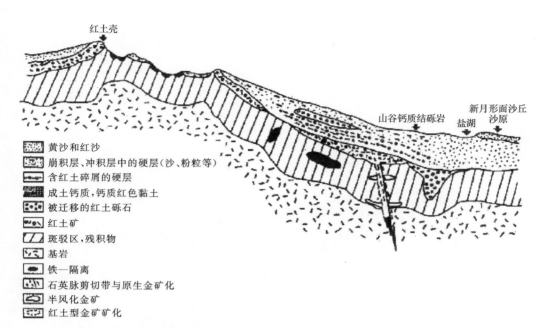

图 15.1　西澳大利亚伊尔根附近一处景观的纵剖面概化图。摘自 Prcen Aleva，1994。

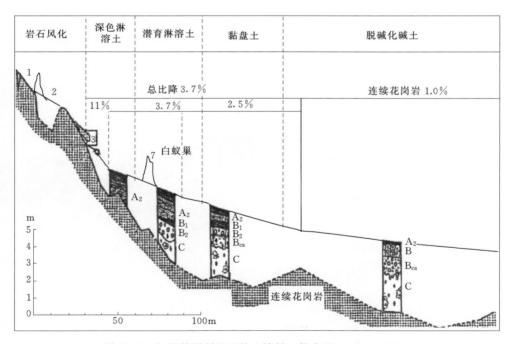

图 15.2　乍得科斯利地区的土壤链。摘自 Bocquier，1973。

土（未显示）。

a. 哪种土壤形成过程在土链的不同部分占主导地位（请记住 $A_2 = E$，ca＝方解石堆积）？

    b. 假设花岗岩底膜不透水，序列不同部分的主要排水方向是怎样的？

    c. 土链的哪一部分是风化产物的净移除？

    图 15.3 和图 15.4 给出了土链中黏土含量和蒙脱石含量。

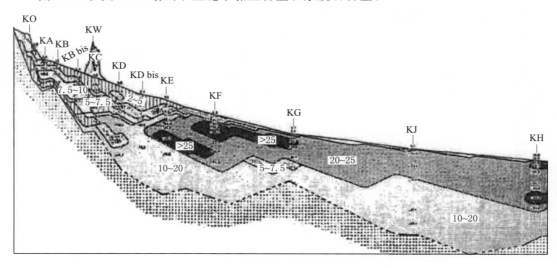

图 15.3　科斯利土链中黏土的含量。摘自 Bocquier，1973。

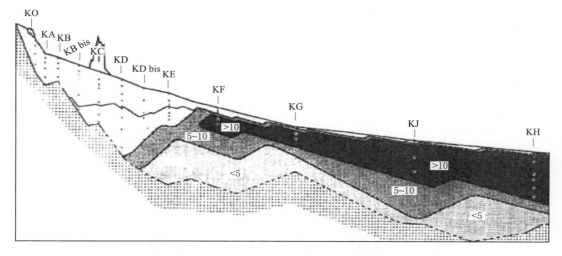

图 15.4　科斯利土链中蒙脱石的含量。摘自 Bocquier，1973。

    d. 列出至少四个可能会导致土链各部分黏土含量在深度上产生差异的过程。

    e. 土链下部蒙脱石的形成原因是什么？

    f. 你期望在土链的较高部分有什么黏土矿物？

    图 15.5 给出了土链中剖面 KE 和 KF 的黏土矿物组合。

    g. 解释 A_2g（Eg）层以下的矿物转变。有铁解作用的证据吗？

    表 15.1 给出了靠近花岗岩基底的井水的组成，图 15.6 给出了土链中土壤的酸碱度。

h. 计算井水中的 HCO_3^- 浓度。

i. 如果水蒸发了，它的酸碱度会怎样变化？

j. 解释土链中的 pH。

表 15.1　　　　　　　　　　科斯利井水的组成成分

Ca^{2+}	20	Cl^-	1
Mg^{2+}	10	SO_4^{2-}	2
K^+	10	HCO_3^-	
Na^+	7		

图 15.7 表明这个土链中五个剖面交换性复合体的组成。其位置如图 15.6 所示。

k. 解释 Na^+ 吸附的变化。

图 15.8 表示科斯利土链中碳酸盐的辐射年龄（^{14}C）。

l. 假设碳酸钙沉淀在花岗岩上游风化过程中形成的溶解性 $Ca(HCO_3)_2$ 中，①碳酸盐—碳中的 ^{14}C 年龄和钙积层 ^{14}C 年龄之间的关系意味着什么？②如果上游母岩是白垩系石灰岩，那么在次生碳酸盐中会有相似的 ^{14}C 年龄分布吗？

m. 你认为碳酸盐—碳和有机物—碳的 ^{14}C 年龄有什么不同？

n. 关于钙积层的历史，表观年龄有什么含义？

难题 15.3　热带景观—土壤关系和多环回土壤

常湿热带地区的土壤可能在时间和空间上显示出铁铝土、强淋溶土和灰化土之间不同的过渡特点。其结果是属于几个成土过程特征的叠加。

a. 铁铝土、强淋溶土和灰化土的主要土壤形成过程是什么？

b. 列出每个过程所需的条件。这些过程同时在一种土壤中发生吗？

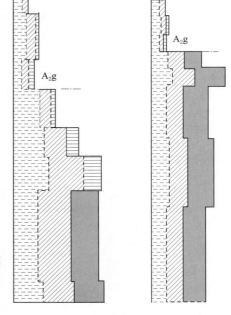

图 15.5　图 15.4 剖面 KE 和 KF 黏土矿物组合。从左到右：黑云母、高岭石、黑云母—蒙脱石、蒙脱石（黑色）。摘自 Bocquier，1973。

图 15.9 给出了印度尼西亚加里曼丹低地近期氧化土—有机土序列中的土壤过渡。左侧是一座花岗岩岛山，岛山右侧的沉积物是壤质花岗岩风化产物。灰化土—泥炭过渡带是高地下水位以砂质、石英为主的海岸沉积物中的常见序列。

c. 根据与其位置相关的土壤发生差异解释四组土壤的发生。

在同一地区的其他壤质物质上也发现了强淋溶土和灰化土之间的过渡。灰化土有时位于高原单元的侧翼，有时位于高原的中部。图 15.10 中的铁铝土—灰化土过渡带与图 15.9 中的强淋溶土—灰化土过渡带产生的原因相同。

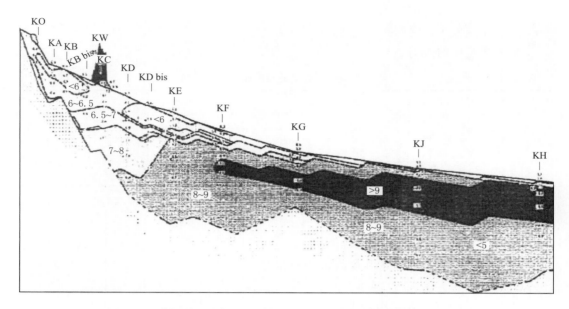

图 15.6　科斯利土链中的 pH。黑色：pH＞9。摘自 Bocquier，1973。

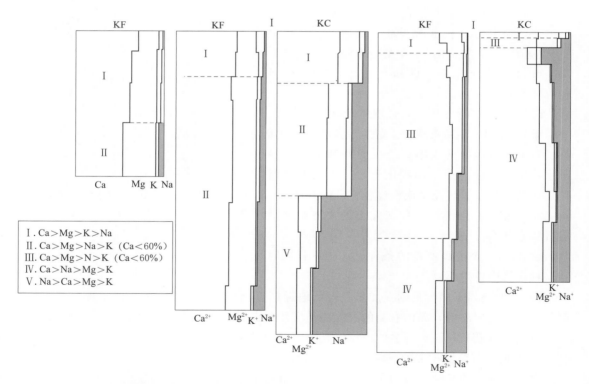

I．Ca＞Mg＞K＞Na
II．Ca＞Mg＞Na＞K（Ca＜60%）
III．Ca＞Mg＞N＞K（Ca＜60%）
IV．Ca＞Na＞Mg＞K
V．Na＞Ca＞Mg＞K

图 15.7　一些科斯利剖面的交换性复合体的组成。每列从左到右：Ca^{2+}、Mg^{2+}、K^+、Na^+。
摘自 Bocquier，1973。

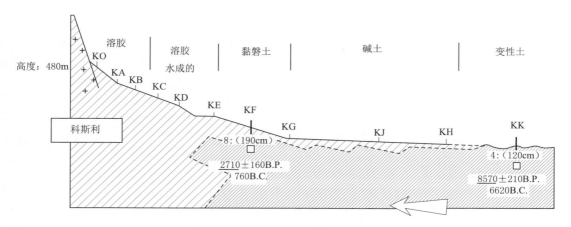

图 15.8　科斯利土链中方解石的^{14}C 年龄。细密的阴影部分表明存在 $CaCO_3$。
摘自 Bocquier，1973。

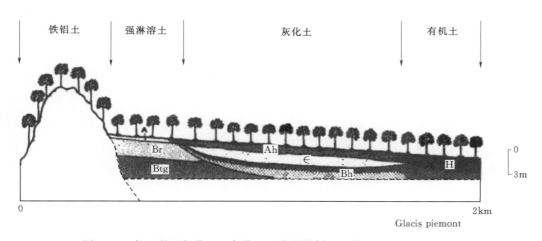

图 15.9　加里曼丹氧化土—灰化土过渡的纵剖面。摘自 Bocquier，1987。

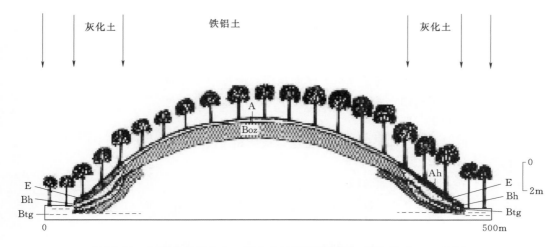

图 15.10　加里曼丹氧化土—灰化土过渡的纵剖面。摘自 Brabant，1987。

281

d. 在图 15.10 中没有辨认出强淋溶土，但是可以从层位代码中识别出形成这种土壤的过程。你能推断出图中铁铝化、灰化作用和黏土沉积的顺序吗？对质地分异（Btg 层）有替代的解释吗？

高原中心的灰化作用如下所示：在圭亚那的沿海地区，壤质海滩脊状沉积物覆盖在沿海黏土上，氧化土被一系列从微凸高原中心开始的过程"吞噬"。图 15.11 描述了去除氧化层的各个阶段。

e. 根据土壤发生过程及其影响，提出可以解释图 15.11 第 2～5 阶段的假设。提出用实验室分析来验证你的假设。

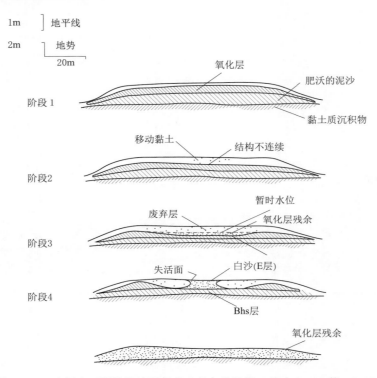

图 15.11　法国圭亚那沿海地区氧化土的灰化阶段。摘自 Lucas 等，1987。

难题 15.4　仅分析

以下三个剖面中，仅提供了分析。仔细观察剖面每个分析的趋势。

a. 注意归因于沉积和土壤形成过程的变化、趋势和不连续性。

b. 属性地层代码（附录 1）。

c. 建议一系列过程（如果适用）和土壤形成的相关情况。

土体 5（SSS，1975）

剖面来自以前平坦的湖底，没有侵蚀。

除了一些标准分析之外，同样列出了饱和土壤提取物的电导率（mS/dm）和离子组成（以 $cmol_g L^{-1}$ 为单位）。

——土壤提取物中的 Cl^- 可以忽略不计。

——剩余的阴离子是 HCO_3^- 和 CO_3^{2-}。

——第三层的可提取 SO_4^{2-} 含量可能是错误的。

从土体 5 的提示：用什么指标来区分沉积物和土壤中砂粒、粉粒和黏粒含量差异？在未分层的土壤中，有机质含量如何随深度变化？在目前情况下，可能存在黏土沉积吗？高 pH 和可交换 Na^+ 之间存在什么关系？

表 15.2　　　　　　　　　　　土壤 1。

土层深度 /cm	砂粒 /%	粉粒 /%	黏粒 /%	有机碳 /%	碳酸钙 /%	pH H_2O	可交换的/(meq/100g)				EC	可提取的/(meq/L)		
							Ca	Mg	Na	K		Ca +Mg	Na	SO_4
0~15	55	30	15	2.7		7.2	13.7	4.8	0.6	1.0	0.8	2.9	9.6	7.4
~18	56	34	11	2.1		7.8	9.6	4.6	1.8	0.3	1.3	3.1	24.4	25.9
~24	46	34	20	1.3		8.7	10.0	8.1	4.9	0.7	2.2	1.6	18.2	71.6
~30	46	28	26	1.1		9.0	11.0	10.8	10.0	0.7	3.6	2.9	63.0	59.9
~43	49	26	25	0.6	2	9.2	11.6	12.5	12.5	0.7	4.8	3.2	108	106
~61	26	37	36	0.1	30	9.5		12.9	6.0	0.5	4.3	3.9	91.5	87.8
~91	16	58	26	0.3	27	9.3		10.7	4.8	0.6	4.0	3.4	88.0	81.7
~125	6	70	24	0.3	20	9.2		12.9	6.0	0.5	3.0	2.7	72.8	66.3
~150	6	70	24	0.3	15	9.1		12.3	5.4	0.5	2.4	2.8	59.7	

土体 *Kruzof*（Rourke 等，1984）

上部 20cm 的矿质土壤颜色较深，30~33cm 土层被胶结。碱基饱和始终很低。土壤大约有 8000 年的历史。5cm 以下的土层具有触变性的。下层为浅色，主要由部分风化的岩石碎块组成。

给土体 *Kruzof* 的提示：质地分析和碳剖面是否暗示分层？pH 和萃取方法的选择表明了哪些预期特性？其是否能够被含水量和容重证实？

表 15.3　　　　　　　　　　　土壤 2。

土层深度 /cm	砂粒 /%	粉粒 /%	黏粒 /%	有机碳 /%	pH H_2O	pH NaF	草酸盐			焦磷酸酶		BD pF 2.5 *	土壤水分/%	
							Si/%	Fe/%	Al/%	Fe/%	Al/%		pF 2.5	pF 4.2
25~0				50.0	3.6	5.9						0.17	231	
0~5	41	52	7	5.1	4.1	6.8		0.1	0.3	0.1	0.1	0.86	52	10
~8				6.9	4.0	9.1								26
~20	51	39	10	18.1	4.2	9.8	0.8	0.7	2.6	0.6	2.2	0.37	210	118
~30				17.3	4.5	10.9	3.7	0.3	8.7	0.2	2.9	0.30	258	160
~33				11.7	5.0	10.8	5.0	11.2	8.3	3.6	2.0	0.37	216	153
~56				4.3	5.5	11.0	5.4					0.24	338	190
~91				3.1	5.6	10.8								162
~185	30	44	26	2.8	5.6	10.8	5.3	2.3	6.7	0.1	0.5	0.27	272	159
~230				0.8	6.5	10.2	2.9	0.9	2.7	0.1	0.2			20

注：*.BD pF 2.5＝根据土壤在 pF 2.5 时的体积计算的密度。

土体 *Echaw*（Rourke 等，1984）

这种土壤发育于海滩脊。黏粒含量增加的土层在砂粒周围有黏土覆盖层。没有微观形态数据。年降水量为 1370mm，年平均温度为 17℃。

单个土体 *Echaw* 的提示：什么过程导致黏土覆盖层的形成？质地信息也指出这个方向吗？在这种质地的土壤上，通常会发现什么样的土壤形成？这些分析是否也表明了这种（预期的）土壤形成？土壤形成过程的顺序是什么？这是否解释了 55～73cm 区域黏土覆盖层上覆盖物的缺失？对于最近的土壤形成，pH 相对较低还是较高？最近的土壤形成是否表现得很明显？

表 15.4　　　　　　　　　　　　　　土壤 3。

土层深度 /cm	砂粒 /%	粉粒 /%	黏粒 /%	有机碳 /%	pH H$_2$O	焦磷酸盐提取物		
						碳/%	铁/%	铝/%
0～23	94	4	2	0.73	4.4	2.3	0.1	0.4
23～37	91	6	3	0.23	4.6	2.9	0.2	0.3
37～55	96	5	5	0.17	4.6	0.1	0.2	0.3
55～73	93	4	13	0.24	4.6	0.1	0.4	0.4
73～91	88	3	9	0.18	4.7	0.1	0.4	0.5
91～105	96	2	2	0.36	5.2	0.3	0.3	0.3
105～126	97	2	1	0.34	5.4	1.7	0.2	0.2
126～146	98	2	0	0.68	5.4	0.7	0.1	0.3
146～169	98	1	1	0.68	5.3	0.4	0.0	0.3
169～190	99	1		0.39	5.3	0.3	0.0	0.2

难题 15.5　仅绘制剖面

图 15.12 列出了新西兰黄土的三个剖面图。剖面中展示了层位发育和结构发育。Otokia 和 Tokomaru 漂白的下层土的垂直通道；在水平断面上，它们呈现出网状（网络）类型。Tokomaru 剖面在上部三层有铝夹层黏土，在 BCx 和 2Cg2（未显示）层有蛭石。Marton 剖面始终有铝夹层黏土，Btg 层位完全没有蛭石。假设层位代码是正确的。

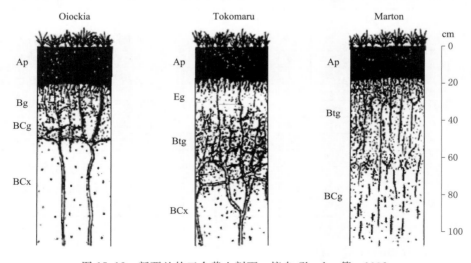

图 15.12　新西兰的三个黄土剖面。摘自 Clayden 等，1992。

a. 提出三个剖面中主要土壤形成过程的假设。

b. 什么导致了这三个剖面之间的差异？

c. 必须做什么研究来检验这些假设？

15.4　答案

问题 15.1

火山灰土的典型情况是：非结晶硅酸盐和铝有机化合物的存在。这些化合物说明：高田间持水性；高草酸盐萃取铝、硅；高磷酸盐保留率；高酸碱度-氟化钠（建议分析）。灰化土在冲积层中有相对较高的金属有机物化合物含量。这可以通过焦磷酸萃取来评估。大多数灰化土—B 层的草酸盐可萃取二氧化硅含量不高，保水性远低于火山灰土。典型的酸性硫酸盐土含有：黄铁矿含量（未氧化时）、硫酸盐和可交换铝含量（氧化时）。

难题 15.1

a. 红土硬壳是石化聚铁网纹层。

b. 断面表明铁铝土残余物（斑口区、砖红壤砾石、红土硬壳）的存在。方解石聚集在斑纹带顶部的山谷中，并沿着斜坡向下减少。洼地存在盐的积累。图的右侧由斑纹带上方铁结层的运移残余物组成。在斑纹带，局部有铁的积累。

c. 这里有化石和当前的水情。在铁铝土形成期间，必须有良好的排水条件，但是铁结层指向地下水位痕迹。侵蚀已经把大部分层位移向了右侧山谷。目前，斑纹带和运移物质在不同层面上似乎有水的滞留（由于铁的隔离而形成硬层）。盐湖必须具备高地下水位。山谷钙结层的排水条件稍好一些，可能还有侧向水流。

d. 铁铝土一定是在潮湿温暖的气候条件下形成的。这种土壤的深度很大，所以其形成可能需要很长时间。侵蚀移除了大部分土壤，一直到左侧的山谷层，甚至更低。在后期，气候一定发生了变化，因为风化产物现在已经积累起来，而不是从土壤中淋滤释出。最难溶解的盐，如方解石，在排水稍微受阻的地方积聚，而可溶性盐在地下水蒸发的地方积聚。斑纹带的铁积累表明（化石？）有优先的地下水流动和曝气。

整个序列指示了一个强烈的气候变化：热带潮湿变化到干旱，但时间框架未知。

难题 15.2

a. 土壤名称表示以下过程：黏土的淀积作用和原生矿物的风化在土链的较高部分。潜育淋溶土表明浅层地下水的影响。黏磐土的存在表明水的阻滞，但在这种情况下，它一定是阻滞地表水。脱碱化碱土的存在表明钠的积累。黏磐土和碱土有钙质层。而黏磐土不含有钠，因此这种剖面仍然具有相对良好的排水性和净脱盐性。土链最右侧的变性土表明蒙脱石黏土形成，这可能与从土链较高部分移除的风化产物有关。

b. 如果底土不透水，则排水主要是侧向的。

c. 风化产物的净去除量发生在风化岩石和淋溶土中。如果土壤有钙质层，风化产物则不会被完全移除。

d. 黏土的表面移除可能发生在景观的较高部分（可能伴随着较低部分的沉积）。黏土形成发生在土壤溶液蒸发导致粘土矿物过饱和的地方（在景观的低处）；淋溶土中有明显的淀积作用；铁解作用造成的粘土破坏可能发生在粘磐土，那里的地表水停滞不前（另见 g），但截面表明，质地对比可能是由于底土中的黏土沉淀，而不是表层土中的铁溶解（另见 g）。

e. 蒙脱石形成的原因是低处风化产物的积累，以及土壤溶液通过蒸发产生季节性浓缩。

f. 土链的较高部分可能含有由黑云母（主要是蛭石）转化为高岭石的矿物。如果黏土部分仅含有高岭石，土壤就不是淋溶土（黏土 CEC 可能太低）。

g. 图表反映了总黏土含量和黏土矿物。表层土中黏土含量较低可能是由于表层的移除。蒙脱石应该是由于新形成的土壤溶液（通过地下水流动的侧向积累），因此仅限于底土。铁解作用应伴有蒙脱土的铝夹层，这是不明显的（另见 d）。

h. HCO_3^- 浓度是平衡正负电荷所必需的量：$44\,mmol \cdot L^{-1}$。

i. 水有很高的残余碱度（钠和钾的碳酸氢盐），会导致强烈的土壤碱化和钠质化。

j. 剖面上部的 pH 反映了没有游离方解石的轻度不饱和土壤。

在含有方解石但不存在碱化作用的土壤中，方解石的溶解缓冲了 pH。pH 大于 9 时，反映了钠质化和碱化的共同作用。

k. 在剖面 KB 和 KBbis 中，土壤几乎不受钠质化的影响，因为钠从土壤中去除，而没有地下水的蒸发。在剖面 KC 中，由于富钠的地下水渗透穿过剖面下部，底土也有一些钠质化。而剖面太浅，无法移除所有钠。剖面 KF 要深得多，地下水位也比剖面 KC 深。因此，可溶性盐被淋溶至更深的深度。钙层的存在导致吸附复合体上更多的钙饱和。剖面 KG 似乎有浅层地下水，因此靠近地表的钠饱和度有所增加。尽管如此，横向和纵向移除足以去除大部分钠。

l. ①因为母岩不含碳酸盐，所有碳酸盐—碳都来自 CO_2，这意味着碳酸盐的 ^{14}C 年龄可能反映花岗岩中钙的风化时长。②如果上游岩石是石灰石，溶液中一半的 HCO_3^- 将来自该类岩石。这种碳酸盐不含 ^{14}C（50000 年后，^{14}C 含量几乎为零），因此其表观年龄太高，与土壤形成过程无关。从老岩石中加入 ^{14}C 缺失的碳酸盐被称为"硬水效应"（"硬水"含有大量碳酸氢盐）。

m. 方解石的 ^{14}C 年龄应该与有机物的年龄有所不同，因为方解石没有生物分解。因此方解石—碳的年龄可能反映了真实的降水年龄（除了混合、再溶解和再沉淀的影响），而老土壤中的有机质年龄总是反映 MRT。

n. 表观年龄表明钙层在土链的最低部分形成，并从右向左横向发育。

难题 15.3

a. 主要的土壤形成过程是：铁铝土：强风化作用，风化产物的去除，包括二氧化硅、铁和铝化合物的残留积累。强淋溶土：黏土淋溶和淀积，相当强的风化作用以及风化产物的去除。灰化土：有机物和倍半氧化物的淋溶和淀积；酸化作用，风化产物强烈损耗，但二氧化硅除外。

b. 铁铝土：以碳酸为主的风化作用，温暖的气候，没有大量的腐殖质积累。强淋溶土：耗尽吸附复合物，酸不足以释放 Al^{3+}。灰化土：不饱和有机酸的大量生成；表层土壤酸碱度低，母质缓冲能力低。这些情况相互排斥，但可以在一个剖面中依次发生。

　　c. 横剖面中可以识别的四个过程是：铁铝化（铁铝土）、黏粒淀积（强淋溶土）、灰化作用（灰化土）和排水条件差时有机物的积累（有机土）。该图表明有两个与土壤成因无关的景观：岛山和右边的山麓。在岛山上，铁铝粒化过程一直是主导过程。这阻碍了黏粒淀积。

　　事实上，年轻的山麓沉积物在排水良好区域显示黏粒淀积（强淋溶土），表明这种土壤形成发生在季节性气候下。土壤的"淋溶"特征可能是由于岛山的前风化沉积物。在景观的最低部分，有机土表明一年中的大部分时间都是水饱和的。作者指出了有机土之下的 Bh 层位。这可能是由于有机质从有机土中淋溶，或者是由于邻近灰化土的侧向腐殖质积累。灰化是由于排水不良造成的（通常花岗岩衍生的黏土质母质会有强烈的缓冲能力，无法进行灰化，热带气候排水良好的情况下有机物分解不会导致灰化）。灰化作用也可能导致了强淋溶土的分解。

　　d. 图 15.10 中方框下方 Btg 的提示表明，黏土淀积先于铁铝化作用（记住不太可能出现相反的情况！）。Bt 层位通常会被强铁铝化土壤中发生的强烈生物均质化所破坏。边缘的灰化作用明显晚于铁铝化和黏土淀积。这似乎是由于周期性的高地下水位。

　　e. 阶段 2 中黏土的移除可能是由于以下原因之一表面移除，或铁解作用。在这种情况下，不可能决定哪一个过程主导，尽管第 3 阶段的临时水位表明在接触处有一些铁盘形成，这有利于铁解作用。铁溶解能够有效地破坏黏土矿物，还可能导致酸碱度降低和铁的去除（通过横向流动），从而降低缓冲能力。一旦土壤变得更酸，有机物将分解得更慢，这就导致了灰化过程。灰化作用通过铝的络合作用导致黏土进一步分解。在氧化层的铁和铝沉淀有机物的地方形成了 B 层。通过有机酸的持续反应，氧化层完全消失。从渗滤水中分离出来的一些残存物可能会遗留下来。这些岛屿可能会在相当长的一段时间内保持稳定。

难题 15.4

单个土体 5

　　质地分析指出 43～61cm 是黏土含量较多的土层，以及黏土在 18～43cm 的区域增加。因为砂/粉比变化很大，43cm 处的边界可能岩性不连续。虽然表层土壤中细颗粒的流失可能是由侵蚀引起的（第 8 章），但剖面位置排除了这种可能性，因此黏土淀积显然是可能的。目前的酸碱度范围对于黏土淀积来说较高，因此其可能先于碳酸钙和盐的积累，尽管不能排除高钠饱和度引起的黏土运移（第 9 章）。

　　碳酸钙含量表明存在钙质层（以及有足够的渗透水来完全去除上层的方解石）。

　　酸碱度表明有些碱化。碱化应该伴有高交换性 Na^+，它确实存在于 24～43cm。高电导率表明存在可溶性盐。对土壤提取物的分析能够支持这一点：主要的盐是 Na_2SO_4。碱度很小，这与 pH 是一致的。

　　如果剖面具有高钠饱和度的淀积黏化层，这相当于钠层位。此外，还存在可溶性盐的积累、钙质层和岩性不连续。层位编码是：Ah－E－Bt1－Btnz1－Btnz2－Btnzk－2Btnzk－2Cnzk－2C。

　　硫酸钠在方解石中的分布表明盐的积累是由于地下水的蒸发。（事实上，剖面描述表明 2C 层在减小）。

单个土体 *Kruzof*

尽管颗粒分析不完整，但数据表明母质可能是分层的。如果风化是质地分异的原因，我们预计砂/粉比会随着黏土含量的增加而增加。

有机碳的积累在 8～33cm。最大有机碳积累与最大 Al_p 含量一致，但与最大 Fe_p 含量不一致。这表明并非所有的铁都是以有机物复合物的形式运移和积累的。在 8～20cm 的范围内，大部分可提取的铝与有机物结合，但在 20cm 以下，大部分铝必须与硅酸盐结合。这从 Si_o 含量可以看出。

30～33cm 层中的胶结作用，加上其高含量的非有机铁，表明这是一个薄铁盘（薄铁盘层）。

8cm 以下的所有层位都有很高的含水量。连同低容重、高 Si_o 和触变性，这表明水铝英石的存在。最低层没有这么高的含水量。

属性的组合表明火山灰土形成，具有表层土壤中的轻微灰化，这可能是由于茂密的森林地被物（25cm 厚）。这种结合表明在寒冷的气候下火山灰中的土壤形成。此外，由于阻滞的水（地表水潜育），铁以薄铁盘的形式存在一些分离。因为缺乏质地和水传导性数据，我们无法确定水阻滞的原因。最低层仅受土壤形成的轻微影响。

一种可能的层位编码是：O - Ah1 - Ah2 - Bh - Bw1 - Bwsm - Bw3 - Bw4 - 2Bw5 - 2C。然而，（灰）层的数量不能用现有数据来确定。0～5cm 和 5～8cm 层中较低含量的有机物表明这是一个年轻的灰层。

土体 *Echaw*

土壤主要是沙土。形成了一个 Ah 层（尽管焦磷酸盐碳含量与总碳含量不同）。土壤在 55～73cm 层中有一些黏土淀积。此外，在 105cm 以下的层中，出现有机物以及铝和铁的淀积。底部两层缺乏铁，这表明铁已经通过还原和侧向流动被去除。考虑到景观位置，这并不是不合逻辑的。

通常，我们认为灰化作用会叠加在黏土淀积作用上，但这至少会导致淀积黏土和（残留）有机物覆盖层的一些分解。由于缺乏微观形态证据，我们无法判断黏土覆盖层是否被风化或有机物覆盖层残余物是否存在于 55～75cm 层中。

然而，最简单的重建，即黏土淀积后的灰化，需要两者都有；否则我们将不得不假设有机物是通过横向运移积累起来的。合乎逻辑的层位编码是：Ah1 - Ah2 - E1 - Bt - E2 - EB - Bh1 - Bh2 - BC1 - BC2。

这是一种不寻常的情况。经常能够发现黏土贫化层的灰化作用，特别是在酸性黏盘土和灰化淋溶土中。这种土壤的 Bt 层以上有一个 Bh 层。母质的砂质特性（低缓冲能力）和高降雨量可能导致灰化作用比黏土淀积更深。

难题 15.5

土体 Otokia 发育有磐盘，上方有水停滞。磐盘中的漂白通道是具有地表水潜育作用的优先输水管道。土体中没有漂白的 E 层，所以铁解作用仍然可以忽略不计。

土体 Tokomaru 有一个黏土淀积层，其上有一个强烈漂白层，再加上下面磐盘中漂白的通道，这有力地表明了铁溶解的作用。黏土矿物的分布证实了这一点。原本排水良好的剖面中黏土沉积导致 Bt 层周期性水停滞，进而导致铁溶解。磐盘可能更古老（晚更新世），但这无法从图中推断出来。BCx 层的大部分在黏土矿物学中没有发现铁溶解的影响，但是这种影响会在漂白的通道中发现。

　　土体 Marton 没有磐盘或任何其他强滞水层。然而，它的层位顺序表明，水穿过土壤的速度非常慢，在雨季会造成局部厌氧：整个过程中都有一些潜育现象。水滞留的影响可以在铝夹层黏土中找到，也可以在整个剖面中找到。

15.5　参考文献

Aleva，GJ. J. ，1984. *Laterites – Concepts，geology，morphology and chemistry*. ISRIC Wageningen，153 pp.

Bocquier，G. ，1973. *Génèse et évolution de deux toposéquences de sols tropicaux du Tchad*. Memoires ORSTOM No. 62. ORSTOM，Paris，350 pp.

Brabant，P. ，La répartition des podzols a Kalimantan. In：D. Righi and A. Chauvel（eds. ）：*Podzols et Podzolisation*，pp. 13 – 24. Institut National de la Recherche Agronomique，Paris.

Brewer，R. ，1976. *Fabric and Mineral Analysis of Soils*. Krieger Publ. Co. ，Huntington，New York.

Bullock，P. ，N. Fedoroff，A. Jongerius，G. Stoops，T. Tursina and U. Babel，1985. *Handbook for Soil Thin Section Description*. Wayne Research Publications，Wolverhampton，U. K. ，152 pp.

Clayden，B. ，A. E. Hewitt，R. Lee，and J. P. C. Watt，1992. The properties of pseudogleys in New Zealand loess. In：J. M. Kimble（ed. ）：Eighth International Soil Correlati.

Meeting（VⅢ ISCOM）：*Characterization，classification，and utilization of wet soils*. pp. 60 – 65. USDA Soil Conservation Service.

Lucas，Y. ，R. Boulet，A. Chauvel and L. Veillon，1987. Systemes soil ferralitiques – podzols en région Amazonienne. In：D. Righi and A. Chauvel（eds）：*Podzols et Podzolisation*，pp. 53 – 65. Institut National de la Recherche Agronomique，Paris.

Rourke，R. V. ，RT. Miller，C. S. Holzhey，C. C. Treffm，and R. D. Yeck（eds. ），1984. *A brief review of Spodosol taxonomic placement as influenced by morphology and chemical criteria*. ICOMOD Circular No. 1.

SSS（Soil Survey Staff），1975. *Soil Taxonomy – a basic system of soil classification for making and interpreting soil surveys*. US Dept of Agriculture Handbook No. 436. Washington.

附　　录

附录1　联合国粮食及农业组织土层代码

在下文中，仅叙述了对土层的简要描述。我们参阅 FAD（1990），确定了其完整的定义。

主要土层

H	由于（周期性）水饱和产生的有机层，例如在泥炭地里。
O	排水良好的有机表层（森林底层）。
	在这本书里，将 O 层细分为以下几层：
	L 凋落物层：未分解的新鲜凋落物。
	F 破碎（发酵）层：部分分解，但仍存在能识别的垃圾。
	H 腐殖化层：没有可识别的植物残余。
A	以有机质积累为特征的矿物表层。
E	以硅酸盐黏土、铁和/或铝损失为特征的冲积层。
B	以风化、淀积或结构形成为特征的土层。细小岩石结构。
C	受土壤形成影响相对较小的层。C 层可以被根穿透。
R	土壤下面的固体岩石

过渡层

如果土层具有两个主要土层之间过渡的特征，则可以合并主要土层的代码：AB、CR 如果土层是两个主要土层特征的混合物，例如通过较早的土层破坏，或通过舌状延伸，则符号用于主要土层代码之间：B&R、E&B.

附加代码

b	被埋的土层，即被泥沙覆盖的土层。
c	根瘤的存在（总是与结核种类的代码一起描述）。
f	永久性冻土。
g	潜育，其特征是铁和/或锰化合物的斑驳，
h	腐殖质在表层（Ah）和冲积层（Bh）中积累。
j	黄钾铁矾的斑点（在酸性硫酸盐土壤中）。
k	钙和镁碳酸盐的钾积累。
m	胶结或硬化（通常带有识别水泥的代码）。

n   钠在吸附复合体上的积累。

o   倍半氧化物的残留积累（铁铝土的 B 层；不是石化聚铁网纹体的铁铝斑纹层）。

p   耕作造成的扰动。

q   二氧化硅的积累（硬磐）。

r   强烈还原：灰色；通常与 c 结合。

s   倍半氧化物的淀积（例如在灰壤中）。

t   硅酸盐黏土的积累。

v   存在铁铝斑纹层（未硬化）。

w   风化：颜色、结构的发展，碳酸盐的去除等。

x   脆磐特性。

y   石膏的积累。

z   比石膏更易溶解的盐的积累。

在后缀结合的情况下，以粗体打印的后缀优先于其他后缀：Btn、Btb、Bkm。后缀 *b* 总是最后使用。没有限制组合土层代码的后缀数量。

分层材料

如果土壤具有沉积分层，即在分层的地质单元中发育，则第二、第三和随后的地质层被赋予数字前缀：Ah – B2 – 2C1 – 3C2。顶部沉积物的数量总是被忽略。不同的沉积层可能与埋藏的土层重合：Ah – B w – 2Ah – 2C – 3 Ah…，例如在火山土壤中。

参考文献

FAO，1990. Guidelines for soil profile description. Rome.

附录 2 化 学 式 和 原 子 量

原子质量（g/mol）

H＝1	C＝12	N＝14	O＝16	Na＝23
Mg＝24	Al＝27	Si＝28	P＝31	Cl＝35
K＝39	Ca＝40	Fe＝56	S＝32	Ti＝48

选定矿物的公式和比密度（kg/m）

矿物	化 学 式	比密度
钠长石	$NaAlSi_3O_8$	2620
闪石	$[Mg, Fe(II), Ca]_7(Si, Al)_8O_{22}(OH)_2$	3000～3400
锐钛矿	TiO_2	3900
钙长石	$Ca[Al_2Si_2O_8]$	2760
黑云母	$K_2[Mg, Fe(II)]_4[Fe(III), Al]_2[Si_6Al_2O_{20}](OH, F)_4$	3000
方解石	$CaCO_3$	2720
石榴石	$[Mg, Fe(II), Mn, Ca]_3Al_2Si_3O_{12}$	3580～4320
三水铝石	$Al(OH)_3$	2400
针铁矿	$FeOOH$	4300
石膏	$CaSO_4 \cdot 2H_2O$	2300
岩盐	$NaCl$	2160
赤铁矿	$Fe(III)_2O_3$	5500
伊利石	$KAl_4[Si_7AlO_{20}](OH)_4$	2750
高岭石	$Al_4[Si_4O_{10}](OH)_8$	2650
纤铁矿	$FeOOH$	4090
磁铁矿	$Fe(II)Fe(III)O_4$	4520
微斜长石	$K[AlSi_3O_8]$	2600
莫斯科的	$K_2Al_4[Si_6Al_2O_{20}](OH, F)_4$	2800
橄榄石	$(Mg, Fe)_2[SiO_4]$	3220～4390
黄铁矿	FeS_2	4950
辉石-邻位	$(Mg, Fe)[SiO_3]$	3210～3960
辉石- clino	$(Ca, Mg, Fe, Al)_2Si_2O_6$	3200～3600

矿物	化 学 式	比密度
石英	SiO_2	2650
蛇纹石	$Mg_3[Si_2O_5](OH)_4$	2550
蒙脱石	$(M^+)_{0.7}(Al,Mg,Fe)_4(Si,Al)_8O_{20}(OH)_4 \cdot nH_2O$	2500
蛭石	$(M^{++})_{0.7}(Mg,Fe,Al)_6[(Al,Si)_8O_{20}](OH)_4 \cdot 8H_2O$	2300

所选有机化合物的化学式（括号［］表示芳环）。

乙酸	CH_3CO_2H
天冬氨酸	$HO_2CCH_2CH(NH_2)CO_2H$
柠檬酸	$HOC(CH_2CO_2H)_2CO_2H$
对香豆酸	$[C_6H_4OH]CH=CH-CO_2H$
半乳糖醛酸	$HOC(COH_2)_4CO_2H$
葡萄糖醛酸	$HCO_{1/2}OH(COH_2)_3CO_{1/2}HCO_2H$
对羟基苯甲酸	$[QH_4OH]CO_2H$
乳酸	$CH_3CH(OH)CO_2H$
丙二酸	$CH_2(CO_2H)_2$
草酸	HO_2CCO_2H
琥珀酸	$HO_2C(CH_2)_2CO_2H$
香草酸	$HO_2C[C_6H_3OH]OCH_3$

许多反应的平衡常数。

来自 Bolt 和 Bruggenwert（1976）、Martell 和 Smith（1977）和 Nordstrom（1982）的数据。H_2O 为呈液相；所有其他未标记为固体或气体的物质都是水（aq）。在 25℃ 和 1bar 压力下 logK 的值。

矿物/种类	反应	lg K
CO_2	$CO_2 + H_2O \longleftrightarrow H_2CO_3$	-1.46
	$H_2CO_3 + H^+ \longleftrightarrow HCO_3^-$	-6.35
	$HCO_3^- + H^+ \longleftrightarrow CO_3^{2-}$	-10.33
calcite	$CaCO_3 \longleftrightarrow Ca^{2+} + CO_3^{2-}$	-8.35
	$CaCO_3 + H^+ \longleftrightarrow Ca^{2+} + HCO_3^{2-}$	-2.0
gypsum	$CaSO_4.2H_2O \longleftrightarrow Ca^{2+} + SO_4^{2-} + H_2O$	-4.6
iron - goethite	$FeOOH + H_2O \longleftrightarrow Fe^{3+} + 3OH^-$	-44.0
- amorphous	$Fe(OH)_3 \longleftrightarrow Fe^{3+} + 3OH^-$	-39.1
gibbsite	$Al(OH)_3 \longleftrightarrow Al^{3+} + 3OH^-$	-34.3
	$Al^{3+} + H_2O \longleftrightarrow Al(OH)^{2+} + H+$	-5.02

quartz	$SiO_2 + 2H_2O \longleftrightarrow H_4SiO_4$	-4.00
opal	$SiO_2 + 2H_2O \longleftrightarrow H_4SiO_4$	-2.70
silicicacid	$H4SiO_4 \longleftrightarrow H^+ + H_3SiO_4^-$	-9.77
microcline	$KAlSi_3O_8 \ (s) + 4H^+ + 4H_2O \longleftrightarrow K^+ + Al^{3+} + 3H_4SiO_4$	$+1.3$
Mg – beidellite	$6Mg_{0.167}Al_{2.33}Si_{3.67}O_{10} \ (OH)_2 \ (s) + 44H^+ + 16H_2O \longleftrightarrow$	
	$Mg^{2+} + 14Al^{3+} + 22H_4SiO_4$	$+36.60$
kaolinite	$Al_2Si_2O_5 \ (OH)_4 \ (s) + 6H^+ \longleftrightarrow 2Al^{3+} + H_2O + 2H_4SiO_4$	$+7.63$
jurbanite	$AlOHSO_4 \cdot 5H_2O \ (s) + H^+ \longleftrightarrow Al^{3+} + SO_4^{2-} + H_2O$	-3.8
salicylicacid	$H^+ + L^- \longleftrightarrow HL$	$+13$
	$Al^{3+} + L^- \longleftrightarrow AlL^{2+}$	$+12.9$
	$Al^{3+} + 2L^- \longleftrightarrow AlL2^+$	$+23.2$
water	$O_2 + 4H^+ + 4e^- \longleftrightarrow 2H_2O$	$+83.0$
hydrogen:	$2H^+ + 2e^- \longleftrightarrow H_2$	0

附录3 在土壤发生研究中使用的典型分析

附3.1 化学和物理分析

> 分析表中常用的缩写：
>
> | | |
> |---|---|
> | Al_{KCl} | 1M KCl 中萃取的铝，无缓冲。 |
> | Al，Fe_d，Mn_d | 从二硫氰酸钠中萃取的铝、铁和锰（强还原）。 |
> | Al_o、Fe_o、Si_o | 铝、铁和二氧化硅用草酸盐（pH＝3）萃取。 |
> | Al_p、Fe_p、C_p | 焦磷酸钠（pH＝10）萃取的铝、铁和碳。 |
> | 碱基 | 可交换碱（钙、镁、钠、钾），按总量或规定。 |
> | 碱基饱和 | 可交换碱占总阳离子交换量（通常在 pH＝7）或 ECEC 的百分比。 |
> | BD | 体积密度，单位 kg/dm^3 或 Mg/m^3。 |
> | CEC | 阳离子交换容量，通常具有特定的酸碱度，也以每千克黏土表示，不修正有机物的贡献。 |
> | EC、EC_e | 电导率，土壤萃取物的电导率，单位 mS。 |
> | ECEC | 有效阳离子交换容量，或碱和可交换铝的总和（相当于土壤 pH_{kcl} 时的阳离子交换容量），也以每千克黏土表示。 |
> | ESP | |
> | Na^+ | 可交换钠百分比。 |
> | pH_{H2O}，pH_{KCL} | 1：5 土壤/水或土壤/1M KCl 混合物的 pH。 |
> | 总化学分析 | 用＜2mm 的氧化物百分数表示。 |

通常在小于 2mm（＝细土）的部分进行土壤分析。这是基于这样一个假设，即就对植物生长重要的土壤性质而言，粗粒级是惰性的。忽略粗粒部分可能会给出一个误导的印象，包括土壤成因（石线、剖面元素平衡）和植物营养（Agnelli 等，2001）。至少应该报告较粗颗粒土壤的百分比。分析结果表示为烘箱干燥（105℃）的总细土量，包括有机物。正文中提到了例外情况。

可溶性和固相的化学分析广泛用于土壤成因研究。固相分析更常用，因为它们也用于土壤分类。Buurman（1996）列出了 70 多项分析，从土壤分类和土壤成因的分析中计算的特性。在下文中，我们选择了常用的参数。

1. 水铝英石

当风化导致溶液中铝和硅酸浓度高时，就形成了水铝英石。其通式为 $Al_2O_3SiO_2nH_2O$，但是铝/硅原子比在 2 和 1 之间变化。用 pH＝3 的草酸/草酸钠溶液完全萃取水铝英石。有多种方法可以从 Si_o、Al_{op} 和 Al_p 中估算水铝英石含量。最简单的方法是假设水铝英石中 Si_o 含量为 14％。

2. 铝和铁的形式

固相中铝和铁主要有以下几种形式：

（1）硅酸盐结合的铝和铁。

（2）自由态。

1）结晶铝和铁氧化物（针铁矿、赤铁矿、三水铝矿）。

2）无定形或结晶差的铝和铁（氢）氧化物（例如水铁矿）。

（3）有机结合的铝和铁。

通过选择性萃取来区分各种形式。下表显示了各种测定结果：

表 1　　　　　　　　　　　　　　　　铁 和 铝 分 组 萃 取

土壤中总计			
硅酸盐结合的 （未萃取）	氧结合的		
	结晶的	晶质的	有机的
	—————连二亚硫酸盐萃取———		
		——————草酸盐萃取——————	
			——焦磷酸盐萃取———————

连二亚硫酸钠萃取所有非硅酸盐结合（通常是氧结合）的铁。某些结晶铁氧化物的萃取可能不完全，如磁铁矿或钛铁矿。连二亚硫酸钠也用于萃取铝，例如用于测定铝在氧化铁中的取代率，但不清楚萃取了哪些形式的铝。游离铁指连二亚硫酸钠可萃取的铁。

草酸盐萃取所有无定形和有机铝和铁，但也萃取部分结晶三水铝石［$Al(OH)_3$］和结晶较差的埃洛石。如下面的水铝英石所述，它还能萃取非结晶硅酸铝。

pH 为 10 的焦磷酸只萃取有机结合的铝和铁。高酸碱度会大大降低（氢）氧化物的溶解度。通常，在萃取过程中也测量碳，以量化所有被焦磷酸溶解的金属结合碳。由于它的高酸碱度，萃取剂可能比单独的金属结合碳萃取得更多。

关于可萃取铝的更多细节可通过与 $CuCl_2$（Juo 和 Kamprath，1979）、$LaCl_3$（Bloom等，1979）和 KCl（Lin 和 Coleman，1961）萃取交换获得。铜萃取物结合力强，但通常低于焦磷酸；镧系元素萃取轻微结合的部分，KCl 只去除可交换的铝。

萃取不是连续的，并且无定形和结晶铁和铝通过减法获得：无定形 $Fe=Fe_o-Fe_d$；结晶 $Fe=Fe_d-Fe_o$。数值通常以％金属表示，而不是以％金属氧化物表示。

3. 碳组分

有机碳通常以相对于烘箱干燥土壤的百分比来表示，因此相对于矿物干燥的土壤而言不是这样。如果记录的是有机物而不是有机碳，则该值通常基于可氧化物质，使用固定因子将氧化剂的量转换为有机物的量。因为有机物的有机碳含量是变化的（有机物中的碳含量为 45％～60％），两者之间没有直接的关联。

整个烘干土壤而言，焦磷酸盐碳（Cp）总是以碳的形式表示。

4. ECEC 和酸碱

虽然阳离子交换能力是作为土壤肥力特征引入的，但它也提供了在土壤成因研究中有用的信息。测得的阳离子交换容量是有机物（依赖于酸碱度）、黏土（不依赖于酸碱度）和（氢）氧化物和无定形硅酸盐（依赖于酸碱度）的阳离子交换容量以及铝和铁（氢）氧化物的阴离子交换容量的组合。在土壤中，正电荷通常会阻塞阳离子交换量的一部分。尽管阳离子交换量通常在固定的酸碱度下测定，但缓冲阳离子交换量（pH 为 7，酸碱度 8.2）对酸性土壤来说并不现实。对于这种土壤，使用"有效的"或"ECEC"，或土壤酸碱度下的土壤阳离子交换量，这更能反映土壤条件下的土壤阳离子交换量。当针对黏土部分重新计算 CEC（最好根据有机物的贡献进行校正）时，它给出了黏土矿物学的标示。

可交换碱可以提供土壤过程的信息，如碱化、盐化和脱盐或碱化。碱饱和度随着大部分风化产物的浸出而降低。随着酸碱度的降低，碱性阳离子越来越多地被 Al^{3+} 和 H^+ 所取代。

5. 容重

普通岩石的容重为 $2.6\sim2.9kg/dm^3$。土壤容重取决于孔隙体积和有机物含量，通常为 $1.0\sim1.6kg/dm^3$。因为水铝英石在微孔中结合大量的水，含有无定形硅酸盐的土壤具有非常大的孔隙体积。这种土壤的体积密度通常低于 $0.9kg/dm^3$，有时甚至低至 $0.2kg/dm^3$。泥炭土（高有机质含量和孔隙体积）的容重也很低（有时小于 $0.1kg/dm^3$）。

6. 磷酸盐吸持

具有高活性铝和铁氢氧化物的土壤与磷酸盐有很强的结合力，磷酸盐吸持被用来表征这种土壤。高磷酸盐吸持是火山灰土水铝英石的典型特征，但也发生在灰化土–Bs 层和氧化土。根据该方法的定义，磷酸盐吸持表明磷酸盐固定的速度，而不是容量。

7. pH

酸碱度是土壤形成的结果，反过来它又影响许多原生矿物和次生矿物的稳定性，以及许多生物特性。通常，水溶液比为 1:2.5 或 1:5 时，测定水中和 1M KCl 中的酸碱度。差异是测量被电解质去除的吸附复合物中可交换的 H^+ 量。如果 KCl pH 高于水的 pH，这表明吸附复合物的净正电荷。

为了指示水铝英石的存在，有时测定 50 毫升 1M 氟化钠中 1 克土壤的酸碱度，氟与铝形成强烈的络合物，因此取代了与铝结合的 OH^- 离子。土壤中大量的无定形铝会产生高 pH（通常在 10 以上）。富含无定形倍半氧化物（灰化土–B）的土壤也能产生高的 pH。

8. 保水性

土壤的保水性与以下因素有关团聚体孔隙，颗粒内孔隙，以及颗粒间孔隙。高负压下的含水量（pF 4.2）表明土壤矿物量。在含有结晶黏土的土壤中，pF 4.2 的水保持在黏土表面，并与黏土含量（0.25~0.3 倍黏土含量）成比例。在含有水铝英石的土壤中，高压下的水保持在非常小的孔隙中，甚至在 pF 4.2 时也可以超过 100%。

薄 层 土 壤 特 征

微观形态学是对土壤自然排列的微观研究。从野外采集的未受干扰的定向样品，用树脂浸渍，切割，抛光成 $10\sim50\mu m$ 厚的透明切片，这是可以用光学显微镜研究的薄切片。通常研究以下特征：

— 粗颗粒的形状、排列、组成和形式

— 粗颗粒和细颗粒在土壤结构中的排列

— 孔隙的丰度、种类和形状

—原生矿物颗粒的风化特征和新形成的矿物相。

—由压力、沉积等引起的重排模式。

—沉积模式（黏土、基质材料、有机物、铁）

—迁移矿物（铁、锰、方解石、石膏、盐、黄钾铁矾）的去除和聚集模式及形式

—有机成分的形式、位置和腐解

—所有生物活动的证据（洞穴、排泄物、残留物等）。

—可识别的植被残留物，如植硅体和花粉

附 3.2 微观形态学和亚显微术

1. 微观形态学

本书从化学物理矿物学的角度探讨了土壤形成过程。我们将大部分土壤材料的特征与特定土壤形成过程的诊断层联系起来。这是一个简单的方法，因为大部分土壤很少反映目前的土壤形成信息。无论是对大量样品的化学分析，还是对孔隙水或渗滤水的化学分析，都不能完全洞察土壤的历史。

大多数土壤形成过程在微观（毫米到微米）或亚微观（微米到纳米）水平留下形态（可见）痕迹。微观形态学是对微观特征的研究，集中于土壤颗粒在不同层次（土壤-团聚体-团聚体内部）的排列、颗粒的风化以及物质迁移的证据，如有机质、黏土、基质材料、铁和锰等，经常揭示土壤形成的不同后续阶段的影响。

在大多数土壤中，前一过程的残余物保存在团聚体中，在团聚体中，它们受到化学或物理保护以防止腐烂，或者以其他方式排除在后一变化之外。通常，特征的排列给出了它们形成顺序的线索。专注于这些化石特征，并且只使用那些可以用特定土壤形成过程来解释的可见特征，消除了许多可以观察到但不能正确解释的特征，一个土壤的大部分历史可以被重建。上面的方框中列出了一些可以通过微形态学研究的性质。

2. 电子显微镜检查

电子显微镜是用于小于 $1\mu m$ 的特征的研究，属于电子显微镜领域。用扫描电子显微镜，它给出了三维图像、颗粒排列、覆盖层、晶体形状等，可以放大 $10\sim10000$ 倍进行研究。由于其较大的焦深，它给出了非常清晰的图像，并可能增加特定粒子或粒子组的微观证据。此外，它可以通过 X 光色散分析提供关于所研究特征的化学成分信息。

透射电子显微镜利用土壤材料的干燥悬浮液或超薄切片。它的大放大率（$100->100000$ 倍）允许区分和识别风化产物及其排列。它用于研究风化产物和新地层，以及它们的排列，例如黏土，可以观察和测量其基本距离。它也有可能进行元素分析，特别是创建一个特定元素丰度的"地图"。图 12.4 是透射电镜图像的一个例子。

以上并不是对微形态学或亚显微镜的介绍，但是通过这些技术获得的证据是存在的。Bullock 等（1985）对微形态特征及其分类进行了全面描述，Brewer（1976）提出了解释原则。

参考文献

Agnelli, A., F. C. Ugolini, G. Corti, and G. Pietramellara, 2001. Microbial biomass – C and basal respiration of fine earth and highly altered rock fragments of two forest soils. Soil Biology and Biochemistry, 33: 613 – 620.

Bloom, P. R., M. B. McBride, and R. M. Weaver, 1979. Aluminium organic matter in acid soils: salt – extractable aluminium. Soil Science Society of America Proceedings, 43: 813 – 815.

Brewer, R., 1976. *Fabric and Mineral analysis of soils*. Krieger Publ. Co., Huntinton, New York.

Bullock, P., N. Fedoroff, A. Jongerius, G. Stoops, T. Tursina, and U. Babel, 1985. *Handbook for Soil Thin Section Description*. Wayne Research Publications, Wolverhampton, U. K., 152 pp.

Buurman, P., 1996. Use of soil analyses and derived properties, pp. 291 – 314 in: P. Buurman, B. van Lagen and Vdthorst (Eds.): *Manual for Soil and Water Analysis*. Backhuys Publishers, Leiden, 314 pp.

Juo, A. S., and E J. Kamprath, 1979. Copper chloride as an extractant for estimating the potentially reactive aluminium pool in acid soils. Soil Science Society of America Proceedings, 43: 35 – 38.

Lin, C., and M. T. Coleman, 1960. The measurement of exchangeable aluminum in soils. Soil Science Society of America Proceedings, 24: 444 – 446.

词　汇　表

酸中和能力

土壤中氢离子缓冲能力的总量：可风化矿物质、可交换阳离子、有机物质子化等。

铁铝聚铁网纹土属性

黏土分中的低 CEC（$<16 \text{cmol.kg}^{-1}$ 黏土）。

低活性强酸土

具有黏土层的土壤，黏土 CEC$<16 \text{cmol/kg}$，底部饱和度$< 50\%$，土壤状况潮湿。

正电荷

参见阴离子交换能量。

白浆土层（美国农业部），白浆 E 层（粮农组织）

黏土和游离铁氧化物被去除的层位，或者氧化物被分离到某一程度，使得层位的颜色主要由未涂覆的沙子或淤泥颗粒的颜色决定。它颜色浅，出现在灰化淀积层、淀积黏化层或钠质层、脆磐或不透水层之上，形成地下滞水水位。

淋溶土（美国农业部）

在黏土层上有赭表皮的矿物土壤；具有中高等的碱饱和度，并且在生长季节至少潮湿三个月。

脂肪酸

一种羧酸，其中酸性基团与碳原子链结合，而不是与芳族（环）结构结合。

高活性强酸土（联合国粮食及农业组织）

吸附复合体上黏土层、CEC$>24 \text{cmol/kg}$ 黏土、碱饱和度$<50\%$和可交换铝$>35\%$的土壤。

水铝英石

二氧化硅和氧化铝的非晶 $1:1$ 型共沉淀物，含有水、可交换离子，通常含有铁和有机物。它是潮湿气候火山土壤中的主要固相。

闪石

一种单链硅酸盐矿物，含有镁、铁、铝、钙、钠等。

非结晶的

无定形的非晶态或无晶体结构（X 光非结晶的）。一些非结晶的物质是部分有序的（如宽的 X 光衍射峰所示）。这些组分（铝英石、伊莫戈利特、蛋白石）有时被称为近期有序矿物。

两性的

金属离子形成带正电荷和负电荷羟基形式的能力。

缺氧的

环境中不存在分子态氧。

锐钛矿

一种非常耐风化的 TiO_2 矿物。它能在土壤中形成。

安山岩

由斜长石和角闪石、辉石和黑云母中的一种或多种组成的一种深色火山岩。

暗色土（美国农业部）/火山灰土（联合国粮食及农业组织）

以无定形铝硅酸盐（脲基甲酸、伊莫戈利特）或铝有机络合物为主的交换复合体的土壤。它们有一个覆盖在低容重（$<900kg/m^3$）的雏形层上的柔软、阴影或赭石表层。砂粒主要由玻璃质火山碎屑物质组成。

阴离子交换能力

倍半氧化物和脲基甲酸结合阴离子的能力。这种能力通常随着酸碱度的增加而降低。

水耕表层性质

由于长期地面灌溉而产生的特性，通常表示为灌溉层底部富含锰和铁结核的土层。

人为土壤（联合国粮食及农业组织）

人类活动导致原始土壤特性发生深刻变化的土壤。

贫瘠化（F）

从表层土壤中横向清除细颗粒；另见淘洗。

砂性土（联合国粮食及农业组织）

松散材料中的粗糙质地土壤，不含盐或潮湿，除赭色表层或白色材料外，没有清晰的诊断层。

黏粒胶膜

在显微镜下可以看到细黏土颗粒或孔壁上的薄层；通常是黏土（黏土沉积）易位的结果。

黏土层（美国农业部）或黏土 B 层

一种矿物次表层，其特征是黏粒多于上覆层位，有时是由于沉积层硅酸盐黏土矿物。

干旱土壤水分条件（美国农业部）

土壤大部分时间干燥，而且连续 90 天从未湿润过的一种水分。

干旱土（美国农业部）

干旱地区的土壤是咸的，且水分大部分时间保持在低于 $-1500kPa$ 的基质电位。它们通常在泥质、钠质、（岩石的）钙质、（岩石的）石膏质、硅铝质或过渡性土层上。

长石砂岩

富含长石的沉积岩，通常来源于花岗岩或片麻岩。

同化因子

用于构建新生物量的微生物食物的相对碳含量。

自生的

就地形成或产生的，用于某些土壤矿物质的术语。

自养微生物

能够直接从无机物中获取生物量的微生物。

泛域土

太年轻以至无法获得特定气候区土壤特性的土壤。另见显域土和隐域土。

盐基饱和

在 pH 为 7 时，钠、钾、钙和镁饱和情况下，pH 为 7 时阳离子交换容量的百分比。

基性岩

见镁铁质岩石。

贝得石

蒙脱石族富含铝的黏土矿物。

黑云母

云母族中的一种深色矿物。

生物扰动作用

动物（如蠕虫、白蚁等）扰动的混合土壤。

双折射

非各向同性矿物的特性（例如定向黏土）能将普通光束分成两个不均匀折射的偏振光束。如果通过交叉偏光镜观察，材料在黑暗背景下发光。

勃姆石

一种氢氧化铝矿物（$\gamma - AlOOH$）。

泥塘

沼泽，一片没有排水的大片土地；泥炭形成的环境。

水镁石

一种氢氧化镁矿物；三面体层状硅酸盐（滑石、蛇纹石、叶蜡石、绿泥石）包含水镁石的八面体层。

容重

单位体积干土质量（105℃），以 kg/m^3 或 g/cm^3 表示。对于收缩和膨胀的土壤，以 pF 为 2.5 处的体积（田间湿润）作为参考体积。

钙积层（美国农业部、联合国粮食及农业组织）

次生碳酸钙堆积层，其碳酸钙含量至少比下层 C 层高 5%。

钙质土（联合国粮食及农业组织）

半干旱地区的土壤，具有浅钙层或石膏层、赭色表层和过渡层或泥质土层。没有潮湿、盐度或质地突变的迹象。

过渡层（美国农业部），过渡 B 层（联合国粮食及农业组织）

位于 B 位置的矿物次表层，没有量化为泥质的、氧化的、钠质的或灰化的缺少深色、有机质或泥表层、黑土层或暗色层的结构，也没有胶结或硬化。其特征是矿物材料的改变和/或去除，以斑驳或灰色为特征，碳酸盐的去除，或结构的发展。

始成土（联合国粮食及农业组织）

具有过渡层的土壤，除淡色层或暗色 A 层、钙质层或石膏层外，没有其他诊断层。

碳氮比

有机质或土壤中总碳与总氮的质量比。

土链

一个横向相邻的土壤序列，其年龄、母质或排水不同（另见地形序列）。

阳离子交换量

固体材料（黏粒、有机物）结合和交换带正电荷离子的能力。这种容量随着铝英石和有机物的 pH 增加而增加，并且实际上与层状硅酸盐黏土矿物的酸碱度无关。

cec

参见阳离子交换容量。

玉髓

石英的一种隐晶形式，发现于硅质岩、燧石等。

螯合作用

有机组分和二价或三价金属离子之间一般地双配位基结合，即螯合、螯合淋溶作用。当螯合物不被金属离子饱和时，通常可溶于水；饱和时可能会沉淀。

螯合淋溶作用

以螯合物的形式通过淋溶除去金属离子。

黑钙土（联合国粮食及农业组织）

具有厚软 A 层和钙质或石膏层的土壤，无盐渍、湿润或漂白迹象。

绿泥石

一种层状硅酸盐矿物，在相邻的 T-O-T 族之间具有额外的水镁石层或三水铝石层。地生绿泥石通常含有水镁石；土壤主要成分是铝。

年代序列

由相同的母质形成的一组土壤，但年龄不同。

黏土矿物

天然存在的晶体层状硅酸盐，通常小于 $0.002\mathrm{mm}$，例如伊利石、蒙脱石、绿泥石、高岭石、埃洛石。非层状硅酸盐的矿物，如三水铝石、石英、长石、锐钛矿，也可以在黏土组分中找到。

COLE

线性延伸系数。润湿时土壤棒体积的一维变化。

谐溶

矿物的溶解，不会留下不溶性残余。

刚玉

一种氧化铝矿物（$\alpha\text{-}Al_2O_3$）。

方石英

长英质火山岩中常见的一种二氧化硅多晶型物。蛋白石结晶产生相似结构的方石英和鳞石英。

冷冻温度状况

年平均温度为 $0\sim8℃$ 的土壤。

隐晶质的

晶体状，但颗粒非常细，以至于就像用光学显微镜一样在高达 500 倍的放大倍数下无法区分单个成分。

胶膜

孔壁或颗粒上的薄涂层的总称，如黏粒、有机物、粉粒、铁化合物等。

循环盐

由风传播和海雾蒸发引起的含盐气溶胶。

脱硅作用

通过二氧化硅（H_4SiO_4）溶解和排放，从土壤中除去硅酸盐和硅矿物，从而去除二氧化硅。

硬水铝石

一种羟基铝酸盐（$\alpha\text{-}AlOOH$）。

二八面体

指层状矿物（层状硅酸盐）结构，其中只有三分之二可能的八面体坐标位置被阳离子（例如铝、铁）占据。高岭石、埃洛石、伊利石和大多数蒙脱石是二八面体。另见"三八面体"。

分散

复合颗粒如团聚体分解成单个颗粒；例如黏土在水中的分散。

异化细菌

把有机物作为能量来源但不产生生物物质的细菌。

DOC/DOM

可溶性有机碳/物质。

硬磐（美国农业部）

至少部分可溶于强碱的二氧化硅和/或铝硅酸盐胶结的硬化层。

有效降水

到达土壤表面并渗入土壤的降雨量。

电导率（EC）

导电材料或液体的量度。在水中，电导率随着酸碱度的降低和含盐量的增加而增大。

冲洗

通过分散和坡面流淋溶从土壤中逐渐去除黏粒。

淋溶作用

从部分或全部土壤剖面（如地平线）中向下去除悬浮或溶液中的土壤材料。相反的过程是淀积。

新成土（美国农业部）

很少或没有土壤形成的年轻矿物土壤。除了一个淡色的、人为的或泥炭的表层外，它们没有发育良好的诊断次表层。

表层

土壤表面的诊断层（美国农业部）。

蚀坑

矿物表面的溶解现象，表示为（亚）显微可见的结晶学决定的孔隙。

交换性酸度

1M 氯化钾萃取物中交换性氢和铝产生的酸度总和。

交换性钠百分比（ESP）

钠占阳离子交换容量的百分比。

长英岩石

含有 66％以上二氧化硅的火成岩，常见矿物有石英、钾长石和白云母。

铁铝化的

一个描述高度风化热带土壤的术语，其二氧化硅与三氧化二铝的摩尔比小于 1.3，CEC 低，黏粒成分主要由高岭石和倍半氧化物组成。主要的发生过程是二氧化硅和盐基的流失。因此"铁铝质风化""铁铝土"。

铁铝土（联合国粮食及农业组织）

具有氧化 B 层的土壤。

铁砾岩

由氧化铁胶结砾石组成的砾岩。石化聚铁网纹体的侵蚀物质。

水铁矿

一种结晶差的氢氧化铁，富含吸附水。

铁解作用

在地表水潜育土中与土壤的周期性湿润有关的黏土矿物的分解。

铁镁矿物

指铁和镁含量相对较高的矿物，以及富含这些矿物的岩石。

细土

筛分过的土壤组分，由小于 2mm 的颗粒组成。

一级反应

一种化学过程，其速率与其中一种反应物的浓度呈线性关系。

冲积土（联合国粮食及农业组织）

由近来冲积形成的土壤，除一个淡色的、暗色的或泥炭的表层外，没有诊断层，通常有分层碎片残留。

脆磐（美国农业部）

有机质含量低、容重高、透水性慢的壤土次表层。当干燥时，它看起来是胶结的，但在寒冷的温度条件下，它在水中崩解。

寒冷温度状态

年平均温度低于8℃，且夏季和冬季平均温度差超过5℃的土壤。

富里酸

当氢氧化钠萃取物用氯化氢酸化时，留在溶液中的腐殖质部分。

超强风化聚铁网纹土属性

粮农组织术语，相当于美国农业部的暗色聚铁网纹土属性。

三水铝石

Al（OH）$_3$成分的矿物。二八面体层状硅酸盐中的八面体层具有相似的结构和组成，因此称为"三水铝石层"。

黏土小洼地

由膨胀黏土有时产生的一种微地貌。它由一系列以分米到米为尺度的小盆地和微高地组成。

潜育

由土壤中交替的水饱和和排水（缺氧和氧化环境）引起的土壤形态现象。它的特征是灰色和暗色（红色、棕色、黑色）斑点或铁和锰氧化物的结合体。

潜育土（联合国粮食及农业组织）

由松散物质形成的非常潮湿的土壤，除泥炭层或淡色A层、过渡B层、钙积层或石膏层外，没有其他诊断层。它们不含盐的，没有垂直属性。

针铁矿

α—FeOOH，排水良好的土壤中常见的矿物。它的分子式与纤铁矿相同，但有不同的晶体结构（二型）。

绿锈矿

一种亚铁氢氧化物，可能是绿色还原的原因；一般成分：$Fe（Ⅱ）_6 Fe（Ⅲ）_2 (OH)_{18}$。

灰黑土（联合国粮食及农业组织）

表面有黑色松软表层和漂白胶膜的土壤。它们不含盐，也没有钠层。

石膏层

富含次生硫酸盐的非胶结或弱胶结层，其石膏含量比下层 C 层至少高 5％。它发生在干旱地区。

埃洛石

高岭石族矿物的扁平或管状轧制或同心生长的 1∶1 型页硅酸盐，化学式为 $Al_2O_3 \cdot 2SiO_2 \cdot 2H_2O$。

赤铁矿

$\alpha - Fe_2O_3$。热带红壤中一种典型的紫色至红色的铁矿物。在矿床中，赤铁矿是黑色的。

异养微生物

生物量至少部分来自有机成分的微生物。

泥炭表层（美国农业部）或组织 H 层（联合国粮食及农业组织）

富含有机物的地表层，在一年中的某些时候处于水饱和状态。

有机土（美国农业部，联合国粮食及农业组织）

具有泥炭表层，主要由有机质和经常饱和水分组成的。

胡敏酸

用稀碱从土壤中萃取深色有机质的混合物，并通过酸化沉淀。

胡敏素

土壤中不溶于稀碱的有机质的异质部分。它是由部分分解的植物残渣、木炭、高度复杂的有机物、非极性腐殖质和强黏土结合的有机物组成。胡敏素的灰分含量很高。

水解

矿物与离子水反应而溶解的化学过程（H_3O^+，OH^-）。

水生形态

由于间断或永久存在的水而引起的还原和氧化的形态特征。潜育特征是水形态作用的结果。

亲水性

对水有亲和力。

疏水性

对水排斥的。

水序列

仅在水文不同的景观中的一组土壤。

羟基层间

在 2∶1 型黏土矿物薄片之间形成额外的（铝）八面体，导致像绿泥石的结构。羟基间层导致"土壤绿泥石"的形成。

吸湿的

具有容易吸水的特性。

高热温度状况

年平均温度高于 22℃ 的土壤，50cm 深的夏季和冬季温差超过 5℃。

火成岩

指由熔融物质固化而成的岩石或矿物。

伊利石

指白云母风化形成的黏土组分的 2∶1 层硅酸盐（页硅酸盐）矿物。

淀积作用

可溶性或悬浮物质通过沉淀或固定而积累。淀积层通常是 B 层。物质迁移被称为"淋溶"。

钛铁矿

一种非常耐风化的铁钛氧化物（$FeTiO_3$）。这在火山岩中很常见。

伊毛缟石

火山土壤中出现的一种线状次晶体（具有某种顺序）水合 2∶1 型硅酸铝。

始成土（美国农业部）

潮湿地区的矿物土壤，有暗色、淡色或人为表层土壤，但除了雏形层、脆磐或硬磐外，没有诊断次表层。

不谐溶

矿物的溶解，留下不溶性残留物（例如辉石或橄榄石溶解后的氢氧化铁残留物）。

间隙水

土壤颗粒间和小孔隙中保持的水。

层间黏土矿物

不同类型的单位层以规则或不规则的方式交替排列的一种层间硅酸盐。层间矿物由成分的名称表示，例如蒙脱石—伊利石层间。

隐域土

气候影响几乎不可见的土壤，因为其他土壤形成因素之一（例如渍水、极其贫瘠的母质）占主导地位。另见地带性土壤和泛域土。

薄铁盘

参照薄层磐层。

等温状况

前缀"iso-"表示夏季和冬季平均温度之间的差异小于 5℃。

同构替代

晶格中的一个离子被另一个相似大小的离子部分或完全取代，晶格结构没有重大变化。一个离子被另一个不同电荷取代会导致电荷过剩或不足，这分别通过阴离子的吸附来补偿，例如阳离子。

等体积风化

风化过程中母质的总体积不变（例如矿物质的损失通过孔隙体积的增加得到补偿）。这通常仅限于半风化体。等容风化用于计算风化损失。

黄钾铁矾

$KFe_3(SO_4)_2(OH)_6$，一种黄色矿物，在酸碱度 < 4 时是典型的氧化黄铁矿沉积物。

高岭层（美国农业部）

一个强风化的 B 层，其顶部具有清晰的质地对比，且整个层的 CEC（< 16cmol/kg

黏土）和可交换碱基（＜12cmol/kg 黏土）较低。

高岭石类

高岭石和埃洛石属于高岭石的 1∶1 型黏土矿物组。

高岭石

一种非膨胀性 1∶1 型页硅酸盐，CEC 为 5～10cmol（＋）/kg。它是高岭石组黏土矿物群的一种。

栗钙土（联合国粮食及农业组织）

具有厚深棕色或深灰色软土层的土壤，覆盖在雏形层、钙质层或泥质层上。

填土动物穴

啮齿动物的填充洞穴，通常见于草原土壤和暗色土。

砖红壤

热带土壤中富含铁的斑驳灰色物质的旧称，暴露后变硬，被用于制砖。目前的术语是"铁铝斑纹层"。红土一词被广泛用于强风化热带土壤。红土风化是偏铁风化的同义词。

砖红壤性土

旧术语，指含有针铁矿的土壤，后来被错误地用于铁铝土或氧化土。

淋滤土

氧化土或铁铝土的旧称。

页硅酸盐

参见层状硅酸盐。

纤铁矿

$\gamma - FeOOH$，一种常见于水成土中的铁矿物。针铁矿、细溶胶的二形态。

薄层土（联合国粮食及农业组织）

固结材料上的浅层土壤，缺少诊断次表土层。

配体

能结合金属离子的有机基团/分子。

木质素

芳族聚合物，木质细胞壁的有机物质。木质素是土壤有机质的先驱物质。

低活性淋溶土（联合国粮食及农业组织）

具有黏化层、CEC<16cmol/kg 黏土和盐基饱和度>50％的土壤（粮农组织）。

淋溶土

黏土层、CEC>16cmol/kg 黏土和基底饱和度>50％黏土的土壤。

马基诺矿

硫化亚铁，一种黑色硫化物矿物，在还原条件下形成；黄铁矿的前体。

磁赤铁矿

$\gamma - Fe_2O_3$，一种强风化热带土壤的磁性铁矿物，分布在镁铁质岩石和烧成土壤上。

磁铁矿

$Fe(II)Fe(III)_2O_4$，一种常见的磁性矿物，介于镁铁质火成岩和火山岩之间，耐风化。

镁铁质岩石

一种火成岩，二氧化硅含量超过 45％，但低于 66％，通常为深色。

平均停留时间（MRT）

（一部分）有机物留在土壤中的时间。此外，与环境平衡的土壤中腐殖质的平均年龄（一部分）。

中温温度状况

中等温度的土壤，年平均温度高于 8℃，50cm 深的土壤夏冬温差超过 5℃。

云母组矿物

具有 2:1 型的层状硅酸盐矿物。成岩矿物黑云母和白云母，黏土矿物伊利石和蛭石属于这一类。

矿物土

（部分）主要由无机物质组成的一种土壤。

矿化作用

元素从有机状态向无机状态的转变，例如有机质的氧化。

水分比

假定土壤样品中水的体积除以固体的体积。

松软表土层（美国农业部）[松软 A 层土壤（联合国粮食及农业组织）]

一种相对较厚的深色 A 层土壤，含有至少 1％的有机碳，碱基饱和度大于 50％；磷酸盐含量低。

软土（美国农业部）

深色富含碱基的矿物土壤。所有这些都有一个覆盖在黏化、钠质或寒武纪地层上的软土表土层。

蒙脱石

一种蒙脱石组含镁的二八面体页硅酸盐黏土矿物。它的 CEC 相对较高。

钠质层（美国农业部）、钠质 B 层（联合国粮食及农业组织）

一种特殊的晶层，具有棱柱或柱状结构，与可交换钠的饱和度超过 15％，或者与钙＋可交换酸相比，具有更多的可交换钠＋镁。钠质层通常也有淀积腐殖质。

死生物物质

土壤中死亡生物的数量。

强风化粘磐土（联合国粮食及农业组织）

具有一个深厚的黏土层，至少占 35％的一种土壤。

绿脱石

蒙脱石族富含 Fe（Ⅲ）的 2∶1 型黏土矿物。

淡色表层（美国农业部）或淡色 A 层（联合国粮食及农业组织）

颜色太浅、有机碳含量太低、太薄或太硬而不能称为软表层或暗色表层的表层土。

蛋白石

非片晶的水合二氧化硅矿物。它存在于植物（植物化石）中，也可以由溶液沉淀形成。蛋白石 A 是完全非片晶的；蛋白石 A 含有方英石和鳞石英的一些结构元素（都是二氧化硅）。

氧化（不是土壤分类中的形容词）

将分子氧作为环境的一部分。

氧化层（美国农业部），氧化 B 层（联合国粮食及农业组织）

一种至少 30cm 厚的矿物次表层，含有 15％以上的黏粒，很少或没有原生铝硅酸盐或

2：1型黏土矿物，以及低水分散性黏粒。典型的特性是1：1型黏粒的存在，铁和铝的水合氧化物，低CEC（在pH＝7时，小于16cmol/kg）和每公斤黏土，小于10cmol/kg的交换性阳离子。

氧化土（美国农业部）

红色、黄色或灰色矿物土壤，通常位于高降雨量的热带和亚热带地区。它们在地表2m内有一个氧化层或一个高岭层，但在氧化层上没有一个黏化层或灰化层。铁铝斑纹层可能出现在距土壤表面30cm以内。

古土壤

在不同于现在的环境下形成的土壤。古土壤可能出现在地表，并受到现今土壤形成（多成因土壤）的影响，或者被埋藏的。

坡缕石

一种具有纤维形态的链格硅酸盐，可能在（半干旱）地区的土壤中形成。也叫凹凸棒石。

孢粉学

参见花粉（孢粉）分析。

踏板土壤

由块状或棱形团聚体等特殊结构组成的土壤。

山麓（侵蚀）面

被侵蚀的表面，通常覆盖着（聚结的）冲积扇物质。

成土的

土壤形成的结果。

土壤管状物

生物孔隙，通常被填充的。

土壤扰动

由穴居动物混合的土壤物质。

冰冻温度状况

年平均温度低于0℃的土壤。

过湿气候

指持续潮湿的气候。

常湿润水分状况

一种水分状况，意味着所有月份在土壤中流动的水都没有冻结；水分张力通常低于田间持水量。

石化钙积层（美国农业部、联合国粮食及农业组织）

连续的硬化钙层。

石化铁质矿物

坚硬结皮，相当于石化聚铁网纹体。

石化石膏层（美国农业部、联合国粮食及农业组织）

连续硬化的一层连续的、坚硬石膏层。

石化聚铁网纹体

暴露在空气中硬化的针铁矿层；通常带有横向铁积聚。

pF 曲线

描述保持水分吸力和土壤含水量之间关系的曲线（pF 为吸力对厘米水压的负对数）。

黑土（联合国粮食及农业组织）

有厚厚的黑色软土层，但没有钙层或石膏层的一种土壤。

依赖于 pH 控制的电荷

土壤总电荷中受 pH 变化影响的那部分（包括正负电荷）。有机质、水铝英石和倍半氧化物是主要的土壤成分，其 pH 依赖于电荷。

酚酸

一种酸性基团与苯酚环（一个氢被羟基取代的苯环）结合的有机酸。

磷酸吸持

（水铝英石）土壤快速固定特定浓度溶液中磷的能力。

页硅酸盐

具有层状结构的矿物，其中 SiO_4 四面体在无限的二维薄片中连接在一起。四面体片（T）与 Mg（OH）$_2$（水镁石）或三水铝石［Al(OH)$_3$］的八面体片（O）相连。页硅酸盐被细分为 T－O－T（2∶1；蒙脱石、云母）、T－O－T－O（2∶1∶1 或 2∶2；亚氯酸盐）和 T－O（1∶1；高岭石组）矿物。

植物化石

活植物分泌的矿物质，如蛋白石或草酸钙。植物腐烂后，矿物质被释放出来，并可能堆积在表面土壤层中。

豆状的

指具有层状结构的圆形结核。

薄铁磐层（美国农业部）［薄铁磐（联合国粮食及农业组织）］

由铁、铁和锰或铁-有机物复合体胶结而成薄的（<0.5cm）、黑色或暗红色的层。它是或多或少平行于土壤表面的波浪层。它限制了水和植物根的渗透。它在充气（下部）和未充气（上部）土壤之间的接触处形成。

面状孔隙

土壤团聚体（如块体或棱柱体）的两个相邻的或多或少平坦的表面之间的孔隙。

白浆土（联合国粮食及农业组织）

白色土层出其不意地覆盖在黏化层或钠质层上的土壤。白浆层有湿润的迹象。

铁铝斑纹层（美国农业部、联合国粮食及农业组织）

一种富含铝和铁氧化物、腐殖质贫乏和高度风化的物质，由黏土、石英和其他二价物质的混合物组成。它以深红色斑点出现，通常呈片状、多边形或网状。当反复的湿润和干燥时，针铁矿不可逆地变成铁磐或不规则的团聚体。硬化的红土，无论是豆状的还是胞囊状的，都不是铁铝斑纹层。

聚铁网纹土（联合国粮食及农业组织）

土层厚度超过 15cm 且在土壤表面 40cm 范围内，含有 25％以上的铁铝斑纹层的土壤。

灰化土（联合国粮食及农业组织）

具有灰化 B 层的土壤。

生草灰化土（联合国粮食及农业组织）

由于 E 层有舌状进入 B 层，打破具有黏土层的土壤边界。

花粉分析

分析沉积物和土壤中的花粉含量，重建植被历史或测定年代。

多成因土壤

具有土壤形成基本不同阶段证据的土壤。

假潜育（土）

参见地表水潜育。

黄铁矿

FeS_2，立方体的，一种在沿海缺氧沉积物中常见的矿物。

还原的

经常用来表示缺氧的土壤条件。

积盐层（美国农业部）

比石膏更易溶于冷水的盐类（＞2％）累积层。

半风化体

固体岩石中保留原有结构的风化部分。

次生矿物

风化形成的矿物，如黏土矿物、水合氧化物。

海泡石

$Mg_4(Si_2O_5)_3(OH)_2 \cdot 6H_2O$，一种结构类似坡缕石的矿物；它形成于高 pH、富镁和贫铝的孔隙水中。

倍半氧化物

一种金属的氧化物：氧比为 2：3，例如 Fe_2O_3 和 Al_2O_3。也习惯了描述土壤中的铁、铝和锰（氢）氧化物。

菱铁矿

$FeCO_3$，一种在还原条件下形成的矿物，如沼泽。

硅结砾岩

二氧化硅（玉髓或蛋白石）的表面胶结作用，在干旱地区发生。

二氧化硅

硅氧化物（SiO_2），或以水化石、溶解形式（H_4SiO_4）或矿物或非片晶形沉淀存在。

硅酸盐

一种具有 Si－O 骨架和其他阳离子的矿物，通常包括铝。字面意思：硅酸（H_4SiO_4）盐和碱基。

滑动面

土壤结构元素上的抛光或开槽表面，主要由膨胀的 2：1 黏土矿物组成，由土体滑动引起。

蒙脱石

一组膨胀性的 2：1 型黏土矿物，主要被八面体层和高 CEC［80～100cmol（＋）/kg］取代。蒙脱石组，例如：蒙脱石（镁—铝）、贝得石（铝）、皂石（镁）、绿脱石（铁）、锂蒙脱石（镁，锂）和钠铝石（锌）。

SOC

土壤有机碳。

土壤熟化

在年轻富水沉积物中水分流失和压实相关的物理和化学变化。

盐土（联合国粮食及农业组织）

含盐量高的土壤，不包括新近冲积沉积物中的土壤，不同于淡色土层或泥炭土层或过渡层、钙质层或石膏层外，缺乏诊断层。

碱土（联合国粮食及农业组织）

带有潮湿迹象的钠层和在钠层顶部的结构发生突变的土壤。

可溶性盐

土壤中比石膏更易溶解的盐类，如氯化钠、氯化钾、碳酸钠、硫酸钠，这些盐类在水中会形成高渗透压。

SOM

土壤有机质。

腐殖质淀积层（美国农业部）

含有淀积腐殖质的深色地下层，不像灰化层那样与铝结合，也不像钠质层那样与钠结合。它具有低阳离子交换容量和碱饱和度。

灰化层（美国农业部），灰化 B 层（联合国粮食及农业组织）

一种矿物次表层，具有以下一种或多种特征：厚度大于 25 mm 的次表层，与铁或铝或两者的有机质连续胶结，或未胶结，但相对于黏土部分中的结晶铝和氧化铁，非结晶物质（含有机质的铝，含或不含铁）有显著的聚集。

灰土（美国农业部）

具有灰化层的矿质土壤。相当于"灰壤"。脆磐或黏化层可能出现在碎岩层之下，而有些则在灰化层或脆磐之内或之上有薄层磐层。许多未受干扰的灰土有白浆层。

滞期性

与水在不透水的土壤层上的停滞有关的特性。

理论配比

指在一种矿物或物质的最小实体中，或在这些矿物或物质参与的化学反应中，不同元素的原子数。

硫层（粮农组织）

由于黄铁矿氧化，所以土层 pH 低（<3.5），且含有黄钾铁矾斑点。

地表水潜育（假潜育）

由于临时悬着的潜水位造成的还原和氧化过程。假潜育经常伴随着黏土的风化（铁溶解），例如发生在黏磐土和灰化土中。

灰盖

一种硬土层石，常见于旱季明显的气候中，由火山物质的重结晶风化产物胶结而成。

火山碎屑

各种大小的破碎的、松散的火山产物的泛称。

高温状态

土壤的年平均温度为 15～22℃，50cm 深度处冬夏温差超过 5℃。

触变性

这是一种可逆的凝胶-溶胶转化。静止时为固体（凝胶），搅拌或挤压时变粘的材料的特性。这是水铝英石土壤的一个典型特性，在不动时看起来坚硬干燥，在受到干扰时变得柔软潮湿。

TOC

总有机碳。

地形系列

一种横向相邻的土壤序列，年龄相近，在同一气候条件下由相似的母质形成，由于地形和排水的不同而具有不同的特征（另见土链）。实际上，因为气候往往随着海拔而变化，所以一个地形序列的垂直范围有限（例如，最大 500m）。

湿润水分状况

湿润水分状况是指在大多数年份，土壤的任何部分都不会连续干燥长达 90 天。

老成土（美国农业部）

由于强淋溶和老化而具有黏土层或低底部饱和度的 kandic 层的矿物土壤。

超镁铁质（超基性岩）

含硅少于 45% 的岩石，实际上不含石英或长石，主要由铁镁矿物和金属氧化物组成，如蛇纹岩、橄榄岩。

半干润水分状况湿度状况

湿度状态介于干旱和干旱状态之间。水分有限，但水分存在于气候适合植物生长的时候。

蛭石

在四面体层中具有显性取代的一组非膨胀性 2：1 型层状硅酸盐。蛭石的 CEC 较高 [$140 \sim 160 cmol（＋）/kg$]。伊利石风化后可能形成具有蛭石样行为（强钾固定）的矿物。

变性土（美国农业部、联合国粮食及农业组织）

富含黏粒的矿物土壤，干燥时有深而宽的裂缝，在裂缝间的容重高。此外，它们可能有光滑的侧面、黏土小洼地或楔形土壤自然结构体。黏土部分主要是蒙脱石黏土（高线性延展性）。土壤具有较高的阳离子交换量和盐基状态。

蓝铁矿

$Fe_3（PO_4）_2（H_2O）_8$，富营养化沼泽中常见的磷酸盐矿物。

孔隙率

给定土壤样品中孔隙体积与固体颗粒体积的比率。

含水率

给定土壤样品中水的体积与固体颗粒的体积之比。

可风化矿物

在潮湿大气条件下容易水解的矿物：云母、长石、角闪石、辉石、磷酸盐、沸石、碳酸盐、橄榄石、火山玻璃等。

夏旱水分状况

地中海气候的水分状况，冬季潮湿凉爽，夏季干燥炎热。

干旱土（联合国粮食及农业组织）

具有发育不完全的淡色表层土和具有以下一种或多种土壤的非盐渍的半荒漠土壤：雏形层、黏化层、钙质层或石膏层。

漠境土（联合国粮食及农业组织）

沙漠土壤，它们像干旱土，但有一个非常微弱发展的淡色表层。

零级反应

反应速率与反应物浓度的化学过程，如放射性衰变。

地带性土壤

与气候区的主要气候和自然植被一致的土壤。典型的地带性土壤是黑钙土、栗钙土、铁铝土。另见地带内土壤和泛域土。

地带性

每个气候带都有特定土壤类型存在的概念，这是俄罗斯土壤学的经典概念之一。